U0228693

典型化学品
突发环境事件
应急处理技术手册

中册

邵超峰　魏子章　叶晓颖　主编

化学工业出版社

·北京·

为了使广大从事危险化学品环境管理、环境监理、环境监测、环境影响评价的工作人员对常见的、对人体环境影响较大的危险化学品有所了解，更科学地对危险化学品进行环境管理和对突发环境事件进行应急处理，本手册有针对性地收集了40种常见危险化学品的相关信息，其内容包括：化学品标识、理化性质、毒理学参数、环境行为及危险特性、环境监测、应急处理处置、储存运输等。

本手册数据采用国际权威组织最新资料，可作为相关领域工作人员进行环境监测、部门决策、制定应急预案的工具书，也可供高等院校化学、化工、环境等专业的师生参考。

图书在版编目（CIP）数据

典型化学品突发环境事件应急处理技术手册. 中册/邵超峰，魏子章，叶晓颖主编. —北京：化学工业出版社，2019. 9

ISBN 978-7-122-34477-9

Ⅰ. ①典… Ⅱ. ①邵… ②魏… ③叶… Ⅲ. ①化学污染-环境污染事故-应急对策-手册 Ⅳ. ①X502-62

中国版本图书馆 CIP 数据核字（2019）第 087918 号

责任编辑：满悦芝　　文字编辑：王　琪

责任校对：杜杏然　　装帧设计：关　飞

出版发行：化学工业出版社（北京市东城区青年湖南街 13 号　邮政编码 100011）

印　　装：三河市航远印刷有限公司

787mm×1092mm　1/16　印张 17　字数 422 千字　　2019 年 9 月北京第 1 版第 1 次印刷

购书咨询：010-64518888　　售后服务：010-64518899

网　　址：http：//www. cip. com. cn

凡购买本书，如有缺损质量问题，本社销售中心负责调换。

定　　价：188.00 元

《典型化学品突发环境事件应急处理技术手册》编委会

主　任　邵超峰

副主任　(按姓氏拼音排序)

尚建程　魏子章

编　委　(按姓氏拼音排序)

曹宏磊　崔　鹏　葛永慧　何　蓉　李　佳　刘　灿
刘长明　刘　峰　刘　刚　刘兴静　乔　婧　桑换新
单星星　师荣光　石良盛　史艳旻　孙晓蓉　陶　磊
田　野　王治民　薛晨阳　杨金霞　么　旭　叶晓颖
于文静　张　吉　张　舒　张艳娇　张亦楠　张哲予
朱明奕

资助项目

国家自然科学基金：化学工业园区环境风险诊断及综合评估方法研究，项目编号 41301579。

本书编写人员

主　编　邵超峰　魏子章　叶晓颖

编　委（按姓氏拼音排序）

葛永慧　何　蓉　桑换新　单星星　尚建程　师荣光

石良盛　孙晓蓉　田　野　王治民　薛晨阳　杨金霞

么　旭　张　吉　张艳娇　张哲予　朱明奕

前 言

随着我国社会经济的快速发展，区域工业化、城镇化进程的加快，突发性环境污染事故已进入了高发期。科学合理地管控各类风险源是我国环境污染防治和管理的重点内容，也是制约各行业尤其是石油化工等风险较为集中行业可持续发展的难点。落实科学发展观、建设生态文明型社会，做好新形势下的生态环境安全工作，必须解决环境风险问题，尤其是突发性污染事件的环境风险，切实保障人民群众生命健康和生态安全。

针对当前和今后一段时期内环境污染事件高发的形势，《国务院关于加强环境保护重点工作的意见》（国发［2011］35号）明确提出了“建设更加高效的环境风险管理和应急救援体系”。2014年12月29日，国务院办公厅发布《国家突发环境事件应急预案》（国办函［2014］119号），成为新时期我国突发环境事件应对的纲领性文件。2015年4月16日，环境保护部发布《突发环境事件应急管理办法》（环境保护部令［2015］第34号），从风险控制、应急准备、应急处置、事后恢复等方面进一步明确了控制、减轻和消除突发环境事件的相关要求。2017年1月24日，环保部召开全国环境应急管理工作电视电话会议，指出当前我国环境安全形势和环境应急管理形势严峻，呈现布局性环境风险依然突出，事件总量居高不下、类型多、发生区域广，事件诱因复杂、防控难度大，环境事件造成的社会影响大、群众关注度高，环境突发事件应急处置不清楚、不充分，环境应急管理能力有待加强等现象，迫切需要全面提高应对突发环境事件的能力和水平，坚决防范遏制重特大突发环境事件。

加强环境应急管理，积极防范环境风险，妥善应对环境污染事件已成为保障国家环境安全最紧迫、最直接、最现实的任务。针对诱发突发环境事件发生的关键环节和企事业单位，环境保护部先后发布《企业突发环境事件风险评估指南（试行）》（环办［2014］34号）和《企业事业单位突发环境事件应急预案备案管理办法（试行）》（环发［2015］4号），明确了涉及危险化学品企业环境风险管控要求及编制突发环境事件应急预案的细则，规范企业突发环境事件风险评估和应急管理行为。编者依据环境保护主管部门发布的我国优先控制污染物黑名单、《危险化学品重大危险源辨识》（GB 18218—2014）、《Emergency Response Guidebook 2016》、《危险化学品目录（2015版）》、《企业突发环境事件风险评估指南（试行）》、《重点监管危险化工工艺目录》（2013年完整版）等确定的突发环境事件风险物质及临界量清单中的化学物质名单，结合天津滨海新区环境风险源调查与评估、涉及危险化学品企业环保核查的主要成果，进一步筛选确定纳入本手册的典型化学品名录40种。

编者按照危险化学品环境管理和突发性环境污染事件应急响应的需求，尤其是当前突发性环境污染事件应急预案与风险评估工作的开展，对手册的编写内容进行了设计，在化学品安全技术说明书（Material Safety Data Sheet）、《危险化学品生产、储存装置个人可接受风险标准和社会可接受风险标准（试行）》以及相关文献统计分析基础上，系统梳理了40项典型危险化学品的相关信息，包括：化学品标识、理化性质、毒理学参数、环境行为及危险特性、环境监测、应急处理处置、储存运输等，把在突发环境事件中典型化学品的理化性质与环境健康影响及应急控制更好地结合起来，更具系统性、完整性和实用性。

本手册参考了相关研究领域众多学者的著作，在此向有关作者致以诚挚的谢意。由于编者水平和时间所限，书中可能存在疏漏之处，敬请广大读者给予批评和指教。

编　者

2019年6月

目 录

苯并[a]芘

1 名称、编号、分子式

苯并［a］芘又称3,4-苯并芘，是一种日常生活或工业生产过程中产生的副产物，属于多环芳烃中毒性最大的一种强烈致癌物。可通过9,10-二氢苯并［a］芘-7(8H)-酮合成苯并［a］芘或通过7,8,9,10-四氢苯并［a］芘-7-醇合成苯并［a］芘。苯并［a］芘基本信息见表1-1。

表1-1 苯并［a］芘基本信息

中文名称	苯并[a]芘
中文别名	3,4-苯并芘;苯并[d,e,f]䓛
英文名称	benzo[a]pyrene
英文别名	3,4-benzypyrene;benzo[d,e,f]chrysene;BaP
UN号	3077
CAS号	50-32-8
ICSC号	0104
RTECS号	DJ3675000
EC编号	601-032-00-3
分子式	$C_{20}H_{12}$
分子量	252.32

2 理化性质

苯并［a］芘较为稳定，不溶于水，微溶于乙醇、甲醇，溶于苯、甲苯、二甲苯、氯仿、乙醚、丙酮等。苯并［a］芘理化性质一览表见表1-2。

表1-2 苯并［a］芘理化性质一览表

外观与性状	纯品为无色或淡黄色针状晶体
熔点/℃	179
沸点/℃	496
相对密度(水=1)❶	1.4

❶ 此处代表水的相对密度为1，全书同。

续表

饱和蒸气压(25℃)/kPa	0.665×10^{-19}
爆炸极限	粉体在受热、遇明火或接触氧化剂时会引起燃烧爆炸
辛醇/水分配系数的对数值	6.04

3 毒理学参数

(1) 急性毒性 LD_{50}：500mg/kg（小鼠腹腔）；50mg/kg（大鼠皮下）。

(2) 亚急性和慢性毒性 长期生活在含苯并［*a*］芘的空气环境中，会造成慢性中毒，空气中的苯并［*a*］芘是导致肺癌的最重要的因素之一。

(3) 代谢 苯并［*a*］芘可以从各种途径进入体内，但是主要经皮肤吸收和肺吸入。

① 经皮肤吸收。局部皮肤受污染后，苯并［*a*］芘先以较快的速度进入皮脂腺，然后再向邻近组织中扩散。在组织中，苯并［*a*］芘先溶解在组织的脂质中，并与组织中成分疏松的部分结合在一起。一部分被代谢为各种衍生物，还有一部分则可以通过细胞间液或微血管系统被移往别处，另有一些又可随变性的皮质细胞脂栓回到皮肤表面。苯并［*a*］芘进入皮肤的速度随溶液浓度的增大而加速，但是，当达到阈值时，增大浓度不能加快进入皮肤的速度。有研究表明，苯并［*a*］芘浓度从0.01%增至0.1%时，经皮吸收的速度急速上升，但当浓度从0.3%增大至3%时，皮肤吸收的速度几乎没有改变。苯并［*a*］芘进入皮肤的速度与单位面积皮肤中皮脂腺的数量也有一定关系。单位面积皮肤皮脂腺数量越多，苯并［*a*］芘的吸收量就越大；反之越小。

② 经肺吸收。苯并［*a*］芘经肺吸收的过程尚不甚清楚。目前的资料大都是取一定量的苯并［*a*］芘注入试验动物的肺中，然后在不同的时间分批处死动物取出肺脏，分析肺中的残留物含量而得来的。这样得到的试验数据并不能完全表示肺部吸收的量，因为可能其中一部分直接被肺组织所代谢，还有一部分随肺的自净作用排出体外。另外，由于苯并［*a*］芘在空气中大都是吸附在烟、尘等固体微粒上，随着微粒进入人的呼吸道，所以微粒的大小和性质对苯并［*a*］芘影响机体功能也很重要。研究表明，单纯注射苯并［*a*］芘于田鼠肺内，不易使田鼠发生肺癌，但是，将苯并［*a*］芘吸附在氧化铁粉尘上再注入田鼠肺中较容易诱发肺癌。

本品经胃肠道、呼吸道和皮肤吸收，吸收进入或直接进入血液循环，即分布于全身器官，血中半衰期不超过1min，一般在10min左右在血内全部消除。除少部分以原形随粪便排出外，一部分经肝细胞、肺细胞微粒体中混合功能氧化酶激活而转化为数十种代谢产物。其中转化为羟基化合物或醌类者，是一种解毒反应；转化为环氧化物者，特别是转化成7,8-环氧化物，则是一种活化反应，7,8-环氧化物再代谢产生7,8-二氢二羟基-9,10-环氧化物，便可能是最终致癌物。这种最终致癌物有四种异构体，其中的（+）-BP-7β,8α-二醇体-9α,10α-环氧化物-苯并［*a*］芘，已证明致癌性最强，它与DNA形成共价键结合，造成DNA损伤，如果DNA不能修复或修而不复，细胞就可能发生癌变。

(4) 致癌性 苯并［*a*］芘被认为是高活性致癌剂，但并非直接致癌物，必须经细胞微粒体中的混合功能氧化酶激活才具有致癌性。动物试验包括经口、经皮、吸入，经腹膜皮下注射，均出现致癌。许多国家相继用9种动物进行试验，采用多种给药途径，结果都得到诱发癌变的阳性报告。

(5) 致突变性 40mg/kg，1次，田鼠经腹膜，染色体试验多种变化。小鼠，遗传表型试验多种变化。昆虫，遗传表型试验多种变化。微生物，遗传表型试验多种变化。人体细胞培养DNA多种变化。

(6) 水生生物毒性 长期生活在含苯并［*a*］芘的空气环境中，会造成慢性中毒，空气中的苯并［*a*］芘是导致肺癌的最重要的因素之一。

(7) 危险特性 可燃。遇明火能燃烧。受高热分解产生有毒的腐蚀性烟气。与强氧化剂接触可发生化学反应。与活性金属粉末（如镁、铝等）能发生反应，引起分解。

4 对环境的影响

4.1 主要用途

苯并［*a*］芘是一种日常生活或工业生产过程中产生的副产物，存在于煤焦油、各类炭黑和煤、石油等燃烧产生的烟气、香烟烟雾、汽车尾气中，及焦化、炼油，沥青、塑料等工业污水中。

4.2 环境行为

(1) 代谢和降解 苯并［*a*］芘在哺乳动物体内的代谢和降解产物主要有1,2-二羟基-1,2-二氢苯并［*a*］芘、9,10-二羟基-9,10-二氢苯并［*a*］芘、6-羟基苯并［*a*］芘、3-羟基苯并［*a*］芘、1,6-二羟基苯并［*a*］芘、3,6-二羟基苯并［*a*］芘、苯并［*a*］芘二酮、苯并［*a*］芘-3,6-二酮（IRPTC）。另外，还有苯并［*a*］芘-1,6-二酮、11-羟基苯并［*a*］芘、苯并［*a*］芘-7,8-二氢二醇。苯并［*a*］芘在紫外线照射下很容易光解和氧化，水体表层中的苯并［*a*］芘在强烈阳光照射下半衰期为几小时至十几小时。微生物能促使苯并［*a*］芘的降解速度加快，土壤中苯并［*a*］芘的降解速度估计为每8d降低53%～82%，在河口底泥中3h降低71%，在无阳光照射下水中苯并［*a*］芘的生物降解速度35～40d降低80%～95%。

(2) 残留与蓄积 在水体、土壤和作物中苯并［*a*］芘都容易残留。许多国家都进行过土壤中苯并［*a*］芘含量调查，残留浓度取决于污染源的性质与距离，在繁忙的公路两旁的土壤中苯并［*a*］芘含量为2.0mg/kg，在炼油厂附近的土壤中是200mg/kg；被煤焦油、沥青污染的土壤中，可以高达650mg/kg，食物中的苯并［*a*］芘残留浓度取决于附近是否有工业区或交通要道。进入食物链的量取决于烹调方法，不适当的油炸可能使苯并［*a*］芘含量升高，但进入人体组织后，分解速度比较快。水中的苯并［*a*］芘主要是由于工业“三废”排放。残留时间一般不太长，特别在阳光和微生物影响下，数小时内就被代谢和降解。水生生物对苯并［*a*］芘的富集系数不高，在0.1μg/L浓度水中鱼对苯并［*a*］芘的富集系数35d为61倍，清除75%的时间为5d。

(3) 迁移转化 苯并［*a*］芘存在于煤焦油、各类炭黑和煤、石油等燃烧产生的烟气、香烟烟雾、汽车尾气中，及焦化、炼油，沥青、塑料等工业污水中。肉和鱼中的苯并［*a*］芘含量取决于烹调方法，水果、蔬菜和粮食中的苯并［*a*］芘含量取决于来源。地面水中的苯并［*a*］芘除了工业排污外，主要来自洗刷大气的雨水。水中的苯并［*a*］芘以吸附于某些颗粒上、溶解于水中和呈胶体状态三种形式存在，其中大部分吸附在颗粒物质上。日光照射下，大气中的苯并［a］芘化学半衰期不足24h，没有日光照射为数日。水中的苯并［a］芘在强烈日光照射下半衰期为几小时至十几小时，土壤中苯并［a］芘的降解速度8d为53%～82%；对酸碱较稳定，日光照射能促使分解，速度加快。水体、土壤和作物中苯并［a］芘都容易残留，进入人体后，分解速度比较快。水中的苯并［a］芘主要来自工业排放，残留时间一般不太长，特别在阳光和微生物影响下，数小时内就被代谢和降解。水生生物对苯并［a］芘的富集系数不高。苯并［a］芘被认为是高活性致癌剂，但并非直接致癌物，必须经细腻微粒体中的混合功能受氧化酶激活才具有致癌性。苯并［a］芘不仅广泛存在于环境中，而且与其他多环芳烃的含量有一定的相关性，所以，一般都把苯并［a］芘作为大气致癌物的代表。长期生活在含苯并［a］芘的空气环境中，会造成慢性中毒，空气中的苯并［a］芘是导致肺癌的最重要因素之一。许多国家的动物试验证明，苯并［a］芘具有致癌、致畸、致突变性。

4.3 人体健康危害

(1) 暴露/侵入途径 吸入、食入。
(2) 健康危害 对眼睛、皮肤有刺激作用。是致癌物、致畸原及诱变剂。

4.4 接触控制标准

前苏联MAC（mg/m^3）：0.00015。

苯并［a］芘生产及应用相关环境标准见表1-3。

表1-3 苯并［a］芘生产及应用相关环境标准

标准编号	限制要求	标准值
环境空气质量标准(GB 3095—1996)	环境空气质量标准(日均值)	0.01μg/m^3
室内空气质量标准(GB/T 18883—2002)	室内空气质量标准(日均值)	1ng/m^3
室内空气中苯并[a]芘卫生标准(WS/T 182—1999)	日平均最高容许浓度限值	0.001μg/m^3
生活饮用水卫生标准(GB 5749—2006)	生活饮用水卫生标准	0.01μg/L
生活饮用水水源水质标准(CJ 3020—1993)	生活饮用水水源水质标准	≤0.01μg/L
海水水质标准(GB 3097—1997)	海水水质标准	≤0.0025μg/L
城市供水水质标准(CJ 206—2005)	城市供水水质非常规检验项目及限值	0.00001mg/L
地表水环境质量标准(GB 3838—2002)	地表水环境质量标准	2.8×10^{-6}mg/L
展览会用地土壤环境质量评价标准(暂行)(HJ 350—2007)	土壤环境质量评价标准限值	A级:0.3mg/kg B级:0.66mg/kg

续表

标准编号	限制要求	标准值
温室蔬菜产地环境质量评价标准(HJ 333—2006)	环境空气质量评价指标限值(日平均)	≤0.01mg/m^3
食用农产品产地环境质量评价标准(HJ 332—2006)	环境空气质量评价指标限值(日平均)	≤0.01mg/m^3
浸出毒性鉴别标准(GB 5085.3—2007)	浸出毒性鉴别标准值	0.0003mg/L
污水综合排放标准(GB 8978—1996)	第一类污染物最高允许排放浓度	0.00003mg/L
城镇污水处理厂污染物排放标准(GB 18918—2002)	城镇污水处理厂污染物排放标准	选择控制项目最高允许排放浓度(日均值):0.00003mg/L 污泥农用时污染物控制标准限值(干污泥):3mg/kg
农用污泥污染物控制标准(GB 4284—2018)	污泥产物的污染浓度限值(以干基计)	A级(耕地、园地、牧草地):<2mg/kg B级(园地、牧草、不种植食用作物的耕地):<3mg/kg
食品安全国家标准　食品中污染物限量(GB 2762—2017)	食品卫生标准	熏烤肉、粮食:5μg/kg 植物油:10μg/kg
大气污染物综合排放标准(GB 16297—1996)	大气污染物综合排放标准	最高允许排放浓度:1997年1月1日前污染源 0.50×10^{-3}mg/m^3(沥青、碳素制品生产和加工);1997年1月1日起污染源 0.30×10^{-3}mg/m^3
炼焦化学工业污染物排放标准(GB 16171—2012)	水污染物特别排放限值	直接排放:0.03μg/L 间接排放:0.03μg/L
	大气污染物特别排放限值	0.03μg/m^3
石油炼制工业污染物排放标准(GB 31570—2015)	水污染排放限值	0.00003mg/L
	大气污染排放限值	0.0003mg/L
石油化学工业污染物排放标准(GB 31571—2015)	废气中有机特征物	0.3μg/m^3
污水海洋处置工程污染控制标准(GB 18486—2001)	水污染排放限值	0.03mg/L
炼焦炉大气污染物排放标准(GB 16171—1996)	大气污染物排放标准	一级:0.001mg/m^3 二级:0.004mg/m^3 三级:0.0055mg/m^3

5 环境监测方法

5.1 现场应急监测方法

现场应急监测可采用 HPLC-RF 法，利用高效液相色谱仪（HPLC），将样品中苯并[*a*]芘与其他有机物分离，并同荧光分光光度计（RF）的微流动池相连，做荧光测定，组成了 HPLC-RF 测定体系，进行饮用水检测。

5.2 实验室监测方法

苯并［a］芘的实验室监测方法见表1-4。

表1-4 苯并［a］芘的实验室监测方法

监测方法	来源	类别
气相色谱法	《固体废弃物试验分析评价手册》,中国环境监测总站等译	固体废物
气相色谱法	《空气中有害物质的测定方法》(第二版),杭士平主编	空气
液液萃取和固相萃取高效液相色谱法	《水质 多环芳烃的测定 液液萃取和固相萃取高效液相色谱法》(HJ 478—2009)	水质
乙酰化滤纸层析荧光分光光度法	《水质 苯并[a]芘的测定 乙酰化滤纸层析荧光分光光度法》(GB/T 11895—1989)	水质
高效液相色谱法	《环境空气 苯并[a]芘测定 高效液相色谱法》(GB/T 15439—1995)	环境空气
高效液相色谱法	《工作场所空气中多环芳香烃化合物的测定方法》(GBZ/T 160.44—2004)	工作场所空气
高效液相色谱法	《土壤和沉积物 多环芳烃的测定 高效液相色谱法》(HJ 784—2016)	土壤和沉积物
气相色谱-质谱法	《土壤和沉积物 多环芳烃的测定 气相色谱-质谱法》(HJ 805—2016)	土壤和沉积物
气相色谱-质谱法	《土壤和沉积物 半挥发性有机物的测定 气相色谱-质谱法》(HJ 834—2017)	土壤和沉积物
高效液相色谱法	《固定污染源排气中苯并[a]芘的测定 高效液相色谱法》(HJ/T 40—1999)	固定污染源排气
高效液相色谱法	《固体废物 多环芳烃的测定 高效液相色谱法》(HJ 892—2017)	固体废物
乙酰化滤纸层析荧光分光光度法	《空气质量 飘尘中苯并[a]芘的测定 乙酰化滤纸层析荧光分光光度法》(GB 8971—1988)	飘尘

6 应急处理处置方法

6.1 泄漏应急处理

(1) 应急行为 迅速撤离泄漏污染区人员至安全区，并进行隔离，严格限制出入。切断火源。

(2) 应急人员防护 建议应急处理人员戴自给正压式呼吸器，穿防毒服，从上风处进入现场。尽可能切断泄漏源。防止进入下水道、排洪沟等限制性空间。

(3) 环保措施 不要直接接触泄漏物，避免扬尘，小心扫起，用水泥、沥青或适当的热塑性材料固化处理再废弃。如大量泄漏，收集回收或无害处理后废弃。有害燃烧产物包括一氧化碳、二氧化碳、成分未知的黑色烟雾。

(4) 消除方法 用泡沫覆盖，降低蒸气灾害。喷雾状水或泡沫冷却和稀释蒸气，保护现场人员。用防爆泵转移至槽车或专用收集器内，回收或运至废物处理场所处置。

6.2 个体防护措施

(1) 工程控制 严加密闭，提供充分的局部排风和全面通风。

(2) 呼吸系统防护 一般不需特殊防护，但建议特殊情况下，佩戴自给式呼吸器。

(3) 眼睛防护 戴安全防护眼镜。

(4) 身体防护 穿聚乙烯薄膜防毒服。

(5) 手防护 戴防化学品手套。

(6) 其他 工作后，淋浴更衣。避免长期反复接触。谨防其致癌性。

研究建议，进行苯并［*a*］芘的污染防治应集中于以下几个方面：改变工业锅炉和生活炉灶的燃料结构，尽量使用天然气或以燃油代替燃煤；集中供热，消除小煤炉取暖，并逐步实现煤气化；减少有机污染，边生产，边治理；改进汽车燃料，使燃烧更为充分；改变烹饪方式，尽量少用熏、炸、炒等方式；提倡少吸烟，公共场合禁止吸烟；翻耕土地，为微生物降解土壤污染的活动提供更有利的条件。

6.3 急救措施

(1) 皮肤接触 如果液体接触到皮肤，立刻以流动水和肥皂或温和的清洁剂清洗患部；若已渗透衣服，立刻脱去衣服再用水和肥皂或温和的清洁剂清洗；如清洗后刺激感仍存在，应立即就医。

(2) 眼睛接触 立刻撑开眼皮，以大量水冲洗，立即就医。操作此化学品时不可戴隐形眼镜。

(3) 吸入 若吸入大量气体，应立即将患者移到空气新鲜处；若呼吸停止，进行人工呼吸，不可使用口对口人工呼吸法；如果患者呼吸困难的话，最好在医生指示下供给氧气；让患者保持温暖并休息；尽快就医。

(4) 食入 立即就医；如无法立即就医，则利用患者手指刺激其咽喉或灌入催吐糖浆，进行催吐；若患者已丧失意识，勿催吐。

(5) 灭火方法 雾状水、泡沫、二氧化碳、砂土、干粉。

6.4 应急医疗

(1) 诊断要点 高浓度的苯并［*a*］芘经呼吸道吸入肺部，进入肺泡甚至血液，导致肺癌和心血管疾病。是一种强致癌性的物质，主要引发消化道癌、膀胱癌、乳腺癌等，主要是慢性中毒。

(2) 预防措施 作业场所施行密闭操作，加强通风。操作人员必须经过专门培训，严格遵守操作规程。操作人员应佩戴自吸过滤式防毒面具（半面罩），戴安全防护眼镜，穿防毒物渗透工作服，戴橡胶耐油手套。使用防爆型的通风系统和设备。防止蒸气泄漏到工作场所空气中。搬运时要轻装轻卸，防止包装及容器损坏。配备相应品种和数量的消防器材及泄漏应急处理设备。对从事该项作业工人应定期进行体检。同时日常生活中尽量少接触熏制品、烤制品。

7 储运注意事项

7.1 储存注意事项

储存于阴凉、通风的库房。远离火种、热源。包装密封。应与氧化剂、铝、食用化学品分开存放，切忌混储。配备相应品种和数量的消防器材。储区应备有合适的材料收容泄漏物。

7.2 运输信息

危险货物编号：28171。

UN 编号：3077。

包装类别：Ⅲ。

运输注意事项：运输前应先检查包装容器是否完整、密封，运输过程中要确保容器不泄漏、不倒塌、不坠落、不损坏。严禁与酸类、氧化剂、食品及食品添加剂混运。运输时运输车辆应配备相应品种和数量的消防器材及泄漏应急处理设备。防曝晒、雨淋，防高温。公路运输时要按规定路线行驶。

7.3 废弃

(1) 废弃处置方法 根据国家和地方有关法规的要求处置。

(2) 废弃注意事项 处置前应参阅国家和地方有关法规。废物储存参见“储存注意事项”。

8 参考文献

[1] 江苏省环境监测中心. 突发性污染事故中危险品档案库 [DB].

[2] 环境保护部. 国家污染物环境健康风险名录（化学第一分册）[M]. 北京：中国环境科学出版社，2011.

[3] 北京化工研究院环境保护所/计算中心. 国际化学品安全卡（中文版）查询系统 [DB]. 2016.

[4] 杭士平. 空气中有害物质的测定方法 [M]. 北京：人民卫生出版社，1986.

[5] 中国环境监测总站. 固体废弃物试验分析评价手册 [M]. 北京：中国环境科学出版社，1992.

[6] 阙惠林，Prashansa Rai. 苯并 [*a*] 芘对小鼠脾细胞凋亡率的影响 [J]. 延边大学医学学报，2018，(1)：1-4.

[7] 陈康，马丽莎. 苯并 [*a*] 芘在土壤中吸附机理的探讨 [J]. 农业与技术，2012，(6)：11-12.

[8] 李海明，陈鸿汉，郑西来，张达政. 地下水中苯并 [*a*] 芘来源探讨 [J]. 水文地质工程地质，2006，(6)：21-24.

丙 腈

1 名称、编号、分子式

丙腈（propionitrile）又称乙基氰，为无色液体。工业上丙腈的制备常由丙烯腈直接催化加氢制得，即将丙烯腈在催化剂磷酸铜、铑、雷尼镍存在下于气相或液相中进行加氢反应，制得丙腈。或者丙烯腈经电解加氢二聚合制备己二腈时，在制得双氰乙基醚的同时，丙腈作为副产品制得。丙腈基本信息见表 2-1。

表 2-1　丙腈基本信息

中文名称	丙腈
中文别名	氰乙烷；乙基氰；丙氰；唑菌腈；丙晴（氰乙烷）；乙基腈
英文名称	propionitrile
英文别名	cyanured'ethyle; ethanecarbonitrile; ether cyanatus; ethercyanatus; ethylcyanid; ethylkyanid; hydrocyanic ether; propanenitrile
UN 号	2404
CAS 号	107-12-0
ICSC 号	0320
RTECS 号	UF9625000
分子式	C_3H_5N
分子量	55.0785

2 理化性质

丙腈为无色液体，有芳香气味。丙腈易燃，其蒸气与空气可形成爆炸性混合物，遇明火、高热能引起燃烧爆炸。与氧化剂能发生强烈反应。其蒸气比空气密度大，能在较低处扩散到相当远的地方，遇火源会着火回燃。在火场中，受热的容器有爆炸危险。丙腈理化性质一览表见表 2-2。

表 2-2　丙腈理化性质一览表

外观与性状	无色液体，有芳香气味
熔点/℃	−103.5
沸点/℃	97.1

续表

相对密度(水=1)	0.8
相对蒸气密度(空气=1)❶	1.9
饱和蒸气压(25℃)/kPa	5.59
燃烧热/(kJ/mol)	1907.8
临界温度/℃	291.2
临界压力/MPa	4.18
辛醇/水分配系数的对数值	0.1
闪点/℃	2
爆炸上限(体积分数)/%	14
爆炸下限(体积分数)/%	3.1
溶解性	溶于水、乙醇等多数有机溶剂
化学性质	化学性质活泼,可发生水解、还原等反应
稳定性	稳定
引燃温度/℃	512

3 毒理学参数

(1) 急性毒性 LD_{50}：39mg/kg（大鼠经口）；36mg/kg（小鼠经口）；210mg/kg（兔经皮）。LC_{50}：500ppm❷（大鼠吸入，4h）；367mg/m^3（小鼠吸入，1h）。

(2) 中毒机理 属高毒类。丙腈主要作用是在体内析出氰离子，抑制呼吸酶，造成缺氧。在生理状态时，细胞色素氧化酶含有二价铁。二价铁氧化后成三价铁；待三价铁将电子传递给分子氧后，又变为二价铁。但是，当氰离子与氧化型细胞色素氧化酶中的三价铁结合后，由于它们的亲和力较强，阻止了氧化酶中三价铁的还原，即阻断了氧化过程中的电子传递，使组织细胞不能利用氧，形成了内窒息。此外，氰化物的作用原理还可能归结于夺去某些酶的金属，或与酶的辅基和底物中的羰基相结合，或使二硫键断裂等。

(3) 刺激性 家兔经眼：100mg (24h)，中度刺激。家兔经皮：500mg (24h)，轻度刺激。

(4) 致癌性 小鼠经口最低中毒剂量（TDL_0）：715mg/kg（36 周，连续），致肿瘤阳性。AGGIH-A3（动物致癌物）。

(5) 致突变性 性染色体缺失和不分离：黑胃果蝇吸入 51ppm。

(6) 生殖毒性 大鼠经口最低中毒剂量（TDL_0）：1120mg/kg（孕 6～15d），影响每窝胎数，致胚胎毒性。

(7) 致畸性 果蝇吸入 51ppm，性别染色体不分离或损失。

(8) 危险特性 易燃，其蒸气与空气可形成爆炸性混合物。遇明火、高热能引起燃烧爆炸。与氧化剂能发生强烈反应。其蒸气比空气密度大，能在较低处扩散到相当远的地方，遇明火会引着回燃。在火场中，受热的容器有爆炸危险。

---

❶ 此处代表相同条件下，空气的相对蒸气密度为 1，全书同。

❷ 1ppm=10^{-6}=一百万分之一。

4 对环境的影响

4.1 主要用途

丙腈可用作有机合成原料、溶剂和树脂添加剂。少量用作医药原料，主要合成解痉药2,4,6-三羟基苯丙酮、磺胺异噁唑等药物。也用作色谱分析标准物质。经催化加氢可得丙胺。还用作农药除草剂的中间体。

4.2 环境行为

丙腈的化学性质较稳定，但在一定条件下能够燃烧或分解，其产物为一氧化碳、二氧化碳和氮氧化物。降解半衰期较长，当羟基自由基浓度为 5.00×10^5 个/cm^3 时，降解半衰期为 83d（理论）。

4.3 人体健康危害

(1) 暴露/侵入途径 吸入、食入、经皮吸收。

(2) 健康危害 轻症有头痛、头晕、乏力、胸闷、呼吸困难、心悸、恶心、呕吐等。

重度中毒可出现：前驱期症状有上呼吸道刺激、呼吸加快、头痛、头晕、胸闷；呼吸困难期症状有血压上升、脉速、心悸、皮肤呈鲜红色、胸部压迫感、呼吸困难、紫绀、昏迷等；麻痹期症状有持续昏迷、全身肌肉松弛、呼吸心跳停止而死亡。眼和皮肤接触可致灼伤，吸收后可引起中毒。

4.4 接触控制标准

前苏联 MAC（mg/m^3）：0.6。

TLVTN：NIOSH 14mg/m^3。

丙腈生产及应用相关环境标准见表 2-3。

表 2-3 丙腈生产及应用相关环境标准

标准编号	限制要求	标准值
中国(GB 3838—2002)	地表水环境质量标准(氰化物)	Ⅰ类:0.005mg/L Ⅱ类:0.05mg/L Ⅲ类:0.02mg/L Ⅳ类:0.2mg/L Ⅴ类:0.2mg/L

5 环境监测方法

5.1 现场应急监测方法

现场应急监测可采用便携式气相色谱仪，不需要进行样品的预处理，直接对现场空气进行采样，采样时由内载气带入内部毛细管柱，采样时间一般为10s。

5.2　实验室监测方法

丙腈的实验室监测方法见表 2-4。

表 2-4　丙腈的实验室监测方法

监测方法	来源	类别
气相色谱法	《分析化学手册》(第四分册,色谱分析),化学工业出版社	空气
流动注射-分光光度法	《水质　氰化物的测定　流动注射-分光光度法》(HJ 823—2017)	水质

6　应急处理处置方法

6.1　泄漏应急处理

(1) 应急行为　迅速撤离泄漏污染区人员至安全区，并进行隔离，严格限制出入。切断火源。尽可能切断泄漏源。

(2) 应急人员防护　建议应急处理人员戴自给正压式呼吸器，穿防毒服。不要直接接触泄漏物。

(3) 环保措施　防止进入下水道、排洪沟等限制性空间。

(4) 消除方法　小量泄漏：用砂土或其他不燃材料吸附或吸收。也可用大量水冲洗，洗水稀释后放入废水系统。大量泄漏：构筑围堤或挖坑收容；用泡沫覆盖，降低蒸气灾害。用防爆泵转移至槽车或专用收集器内，回收或运至废物处理场所处置。

6.2　个体防护措施

(1) 工程控制　严加密闭，提供充分的局部排风和全面通风。操作尽可能机械化、自动化。操作人员必须经过专门培训，严格遵守操作规程。远离火种、热源，工作场所严禁吸烟。使用防爆型的通风系统和设备。

(2) 呼吸系统防护　可能接触毒物时，必须佩戴过滤式防毒面具（全面罩）。紧急事态抢救或撤离时，佩戴空气呼吸器。

(3) 眼睛防护　呼吸系统防护中已做防护。

(4) 身体防护　穿着连衣式胶布防毒衣。

(5) 手防护　戴橡胶手套。

(6) 其他　工作现场禁止吸烟、进食和饮水。工作完毕，彻底清洗。单独存放被毒物污染的衣服，洗后备用。车间应配备急救设备及药品。作业人员应学会自救互救。

6.3　急救措施

(1) 皮肤接触　立即脱去污染的衣着，用流动清水或5%硫代硫酸钠溶液彻底冲洗至少20min。就医。

(2) 眼睛接触　立即提起眼睑，用大量流动清水或生理盐水彻底冲洗至少15min。就医。

(3) 吸入　迅速脱离现场至空气新鲜处。保持呼吸道通畅。如呼吸困难，给输氧。如停止呼吸，立即进行人工呼吸（勿用口对口）和胸外心脏按压术。给吸入亚硝酸异戊酯，就医。

(4) 食入 饮足量温水，催吐。用 1∶5000 高锰酸钾或 5% 硫代硫酸钠溶液洗胃。就医。

(5) 灭火方法 喷水冷却容器，可能的话将容器从火场移至空旷处。

6.4 应急医疗

(1) 诊断要点 重度中毒前期症状有上呼吸道刺激、呼吸加快、头痛、头晕、胸闷；呼吸困难期症状有血压上升、脉速、心悸、皮肤呈鲜红色、胸部压迫感、呼吸困难、紫绀、昏迷等；麻痹期症状有持续昏迷、全身肌肉松弛、呼吸心跳停止而死亡。眼和皮肤接触可致灼伤，吸收后可引起中毒。

(2) 处理原则

① 迅速脱离现场，脱去污染衣物，并立即用大量流动清水彻底冲洗。

② 眼部污染先用大量水冲洗几分钟（如可能易行，摘除隐形眼镜），然后就医。

③ 误服者立即漱口。不要催吐。饮用 1 杯或 2 杯水。立即给予医疗护理。

④ 吸入者立即呼吸新鲜空气，休息。必要时进行人工呼吸。禁止口对口进行人工呼吸。立即给予医疗护理。

(3) 预防措施 工作时不得进食、饮水或吸烟。进食前洗手。

7 储运注意事项

7.1 储存注意事项

储存于阴凉、通风的库房。远离火种、热源。库温不宜超过 30℃。保持容器密封。应与氧化剂、还原剂、酸类、碱类、食用化学品分开存放，切忌混储。采用防爆型照明、通风设施。禁止使用易产生火花的机械设备和工具。储区应备有泄漏应急处理设备和合适的收容材料。应严格执行极毒物品“五双”管理制度。

7.2 运输信息

危险货物编号：32160。

UN 编号：2404。

包装类别：Ⅱ。

包装方法：小开口钢桶；安瓿瓶外普通木箱；螺纹口玻璃瓶、铁盖压口玻璃瓶、塑料瓶或金属桶（罐）外普通木箱。

运输注意事项：铁路运输时应严格按照铁道部《危险货物运输规则》中的危险货物配装表进行配装。运输时运输车辆应配备相应品种和数量的消防器材和泄漏应急处理设备。夏季最好早晚运输。运输时所用的槽（罐）车应有接地链，槽内可设孔隔板以减少振荡产生的静电。严禁与氧化剂、还原剂、酸类、碱类、食用化学品等混装混运。运输途中应防曝晒、雨淋，防高温。中途停车时应远离火种、热源、高温区。装运该物品的车辆排气管必须配备阻火装置，禁止使用易产生火花的机械设备和工具装卸。公路运输时要按照规定路线行驶，勿在居民区和人口稠密区停留。铁路运输时要禁止溜放。严禁用木船、水泥船散装运输。

7.3 废弃

(1) 废弃处置方法 建议用焚烧法处置。焚烧炉排出的氮氧化物通过洗涤器除去。

(2) 废弃注意事项 处置前应参阅国家和地方有关法规。废物储存参见“储存注意事项”。

8 参考文献

[1] 刘杰，许炜璐.丙烯腈与丙腈急性中毒5例临床分析 [J].工业卫生与职业病，2006，32 (2)：103-104.

[2] 江苏省环境监测中心.突发性污染事故中危险品档案库 [DB].

[3] 环境保护部.国家污染物环境健康风险名录（化学第一分册）[M].北京：中国环境科学出版社，2009.

[4] 周国泰.危险化学品安全技术全书 [M].北京：化学工业出版社，1997.

[5] 天津市固体废物及有毒化学品管理中心.危险化学品环境数据手册 [M].天津：天津市固体废物及有毒化学品管理中心，2005：195-197.

[6] 万本太.突发性环境污染事故应急监测与处理处置技术 [M].北京：中国环境科学出版社，1996.

[7] 胡望钧.常见有毒化学品环境事故应急处置技术与监测方法 [M].北京：中国环境科学出版社，1993.

[8] 俞志明.新编危险物品安全手册 [M].北京：化学工业出版社，2001.

[9] 彭国治，王国顺.分析化学手册（第四分册）[M].北京：化学工业出版社，2000.

[10] 北京化工研究院环境保护所/计算中心.国际化学品安全卡（中文版）查询系统 [DB].2016.

丙　酸

1 名称、编号、分子式

丙酸存在于发酵或腐败的奶制品、糖蜜和淀粉等中。早期，丙酸主要来自某些产品副产，例如石蜡烃硝化、糖蜜或淀粉发酵、木材干馏、轻质烃氧化制乙酸等过程都副产少量丙酸。目前，工业生产丙酸的方法主要有丙醛氧化、乙醇羧化、轻质烃氧化制乙酸时作为副产回收。

(1) 丙醛氧化法　丙醛在空气或其他氧化剂作用下容易氧化成丙酸。氧化过程可采用钴、锰和铜等盐类作催化剂，也可不用催化剂在常压或稍加压下进行。此法收率可达95%以上，美国丙酸产量有90%以上是由此法生产的。

(2) 轻质烃氧化法　是生产乙酸的主要方法之一。每生产100t乙酸，可副产25t甲酸和10t丙酸。

(3) 乙醇羧化法　是以乙醇、一氧化碳和水为原料，在高温、高压下进行催化羧化得到丙酸，美国杜邦公司采用此法建有年产5000t的生产装置。此法工艺条件苛刻，设备材质要求高，发展受到限制。

(4) 低碳烃直接氧化法　以低碳烃为原料氧化生产乙酸时能联产甲酸和丙酸，分离后即可得到丙酸。

(5) 雷珀（Reppe）法　乙烯在羰基镍催化作用下与一氧化碳和水反应一步合成丙酸。反应条件是250～320℃和10～30MPa。

(6) 丙腈水解法　由丙腈在浓硫酸催化作用下水解制得。

(7) 丙烯酸法　由丙烯酸加氢还原制得。

丙酸基本信息见表3-1。

表3-1　丙酸基本信息

中文名称	丙酸
中文别名	初油酸
英文名称	propionic acid
英文别名	primary oleic acid
UN号	1848
CAS号	79-09-4
ICSC号	0806
RTECS号	UE5950000

续表

EC 编号	607-089-00-0
分子式	$C_3H_6O_2$;CH_3CH_2COOH
分子量	74.08
规格	软膏剂:3%(丙酸)或5%~10%丙酸钠

2 理化性质

丙酸又称初油酸，是三个碳的羧酸和短链饱和脂肪酸，纯的丙酸是无色、腐蚀性的液体，带有刺激性气味。有羧酸同行，杀菌能力强，低毒性。禁忌物包括碱类、强氧化剂、强还原剂。丙酸理化性质一览表见表 3-2。

表 3-2 丙酸理化性质一览表

外观与性状	无色液体,有刺激性气味
所含官能团	—COOH
熔点/℃	—22
沸点/℃	140.7
相对密度(水=1)	0.99
相对蒸气密度(空气=1)	2.56
饱和蒸气压(39.7℃)/kPa	1.33
燃烧热/(kJ/mol)	1525.8
临界温度/K	339
临界压力/MPa	5.37
稳定性	稳定
闪点/℃	52
引燃温度/℃	465
爆炸上限(体积分数)%	12.1
爆炸下限(体积分数)%	2.9
溶解性	与水混溶,可混溶于乙醇、乙醚、氯仿
燃烧产物	一氧化碳、二氧化碳
化学性质	是一种弱酸,可与碱类物质成盐。在浓酸催化下可与醇发生酯化反应。加热脱水可以生成丙酸酐。与氨、碳酸铵反应可生成酰胺。与重金属共热可生成丙酮。与卤素反应生成α-卤代丙酸

3 毒理学参数

(1) 急性毒性 LD_{50}：3500mg/kg（大鼠经口）；500mg/kg（兔经皮）。

(2) 刺激性 家兔经眼：990μg，重度刺激。家兔经皮开放性刺激试验：495mg，重度刺激。

(3) 致癌性 没有证据表明该物质对动物有致癌性。姐妹染色单体交换（人淋巴细胞）：10mmol/L。

(4) 中毒机理 体内主要通过氧化而代谢，本品为单羟基脂肪酸，具有从组织中汲取水分，凝固蛋白质，使细胞坏死的特性。

(5) 危险特性 其蒸气与空气形成爆炸性混合物，遇明火、高热能引起燃烧爆炸。与氧化剂能发生强烈反应。

4 对环境的影响

4.1 主要用途

丙酸是重要的精细化学品，也是其他许多精细化学品的中间体。主要用作食品和饲料添加剂，其次用于家药珍重草剂及医药、香料等。在谷物和饲料添加剂方面，丙酸的应用效果显著，消费量增长很快。

(1) 食品添加剂 丙酸钙和丙酸钠能防止由于微生物作用而引起的食物腐败变质，延长食品保存时间，行之有效用于面包和糕点的保存。

(2) 谷物保存剂 丙酸用于谷物的防霉烂和防结块获得成功，为谷物的长期储藏保鲜提供了新方法。

(3) 饮料保藏剂 试验证明，丙酸、丙酸钠、丙酸钙都是较好的饲料保藏剂，多用于保藏猪、牛、羊和家禽用饲料，其中以丙酸钙效果最好。

(4) 聚酯用催化剂 丙酸盐类中的丙酸锌和丙酸镉是生产对苯二甲酸酯的聚酯用催化剂。

丙酸酯类品种很多，具有各自的用途，可作溶剂、香料、医药中间体、化妆品添加剂、树脂改性剂、香烟过滤嘴增塑剂、汽油抗爆剂、抗菌剂等。丙酸衍生物的中间体有2-氯丙酸、乳酸、2,2-二氯丙酸、2-溴丙酸、3-氯丙酸、丙腈、丙酰氯，分别用于许多药物、农药除草剂、食品强化剂、香料等产品的生产。

4.2 环境行为

一些好氧试验显示，使用污水、活性污泥接种，丙酸会迅速被生物分解掉；当释放至土壤中，丙酸具有高移动性，生物分解可能为其重要的去除途径；当释放至水中，好氧性的生物分解可能是其重要的去除途径。

4.3 人体健康危害

(1) 暴露/侵入途径 吸入、食入、经皮吸收。

(2) 健康危害 吸入本品对呼吸道有强烈刺激性，可发生肺水肿。蒸气对眼睛有强烈刺激性，液体可致严重眼睛损害。皮肤接触可致灼伤。大量口服出现恶心、呕吐和腹痛。

人接触高浓度丙酸可致皮肤、眼睛和呼吸道黏膜损伤。

喂食含4%丙酸的食物14d的大鼠可见前胃黏膜溃疡形成和结节状病变。

4.4 接触控制标准

前苏联 MAC（mg/m^3）：2。

TLVTN：ACGIH 10ppm，30mg/m^3。

丙酸生产及应用相关环境标准见表 3-3。

表 3-3 丙酸生产及应用相关环境标准

标准编号	限制要求	标准值
前苏联	车间空气中有害物质的最高容许浓度	20mg/m^3

5 环境监测方法

5.1 现场应急监测方法

现场应急监测可采用水质检测管法，用于土壤中挥发性脂肪酸的快速萃取和分析。

5.2 实验室监测方法

丙酸的实验室监测方法见表 3-4。

表 3-4 丙酸的实验室监测方法

监测方法	来源	类别
液相色谱法	Kuwata K，Tanaka S. J Chromatogra，1988，455：425-429	工业排放物中痕量低分子量脂肪酸蒸气
气相色谱法	《车间空气中丙酸的气相色谱测定方法》（GB/T 17069—1997）	车间空气

6 应急处理处置方法

6.1 泄漏应急处理

（1）应急行为 疏散泄漏污染区人员至安全区，禁止无关人员进入污染区。

（2）应急人员防护 建议应急处理人员戴自给式呼吸器，穿化学防护服，不要直接接触泄漏物，在确保安全情况下堵漏。

（3）环保措施 用砂土或其他不燃性吸附剂混合吸收，然后收集运至废物处理场所处置。也可以用大量水冲洗，经稀释的洗水放入废水系统。如大量泄漏，利用围堤收容，然后收集、转移、回收或无害处理后废弃。

（4）消除方法 用防爆泵转移至槽车或者专用收集器内，回收或运至废物处理场所处置。

6.2 个体防护措施

（1）工程控制 生产过程密闭，加强通风。提供安全淋浴和洗眼设备。

（2）呼吸系统保护 空气中浓度超标时，应该佩戴防毒面具。紧急事态抢救或逃生时，佩戴自给式呼吸器。

（3）眼睛防护 戴化学安全防护眼镜。

(4) 防护服 穿工作服（防腐材料制作）。

(5) 手防护 戴橡胶手套。

(6) 其他 工作后，淋浴更衣。注意个人清洁卫生。

6.3 急救措施

(1) 皮肤接触 脱去污染的衣着，立即用水冲洗至少15min。若有灼伤，就医治疗。

(2) 眼睛接触 立即提起眼睑，用流动清水或生理盐水冲洗至少15min。就医。

(3) 吸入 迅速脱离现场至空气新鲜处。保持呼吸道通畅。必要时进行人工呼吸。就医。

(4) 食入 误服者给饮大量温水，催吐，就医。

(5) 灭火方法 用雾状水保持火场容器冷却，用水喷射溢出液体，使其稀释成不燃性混合物，并用雾状水保护消防人员。灭火剂包括雾状水、二氧化碳、砂土、抗溶性泡沫。

6.4 应急医疗

(1) 诊断要点 吸入本品对呼吸道有强烈刺激性，可发生肺水肿和炎症。蒸气对眼睛有强烈刺激性，液体可致严重眼睛损害。皮肤接触可致灼伤。大量口服出现恶心、呕吐和腹痛。

(2) 处理原则 误服者用水漱口，给饮牛奶、豆浆、蛋清等黏膜保护剂；对症治疗，重点保护呼吸道功能，防止肺水肿、上消化道出血、肾功能衰竭和继发感染等。

(3) 预防措施 加强生产设备的维修保养，严格遵守操作规程，注意通风排毒，将工作场所空气中丙酸浓度控制在容许接触限值PC-TWA $30mg/m^3$ 以内。

7 储运注意事项

7.1 储存注意事项

玻璃瓶密封包装，99.5%以上的丙酸需用合金或铝储罐包装。稀丙酸不能使用铝储罐，可用合金钢或塑料衬里的普通钢储罐包装。储存于阴凉、通风仓间内。仓内温度不宜超过30℃。远离火种、热源，防止阳光直射。保持容器密封。应与氧化剂、碱类分开存放。储存间内的照明、通风等设施应采用防爆型，开关设在仓外。配备相应品种和数量的消防器材。禁止使用易产生火花的机械设备和工具。罐储时要有防火防爆技术措施。

7.2 运输信息

危险货物编号：81613。

UN编号：1848。

包装类别：Ⅱ。

包装方法：小开口钢桶；螺纹口玻璃瓶、铁盖压口玻璃瓶、塑料瓶或金属桶（罐）外木板箱；玻璃瓶、塑料桶外木板箱或半花格箱；塑料瓶、镀锡薄钢板桶外满底板花格箱。

运输注意事项：铁路运输时应严格按照铁道部《危险货物运输规则》中的危险货物配备表进行装配。起运时包装要完整，装运要稳妥。运输过程中要确保容器不泄漏、不倒塌、不坠落、不损坏。运输时所用槽（罐）车应有接地链，槽内可设孔隔板以减少振荡产生静电。严禁与氧化剂、还原剂、碱类、食用化学品等混装混运。公路运输时要按照规定路线行驶，勿在居民区和人口稠密区停留。

7.3 废弃

（1）废弃处置方法 用控制焚烧法处置。也可以用安全掩埋法处置。

（2）废弃注意事项 处置前应参阅国家和地方有关法规。

8 参考文献

［1］ 天津市固体废物及有毒化学品管理中心. 危险化学品环境数据手册［M］. 天津：天津市固体废物及有毒化学品管理中心，2005：621-623.

［2］ 北京化工研究院环境保护所/计算中心. 国际化学品安全卡（中文版）查询系统［DB］. 2016.

［3］ Paul J W，Beauchamp E G. Rapid extraction and analysis of volatile fatty acids from soil［J］. Commun Soil Sci Plant Anal，1989，20（1/2）：85-94.

［4］ 吴翠红，王喜正. 丙酸盐类的生产工艺及市场前景［J］. 齐鲁石油化工，2003，（2）：131-135.

［5］ 江朝强. 有机溶剂中毒预防指南［M］. 北京：化学工业出版社，2006：468-469.

丙　酮

1　名称、编号、分子式

丙酮是脂肪族酮类具有代表性的化合物，具有酮类的典型反应。丙酮的生产方法主要有异丙醇法、异丙苯法、发酵法、乙炔水合法和丙烯直接氧化法。目前世界上丙酮的工业生产以异丙苯法为主。世界上三分之二的丙酮是制备苯酚的副产品，是异丙苯氧化后的产物之一。丙酮基本信息见表 4-1。

表 4-1　丙酮基本信息

中文名称	丙酮
中文别名	二甲(基)酮；阿西通
英文名称	acetone
英文别名	propanone
UN 号	1090
CAS 号	67-64-1
ICSC 号	0087
RTECS 号	AL3150000
EC 编号	606-001-00-8
分子式	C_3H_6O；CH_3COCH_3
分子量	58.08

2　理化性质

丙酮又名二甲基酮，为最简单的饱和酮。是一种无色透明液体，有特殊的辛辣气味。易溶于水和甲醇、乙醇、乙醚、氯仿、吡啶等有机溶剂。易燃、易挥发，化学性质较活泼。标准状况时，1L 丙酮蒸气质量为 2.63g；室温时，1L 丙酮蒸气质量为 71mg，20℃时蒸气张力为 26357.8Pa。吸入 22mg/L 丙酮蒸气 5min 者有 71%被吸收，在 11mg/L 丙酮蒸气中呼吸 15min 者有 76%～77%被吸收，气体和血液或水的丙酮分配系数为 1∶333。丙酮理化性质一览表见表 4-2。

表 4-2 丙酮理化性质一览表

外观与性状	无色透明易流动液体，有芳香气味，极易挥发
所含官能团	>C=O
熔点/℃	−94.6
沸点/℃	56.5
相对密度(水＝1)	0.80
相对蒸气密度(空气＝1)	2.00
饱和蒸气压(39.5℃)/kPa	53.32
燃烧热/(kJ/mol)	1788.7
临界温度/K	235.5
临界压力/MPa	4.72
辛醇/水分配系数的对数值	−0.24
闪点/℃	−20
引燃温度/℃	465
爆炸上限(体积分数)/%	13
爆炸下限(体积分数)/%	2.5
溶解性	与水混溶，可混溶于乙醇、乙醚、氯仿、油类、烃类等多数有机溶剂
化学性质	在酸或碱存在下，与醛或酮发生缩合反应，生成酮醇、不饱和酮及树脂状物质。与苯酚在酸性条件下，缩合成双酚 A

3 毒理学参数

(1) 急性毒性 LD_{50}：5800mg/kg（大鼠经口）；20000mg/kg（兔经皮）；人吸入12000ppm×4h，最小中毒浓度。人经口 200mL，昏迷，12h 恢复。

(2) 代谢 丙酮经各种途径吸收后，由于水溶性强，易吸收入血液，迅速遍布全身。其排出取决于剂量。大剂量时以原形主要经肺和肾，极少量经皮肤排出。小剂量时大部分被氧化成二氧化碳排出，丙酮脱下的甲基参加体内其他物质的合成。丙酮在血液中的生物学半衰期，大鼠为 5.3h，狗为 11h，人为 3h。丙酮在人体的代谢大多数是分解为乙酰乙酸和转化为糖原的三羧酸循环中间体。

(3) 致突变性 细胞遗传学分析：拷贝酒酵母菌 200mmol/管。

(4) 对生物降解的影响 水中含量在 4g/L 以上时，污泥消化受到抑制。水中含量为840mg/L 时，活性污泥对氨氮的硝化作用降低 75%。

(5) 危险特性 其蒸气与空气可形成爆炸性混合物。遇明火、高热极易燃烧爆炸。与氧化剂能发生强烈反应。其蒸气比空气密度大，能在较低处扩散到相当远的地方，遇明火会引着回燃。若遇高热，容器内压增大，有开裂和爆炸的危险。

(6) 刺激性 家兔经眼：3950g，重度刺激。家兔经皮开放性刺激试验：395mg，轻度刺激。

4 对环境的影响

4.1 主要用途

丙酮是重要的有机合成原料，用于生产环氧树脂、聚碳酸酯、有机玻璃、医药、农药等。也是良好的溶剂，用于涂料、黏结剂、钢瓶乙炔等。也用作稀释剂、清洗剂、萃取剂。还是制造醋酐、双丙酮醇、氯仿、碘仿、环氧树脂、聚异戊二烯橡胶、甲基丙烯酸甲酯等的重要原料。在无烟火药、赛璐珞、醋酸纤维、喷漆等工业中用作溶剂。在油脂等工业中用作提取剂。在涂料、醋酸纤维纺丝过程、钢瓶储存乙炔、炼油工业脱蜡等方面用作优良的溶剂。

4.2 环境行为

丙酮释放到大气中，可与氢氧自由基作用（半衰期约为 22d）。释放到水中，被微生物分解。释放到土壤中，挥发和被微生物降解。

4.3 人体健康危害

(1) 暴露/侵入途径 可经呼吸道、消化道和皮肤吸收。经肺和胃肠道吸收较快，经皮肤吸收缓慢，而吸收量又低，故无实际意义。

(2) 健康危害 主要表现为对中枢神经系统的麻醉作用，出现乏力、恶心、头痛、头晕、易激动。重者发生呕吐、气急、痉挛，甚至昏迷。对眼、鼻、喉有刺激性。口服后，口唇、咽喉有烧灼感，然后出现口干、呕吐、昏迷、酸中毒和酮症。由于丙酮溶于水的性质，故可进入血液很快移至全身。

一般急性中毒表现为不同程度的麻醉状态。曾有一例在生产条件下吸入大量丙酮后表现为黏膜刺激和昏迷。2d 后血中丙酮还高达 180mg/L，尿有丙酮。轻度肾脏损害，如有少量蛋白、红细胞、白细胞。尿胆素升高，血红胆素增加。

长期接触该品出现眩晕、灼烧感、咽炎、支气管炎、乏力、易激动等。皮肤长期接触可致皮炎。皮肤接触会导致干燥、红肿和皲裂，每天 3h 吸入浓度为 1000ppm 的蒸气，在 7～15 年会刺激工人鼻腔，使之眩晕、乏力。

4.4 接触控制标准

中国 MAC（mg/m^3）：400。

前苏联 MAC（mg/m^3）：200。

TLVTN：OSHA 1000ppm，2380mg/m^3；ACGIH 750ppm，1780mg/m^3。

TLVWN：ACGIH 1000ppm，2380mg/m^3。

丙酮生产及应用相关环境标准见表 4-3。

表 4-3 丙酮生产及应用相关环境标准

标准编号	限制要求	标准值
中国(TJ 36—1979)	车间空气中有害物质的最高容许浓度	400mg/m^3
中国(TJ 36—1979)	居住区大气中有害物质的最高容许浓度	0.80mg/m^3(一次值)
—	嗅觉阈浓度	1.2～2.44mg/m^3

5 环境监测方法

5.1 现场应急监测方法

现场应急监测可采用气体检测管法、便携式气相色谱法、直接进水样气相色谱法、快速比色法（《化工企业空气中有害物质测定方法》，化学工业出版社）、气体速测管（北京劳保所产品、德国德尔格公司产品）。

5.2 实验室监测方法

丙酮的实验室监测方法见表 4-4。

表 4-4 丙酮的实验室监测方法

监测方法	来源	类别
气相色谱法	《空气和废气监测分析方法》，国家环境保护总局编	空气
糖醛比色法	《空气和废气监测分析方法》，国家环境保护总局编	空气
气相色谱法	《居住区大气中甲醇、丙酮卫生检验标准方法气相色谱法》(GB 11738—1989)	居住区空气
气相色谱法	《车间空气中丙酮的溶剂解吸气相色谱测定方法》(GB/T 16059—1995)	车间空气
聚乙二醇 6000 柱气相色谱法	《车间空气中丙酮的直接进样气相色谱测定方法》(GB/T 16058—1995)	车间空气
气相色谱法	《工业用丙烯腈中乙腈、丙酮和丙烯醛含量的测定气相色谱法》(GB/T 7717.12—1994)	液体

6 应急处理处置方法

6.1 泄漏应急处理

(1) 应急行为 迅速撤离泄漏污染区人员至安全区，并进行隔离，严格限制出入。切断火源。

(2) 应急人员防护 建议应急处理人员戴自给正压式呼吸器，穿消防防护服。

(3) 环保措施 尽可能切断泄漏源。防止进入下水道、排洪沟等限制性空间。小量泄漏：用砂土或其他不燃材料吸附或吸收。也可以用大量水冲洗，洗水稀释后放入废水系统。大量泄漏：构筑围堤或挖坑收容；用泡沫覆盖，降低蒸气灾害。

(4) 消除方法 用防爆泵转移至槽车或专用收集器内，回收或运至废物处理场所处置。

6.2 个体防护措施

(1) 工程控制 生产过程密闭，全面通风。

(2) 呼吸系统保护 空气中浓度超标时，佩戴过滤式防毒面具（半面罩）。

(3) 眼睛防护 一般不需要特殊防护，高浓度接触时可戴化学安全防护眼镜。

(4) 防护服 穿防静电工作服。

(5) 手防护 戴橡胶手套。

(6) 其他 工作现场严禁吸烟。注意个人清洁卫生。避免长期反复接触。

6.3 急救措施

(1) 皮肤接触 脱去被污染的衣着，用肥皂水和清水彻底冲洗皮肤。

(2) 眼睛接触 提起眼睑，用流动清水或生理盐水冲洗。就医。

(3) 吸入 迅速脱离现场至空气新鲜处。保持呼吸道通畅。如呼吸困难，给输氧。如呼吸停止，立即进行人工呼吸。就医。

(4) 食入 饮足量温水，催吐，就医。

(5) 灭火方法 尽可能将容器从火场移至空旷处。喷水保持火场容器冷却，直至灭火结束。处在火场中的容器若已变色或从安全泄压装置中产生声音，必须马上撤离。灭火剂包括泡沫、干粉、二氧化碳、砂土。用水灭火无效。

6.4 应急医疗

(1) 诊断要点

① 吸入。浓度在500ppm以下无影响，500～1000ppm之间会刺激鼻、喉，1000ppm时可致头疼并有头晕出现，2000～10000ppm时可产生头晕、醉感、倦睡、恶心和呕吐，高浓度导致失去知觉、昏迷和死亡。

② 眼睛接触。浓度在500ppm会产生刺激，1000ppm会有轻度、暂时性刺激。液体会产生中毒刺激。

③ 皮肤刺激。液体会有轻度刺激，通过完好的皮肤吸收造成的危险非常小。

④ 口服。对喉和胃有刺激作用，服进大量会产生和吸入相同的症状。

(2) 处理原则 及早离开现场，使安卧保暖，吸入氧气，对症处理。如有大量液体沾污皮肤或衣服时，应脱去衣服和用水冲洗污染部位。如液体进入眼内应用大量水冲洗。口服者应洗胃并灌以浓茶等以缓解吸收。因丙酮脂溶性很强，宜忌油。在酸中毒时给予乳酸钠或碳酸氢钠。临床上主要是对症下药。

(3) 预防措施 操作现场要保持良好的通风，做好个体保护；生产现场应装备安全信号指示器；人员上岗前和在岗期间应定期进行职业健康检查。作业场所空气中丙酮浓度应控制在PC-TEA 300mg/m^3、PC-STEL 450mg/m^3以内。

7 储运注意事项

7.1 储存注意事项

储存于阴凉、通风仓间内。仓内温度不宜超过30℃。远离火种、热源，防止阳光直射。保持容器密封。应与氧化剂分开存放，储存间内的照明、通风等设施应采用防爆型，开关设在仓外。配备相应品种和数量的消防器材。罐储时要有防火防爆技术措施。露天储罐夏季要有降温措施。灌装时应注意流速（不超过3m/s），且有接地装置，防止静电积聚。禁止使用易产生火花的机械设备和工具。

7.2 运输信息

危险货物编号：31025。

UN 编号：1090。

包装类别：Ⅰ。

包装方法：小开口钢桶；安瓿瓶外普通木箱；螺纹口玻璃瓶、铁盖压口玻璃瓶、塑料瓶或金属桶（罐）外普通木箱。

运输注意事项：运输时运输车辆应配备相应品种和数量的消防器材及泄漏应急处理设备。夏季最好早晚运输。运输时所用的槽（罐）车应有接地链，槽内可设孔隔板以减少振荡产生静电。严禁与氧化剂、还原剂、碱类、食用化学品等混装混运。运输途中应防曝晒、雨淋，防高温。中途停留时应远离火种、热源、高温区。装运该物品的车辆排气管必须配备阻火装置，禁止使用易产生火花的机械设备和工具装卸。公路运输时要按规定路线行驶，勿在居民区和人口稠密区停留。铁路运输时要禁止溜放。严禁用木船、水泥船散装运输。

7.3 废弃

(1) 废弃处置方法 用焚烧法处置。

(2) 废弃注意事项 处置前应参阅国家和地方有关法规。

8 参考文献

[1] 《化工企业空气中有害物质测定方法》编写组.化工企业空气中有害物质测定方法[M].北京：化学工业出版社，1983.

[2] 天津市固体废物及有毒化学品管理中心.危险化学品环境数据手册[M].天津：天津市固体废物及有毒化学品管理中心，2005：517-519.

[3] 北京化工研究院环境保护所/计算中心.国际化学品安全卡（中文版）查询系统[DB].2016.

[4] 国家环境保护总局.空气与废气监测分析方法[M].北京：中国环境科学出版社，2007.

[5] 江朝强.有机溶剂中毒预防指南[M].北京：化学工业出版社，2006：416-417.

[6] 孙美玲，王少锋，项曙光.工业废气中丙酮处理工艺研究进展[J].当代化工，2014，43(9)：1860-1864.

[7] 王俊，冯里茹，于微.改良TCA/丙酮沉淀法去除肥胖人群血浆中的高丰度蛋白质[J].卫生研究，2013，(5)：741-748.

丙烯腈

1 名称、编号、分子式

丙烯腈又称氰乙烯、2-丙烯腈、乙烯基氰。主要通过氰乙醇法、乙炔法及丙烯氨氧化法制备。氰乙醇法生产的丙烯腈纯度较高，但氢氰酸毒性大，成本也较高。乙炔法生产过程简单，收率良好，以氢氰酸计可达97%，但副反应多，产物精制较难，毒性也大，且原料乙炔价格高于丙烯，在技术和经济上落后于丙烯氨氧化法。1960年以前，该法是世界各国生产丙烯腈的主要方法。丙烯氨氧化法是目前最有工业价值的生产方法，以丙烯、氨、空气和水为原料，按其一定量配比进入沸腾床或固定床反应器，在以硅胶作载体的磷钼铋系或锑铁系催化剂作用下，在400～500℃温度和常压下，生成丙烯腈。然后经中和塔用稀硫酸除去未反应的氨，再经吸收塔用水吸收丙烯腈等气体，形成水溶液，使该水溶液经萃取塔分离乙腈，在脱氢氰酸塔除去氢氰酸，经脱水、精馏而得丙烯腈产品，其单程收率可达75%，副产品有乙腈、氢氰酸和硫铵。丙烯腈基本信息见表5-1。

表5-1 丙烯腈基本信息

中文名称	丙烯腈
中文别名	乙烯基氰；丙烯腈；2-丙烯腈；氰(代)乙烯；氰(基)乙烯；丙烯腈(剧毒不能订购)；氰代乙烯；氰乙烯
英文名称	acrylonitrile
英文别名	propenitrile；vinyl cyanide；acritet；acrylnitril；acrylnitril(german，dutch)；acrylon；acrylonitrile monomer；acrylonitrile(dot)
UN号	1093
CAS号	107-13-1
ICSC号	0092
RTECS号	AT5250000
EC编号	608-003-00-4
分子式	C_3H_3N
分子量	53.06

2 理化性质

丙烯腈为无色、有刺激性气味液体，化学性质活泼，能发生双键加成反应，与相应的含有活泼氢的无机或有机化合物反应制成一系列氰乙基化产物。在缺氧或暴露在可见光情况下易聚合，在浓碱存在下能强烈聚合。与还原剂发生激烈反应，放出有毒气体。蒸气与空气混合易形成爆炸性混合物，与氧化剂发生强烈反应，遇明火、高热会引起燃烧爆炸。见光、遇热、久储易聚合，有燃烧爆炸危险。丙烯腈理化性质一览表见表 5-2。

表 5-2　丙烯腈理化性质一览表

外观与性状	无色液体，有刺激性气味
熔点/℃	－84
沸点/℃	77
相对密度(水＝1)	0.81
饱和蒸气压(20℃)/kPa	11.07
燃烧热/(kJ/mol)	1761.5
临界温度/℃	246
爆炸上限(体积分数)/%	17
爆炸下限(体积分数)/%	3
临界压力/MPa	3.54
辛醇/水分配系数的对数值	0.25
溶解性	不溶于水，溶于醇、醚等多数有机溶剂
闪点/℃	－5
引燃温度/℃	481
稳定性	稳定

3　毒理学参数

(1) 急性毒性　对小鼠静脉注射 LD_{50} 为 15mg/kg，大鼠 LD_{50} 为 93mg/kg。以中枢神经系统症状为主，伴有上呼吸道和眼部刺激症状。轻度中毒有头晕、意识蒙眬及口唇紫绀等。眼结膜及鼻、咽部充血。重者除上述症状加重外，出现四肢阵发性强直抽搐、昏迷。液体沾染皮肤，可致皮炎，局部出现红斑、丘疹或水疱。

(2) 亚急性和慢性毒性　大鼠经口 0.1%饮水 13 周，生长减慢，萎靡。慢性中毒问题目前尚无定论。曾检查了接触丙烯腈专业工龄 1～5 年的工人 314 名，发现部分工人有神经衰弱综合征，主要表现为头晕、头痛、乏力、失眠、多梦及心悸等。体征方面发现有低血压倾向，未见对肝脏有影响。另据报道，108 名工人接触丙烯腈 3 年以上，浓度经常接近 $6mg/m^3$，其中部分工人有头痛、不适、全身无力、工作效率降低、嗜睡、噩梦和易激动等主诉。客观检查发现，部分工人血压下降，咽反射减弱和腱反射亢进。

丙烯腈可致接触性皮炎，表现为红斑、疱疹及脱屑，愈后可残留色素沉着。有些皮损可不伴有全身中毒症状。

(3) 代谢　丙烯腈可经呼吸道、皮肤和胃肠道进入人体。人的前臂皮肤涂丙烯腈后每小时平均吸收 $0.6mg/cm^2$。人在 $20mg/m^3$ 下吸入 4h，体内平均滞留率达 46%，几乎与暴露时间无关。代谢主要在肝脏中进行。经微粒体混合功能氧化酶作用，生成硫氰酸根或硫醇尿酸，经非氧化途径生成氰乙基硫醇尿酸或直接与核酸、蛋白质等生物大分子发生非酶性结合。代谢产物主要以硫氰酸盐、硫醇尿酸等形式自尿排出。

给兔静脉注入丙烯腈 5mg/kg 和 10mg/kg 后，发现染毒量的 2%～5%在 30～40min 内以原形随呼气排出。剂量大的一组因通气量明显减少，所以随呼气排出也减少，在使用呼吸兴奋剂后，呼吸加深，随呼气排出丙烯腈的量也增多。随尿约有 10%以原形排出，15%以硫氰酸盐形式排出。大鼠腹腔一次注射丙烯腈 60～70mg/kg，72h 内尿中排出硫氰酸盐占染毒量的 8.5%，其半排出期为 13h。

(4) 致突变性 微生物致变突性：鼠伤寒沙门菌 25μL/皿。哺乳动物体细胞突变性：人淋巴细胞 25mg/L。

(5) 刺激性 家兔经眼：20mg（24h），重度刺激。家兔经皮：500mg，轻度刺激。

(6) 致癌性 大鼠经口最小中毒剂量：1700mg/kg（37 周），胃癌。丙烯腈是确定的动物致癌物，可通过呼吸道、消化道和皮肤接触等多种途径使大鼠发生不同类型的肿瘤，其中相关性更显著的是脑神经胶质瘤。据丙烯腈致癌性的人群流行病学资料，早在 20 世纪 70～80 年代，研究者对职业暴露于丙烯腈的人群进行流行病学调查，发现作业工人的肺癌、前列腺癌、胃癌的发病率和死亡率增加。但最近几年的人群流行病学调查未发现接触丙烯腈和肿瘤发病率及死亡率之间存在相关关系。国际癌症研究机构（IARC）基于丙烯腈对人群致癌证据不充分，在 1999 年对丙烯腈的致癌性进行重新评价，把它归类为 2B 类致癌物，即确定为动物致癌物、人类可疑致癌物。然而考虑到在不同的丙烯腈暴露队列中反复发现肺癌的发病率和死亡率明显升高，所以还不能排除人群中丙烯腈暴露和肺癌之间存在因果关系的可能性。由美国国家癌症研究机构（NIC）和国家职业安全与卫生研究机构（NIOSH）主持的一项大规模流行病学调查中，对美国 8 个生产和使用丙烯腈工厂的 25460 名工人进行研究，发现在高剂量组肺癌发病率增加。

(7) 生殖毒性 丙烯腈可引起初级精母细胞染色体畸变率升高和早期精细胞微核率升高，睾丸中早期精细胞遗传物质受到损伤，致使生殖细胞的形态、结构、机能及染色体异常，从而影响雄性生殖功能。丙烯腈代谢产物氰环氧已烷与丙烯腈都能烷化体内组织中的遗传物质 DNA，氰环氧已烷通过与核酸共轭结合，引起 DNA 发生不可逆的损伤。丙烯腈通过烷化睾丸组织中 DNA 且干扰睾丸 DNA 修复过程而可能影响雄性生殖功能。在丙烯腈各剂量组的生殖细胞及体细胞胞质中，可观察到线粒体结构的改变。精子尾部是精子的运动器官，主要由轴丝和线粒体鞘组成。精子尾部的线粒体也有明显的相同结构改变，这与以尾部畸形精子多见的试验结果相一致。

(8) 危险特性 易燃，其蒸气与空气可形成爆炸性混合物。遇明火、高热易燃烧，并放出有毒气体。与氧化剂、强酸、强碱、胺类、溴反应剧烈。在火场高温下，能发生聚合放热，使容器破裂。

(9) 中毒机理 属高毒类。丙烯腈在体外具有突变性，能诱导基因突变、染色体畸变和其他 DNA 损伤，在体内析出氰根，抑制呼吸酶；对呼吸中枢有直接麻醉作用。

4 对环境的影响

4.1 主要用途

丙烯腈是合成纤维、合成橡胶和合成树脂的重要单体。由丙烯腈制得聚丙烯腈纤维即腈纶，其性能极似羊毛，因此也称合成羊毛。丙烯腈与丁二烯共聚可制得丁腈橡胶，具有良好的耐油性、耐寒性、耐磨性和电绝缘性能，并且在大多数化学溶剂、阳光和热作用下，性能比较稳定。丙烯腈与丁二烯、苯乙烯共聚制得 ABS 树脂，具有质轻、耐寒、抗冲击性能较好等优点。丙烯腈水解可制得丙烯酰胺和丙烯酸及其酯类。它们是重要的有机化工原料，丙烯腈还可电解加氢偶联制得己二腈，由己二腈加氢又可制得己二胺，己二胺是尼龙 66 原料。可制造抗水剂和胶黏剂等，也用于其他有机合成和医药工业中，并用作谷类熏蒸剂等。此外，该品也是一种非质子型极性溶剂，可作为油田泥浆助剂 PAC142 原料。

丙烯腈是合成纤维、合成橡胶和合成树脂的重要单体，也是杀虫剂虫满腈的中间体。

4.2 环境行为

(1) 代谢和降解 丙烯腈在水中是不稳定的，水中浓度在 1mg/L 以下时不影响生物降解。当水中丙烯腈的浓度为 10mg/L 时，经过一昼夜剩下 46%，二昼夜只剩下 19%，四昼夜剩下 5%，六昼夜只剩下 3.6%。当水中丙烯腈的浓度为 75mg/L 时，经过二昼夜剩下 30.5%，六昼夜时为起初数量的 4.5%。

丙烯腈加热时在光、碱和过氧化物作用下，发生聚合。遇热发生猛烈的燃烧和爆炸，分解生成含有一氧化碳、氮氧化物、氰化氢的有毒烟雾。丙烯腈是强烈还原剂，可与氧化剂剧烈反应。与碱剧烈反应，引起火灾和爆炸。丙烯腈及其化合物的转化对人体有较大毒性。

(2) 迁移转化 丙烯腈在空气（13172.25Pa，23℃）中易挥发，易溶于水（79000mg/L）。丙烯腈吸附在空气颗粒物上的量极少，随空气传输；溶于水中的丙烯腈可被悬浮的土壤或底泥吸收，可在湿润的土壤中传输，并渗透至地下水。研究表明，丙烯腈可在空气和水相之间相互传输。水生生物对丙烯腈的生物富集量低，主要富集于脂肪组织中。丙烯腈在蓝鳃太阳鱼中的稳定生物浓度指数为 48。美国 EPA 公布的可食用鱼类中丙烯腈的生物浓度指数为 30。

空气中的丙烯腈可与羟自由基通过光氧化作用发生降解，反应速率为 $4.1\times10^{-12}cm^3\cdot s/mol$，丙烯腈在空气中的半衰期是 5～50h。丙烯腈也可与臭氧和氧发生氧化反应，但其反应速率低于羟自由基。未见水中丙烯腈发生光氧化反应的报道，但丙烯腈能与消毒饮用水的氯发生强氧化反应。在适应环境条件下，丙烯腈易被水中好氧微生物所分解。研究表明，在实验室条件下，含有 70%丙烯腈的河水可被微生物降解为丙烯酸和铵。如果微生物生长的营养条件充足，丙烯腈可被微生物完全降解。可降解丙烯腈的细菌有奴卡（放线）菌属 LL 100-2、节杆菌属、产甲烷杆菌。在湿润土壤中的丙烯腈也可经过生物分解使其降解。

4.3 人体健康危害

(1) 暴露/侵入途径 吸入、食入、经皮吸收。

(2) 健康危害 本品在体内析出氰根，抑制呼吸酶；对呼吸中枢有直接麻醉作用。急性中毒表现与氢氰酸相似。丙烯腈具有多方面的毒性效应，可引起肝脏、血液、神经、消化道和生殖系统等损害。可影响体内许多生物化学过程，它的整个分子可与体内亲核分子结合，从而干扰生理功能，但在急性本品中毒时，析出的氰根抑制呼吸酶，对呼吸中枢有直接麻醉作用。

4.4 接触控制标准

中国 PC-TWA（mg/m^3）：1。

中国 PC-STEL (mg/m^3)：2。

美国 TLV-TWA：AGGIH 2ppm。

丙烯腈生产及应用相关环境标准见表 5-3。

表 5-3 丙烯腈生产及应用相关环境标准

标准编号	限制要求	标准值
大气污染物综合排放标准(GB 16297—1996)	最高允许排放浓度	现有污染源:26mg/m^3 新污染源:22mg/m^3
生活饮用水卫生标准(GB 5749—2006)	生活饮用水水质参考指标及限值	0.1mg/L
渔业水质标准(GB 11607—1989)	渔业水质标准	0.1mg/L
地表水环境质量标准(GB 3838—2002)	地表水环境质量标准	0.1mg/L
污水综合排放标准(GB 8978—1996)	污水综合排放标准	一级:2.0mg/L 二级:5.0mg/L 三级:5.0mg/L
城镇污水处理厂污染物排放标准(GB 18918—2002)	选择控制项目最高允许排放浓度(日均值)	2.0mg/L
浸出毒性鉴别标准(GB 5085.3—2007)	浸出毒性鉴别标准值	20mg/L

5 环境监测方法

5.1 现场应急监测方法

现场应急监测可采用快速检测管法、便携式气相色谱法（《突发性环境污染事故应急监测与处理处置技术》，万本太主编)、直接进水样气相色谱法（测定水和废水中的有机污染物具有很大的实用价值，直接取 1μL 注入气相色谱分析仪，如样品浑浊，需过滤后注入)、气体速测管（德国德尔格公司产品)。

5.2 实验室监测方法

丙烯腈的实验室监测方法见表 5-4。

表 5-4 丙烯腈的实验室监测方法

监测方法	来源	类别
气相色谱法	《固定污染源排气中丙烯腈的测定 气相色谱法》(HJ/T 37—1999)	固定污染源排气
顶空-气相色谱法	《固体废物 丙烯醛、丙烯腈和乙腈的测定 顶空-气相色谱法》(HJ 874—2017)	固体废物
顶空-气相色谱法	《土壤和沉积物 丙烯醛、丙烯腈、乙腈的测定 顶空-气相色谱法》(HJ 679—2013)	土壤和沉积物

续表

监测方法	来源	类别
气相色谱法	《水质　丙烯腈的测定　气相色谱法》(HJ/T 73—2001)	水质
吹扫捕集/气相色谱法	《水质　丙烯腈和丙烯醛的测定　吹扫捕集/气相色谱法》(HJ 806—2016)	水质
吹扫捕集-气相色谱法	《水质　丙烯醛、丙烯腈和乙醛的测定　吹扫捕集-气相色谱法》(SL 748—2017)	水质
溶剂解吸-气相色谱法 热解吸-气相色谱法	《工作场所空气有毒物质测定　第 133 部分：乙腈、丙烯腈和甲基丙烯》(GBZ/T 300.133—2017)	工作场所空气
吡啶-苯胺比色法	《空气中有害物质的测定方法》(第二版)，杭士平主编	空气
纳氏试剂比色法	《化工企业空气中有害物质测定方法》，化学工业出版社	化工企业空气
纳氏试剂比色法	《水质分析大全》，张宏陶等编	水质
气相色谱法	《固体废弃物试验与分析评价手册》，中国环境监测总站等译	固体废物

6　应急处理处置方法

6.1　泄漏应急处理

(1) 应急行为　迅速撤离泄漏污染区人员至安全区，并进行隔离，严格限制出入。切断火源。

(2) 应急人员防护　建议应急处理人员戴自给正压式呼吸器，穿防毒服。

(3) 环保措施　尽可能切断泄漏源，防止进入下水道、排洪沟等限制性空间。小量泄漏：用活性炭或其他惰性材料吸收。也可用大量水冲洗，洗水稀释后放入废水系统。大量泄漏：构筑围堤或挖坑收容。

(4) 消除方法　用泡沫覆盖，降低蒸气灾害。喷雾状水冷却和稀释蒸气，保护现场人员，把泄漏物稀释成不燃物。用防爆泵转移至槽车或专用收集器内，回收或运至废物处理场所处置。

6.2　个体防护措施

(1) 工程控制　严加密闭，提供充分的局部排风和全面通风。

(2) 呼吸系统防护　可能接触毒物时，必须佩戴过滤式防毒面具（全面罩）。紧急事态抢救或撤离时，佩戴空气呼吸器。

(3) 眼睛防护　呼吸系统防护中已做防护。

(4) 身体防护　穿连衣式胶布防毒衣。

(5) 手防护　戴橡胶手套。

(6) 其他　工作现场禁止吸烟、进食和饮水。工作完毕，彻底清洗。单独存放被毒物污染的衣服，洗后备用。车间应配备急救设备及药品。作业人员应学会自救互救。

6.3 急救措施

(1) 皮肤接触 立即脱去被污染的衣着，用流动清水或5%硫代硫酸钠溶液彻底冲洗至少20min。若已渗透衣服，立刻脱去衣服再用水和肥皂或温和的清洁剂清洗；如清洗后刺激感仍存在，应立即就医。

(2) 眼睛接触 立刻撑开眼皮，以大量水冲洗，立即就医。操作此化学品时不可戴隐形眼镜。

(3) 吸入 迅速脱离现场至空气新鲜处。保持呼吸道通畅。如呼吸困难，给输氧。呼吸心跳停止时，立即进行人工呼吸（勿用口对口）和胸外心脏按压术。给吸入亚硝酸异戊酯，就医。

(4) 食入 饮足量温水，催吐，用1∶5000高锰酸钾或5%硫代硫酸钠溶液洗胃。就医。

(5) 灭火方法 消防人员必须佩戴过滤式防毒面具（全面罩）或隔离式呼吸器、穿全身防火防毒服，在上风处灭火。灭火剂包括二氧化碳、干粉、砂土。用水灭火无效，但必须用水保持火场容器冷却。

6.4 应急医疗

(1) 诊断要点 根据国家诊断标准（GB 7799—1987），其诊断分级主要依据如下。

① 轻度中毒。在接触24h内出现头晕、头痛、乏力、上腹不适、恶心、呕吐、胸闷、手足麻木等或出现短暂的意识蒙眬与口唇紫绀，眼结膜充血及鼻咽充血，尿氰酸盐增高者。

② 重度中毒。上述症状加重，出现昏迷或四肢阵发性抽搐者。

鉴别诊断时注意，本品中毒曾误诊。此外，需与硫化氢中毒等缺氧窒息性疾病、中暑及血管神经性晕厥、脑血管意外等疾病相鉴别。但这些疾病均可借助于毒物接触史、发病环境、疾病的典型症状和体征、病情变化以及实验室检查相区别。

(2) 处理原则

① 迅速脱离中毒环境，脱去污染衣物。皮肤污染者可用清水冲洗。口服中毒者用0.2%高锰酸钾溶液或5%硫代硫酸钠溶液洗胃，使毒物变为氰酸盐。

② 解毒治疗。轻度中毒者静脉注射50%硫代硫酸钠20～30mL；重度中毒者用亚硝酸异戊酯1～2支吸入，接着缓慢静脉注射3%亚硝酸钠5～10mL，50%硫代硫酸钠20～30mL。必要时，根据病情重复使用硫代硫酸钠。或以1%的4-二甲基氨基苯酚2mL肌肉注射，接着缓慢静脉注射50%硫代硫酸钠20～30mL。必要时于1h后重复使用半量硫代硫酸钠。

③ 以细胞色素C、三磷酸腺苷、糖皮质激素以及葡醛内酯、谷胱甘肽、半胱氨酸、胱氨酸等药物保护脑组织及辅助解毒治疗。

④ 其他对症处理和防治并发症治疗。

治疗效果视中毒严重程度和抢救是否及时和恰当而定。高浓度接触丙烯腈或进入体内剂量较大者，可立刻中毒死亡。但中毒后如能及时抢救，大部分能获救，于4～5d后恢复；少部分有肝功能改变者，可在半个月至1个月内恢复。

轻度中毒者，治愈后回原工作岗位；重度中毒者，如尚遗留神经症状和体征，应调离丙烯腈作业。

(3) 预防措施 作业场所施行密闭操作，加强通风。操作人员必须经过专门培训，严格遵守操作规程。操作人员应佩戴自吸过滤式防毒面具（半面罩），戴安全防护眼镜，穿防毒物渗透工作服，戴橡胶耐油手套。使用防爆型的通风系统和设备。防止蒸气泄漏到工作场所空气中。避免与氧化剂、铝接触。搬运时要轻装轻卸，防止包装及容器损坏。配备相应品种和数量的消防器材及泄漏应急处理设备。对从事该项作业工人应定期进行体检。合成丙烯腈的车间，宜尽量采用露天框架式建筑，便于毒物扩散稀释。进入封闭容器操作前必须充分通风，以排除残留的毒物。防毒口罩用活性炭滤料可吸附丙烯腈。本品易经皮肤吸收，工作后用温水和肥皂清洗皮肤，可使本品水解而去毒止痒。对丙烯腈作业工人进行上岗前和定期健康检查，及时发现就业禁忌证和早期发现丙烯腈中毒病人及时处理。

7 储运注意事项

7.1 储存注意事项

通常商品加有稳定剂。储存于阴凉、通风的库房。远离火种、热源。库温不宜超过26℃。包装要求密封，不可与空气接触。应与氧化剂、酸类、碱类、食用化学品分开存放，切忌混储。不宜大量储存或久存。采用防爆型照明、通风设施。禁止使用易产生火花的机械设备和工具。储区应备有泄漏应急处理设备和合适的收容材料。应严格执行极毒物品“五双”管理制度。

7.2 运输信息

危险货物编号：32162。

UN 编号：1093。

包装类别：Ⅰ。

包装方法：小开口钢桶；螺纹口玻璃瓶、铁盖压口玻璃瓶、塑料瓶或金属桶（罐）外普通木箱；螺纹口玻璃瓶、塑料瓶或镀锡薄钢板桶（罐）外满底板花格箱、纤维板箱或胶合板箱。

运输注意事项：运输前应先检查包装容器是否完整、密封，运输过程中要确保容器不泄漏、不倒塌、不坠落、不损坏。严禁与酸类、氧化剂、食品及食品添加剂混运。运输时运输车辆应配备相应品种和数量的消防器材及泄漏应急处理设备。防曝晒、雨淋，防高温。公路运输时要按规定路线行驶。

7.3 废弃

(1) 废弃处置方法 焚烧法，焚烧炉要有后燃烧室，焚烧炉排出的氮氧化物通过洗涤器除去。化学法，用乙醇-氢氧化钠混合液处理，将其产物同大量水一起排入下水道。另外，从废水中回收丙烯腈也是一种可考虑的处理办法。

(2) 废弃注意事项 处置前应参阅国家和地方有关法规。废物储存参见“储存注意事项”。

8 参考文献

[1] 环境保护部.国家污染物环境健康风险名录（化学第一分册）[M].北京：中国环境科学出版

社，2009.

［2］ 周国泰. 危险化学品安全技术全书［M］. 北京：化学工业出版社，1997.

［3］ 天津市固体废物及有毒化学品管理中心. 危险化学品环境数据手册［M］. 天津：天津市固体废物及有毒化学品管理中心，2005：195-197.

［4］ 万本太. 突发性环境污染事故应急监测与处理处置技术［M］. 北京：中国环境科学出版社，1996.

［5］ 胡望钧. 常见有毒化学品环境事故应急处置技术与监测方法［M］. 北京：中国环境科学出版社，1993.

［6］ 俞志明. 新编危险物品安全手册［M］. 北京：化学工业出版社，2001.

［7］ 杭士平. 空气中有害物质的测定方法［M］. 第2版. 北京：人民卫生出版社，1986.

［8］ 万本太. 突发性环境污染事故应急监测与处理处置技术［M］. 北京：中国环境科学出版社，1996.

［9］《化工企业空气中有害物质测定方法》编写组. 化工企业空气中有害物质测定方法［M］. 北京：化学工业出版社，1983.

［10］ 张宏陶. 水质分析大全［M］. 重庆：科学技术文献出版社重庆分社，1989.

［11］ 中国环境监测总站. 固体废弃物试验分析评价手册［M］. 北京：中国环境科学出版社，1992.

［12］ 北京化工研究院环境保护所/计算中心. 国际化学品安全卡（中文版）查询系统［DB］. 2016.

丙烯醛

1 名称、编号、分子式

丙烯醛（acrolein）又称2-丙烯醛，为无色或淡黄色易挥发不稳定液体。工业制法将丙烯、空气和水蒸气按一定比例混合后与催化剂一起送入固定床反应器，在0.1～0.2MPa、350～450℃下进行反应，接触时间0.8s，反应释放的热量回收用以蒸汽的生产。反应生成的气体混合物用水急冷，从急冷塔出来的尾气放空前经过洗涤。从急冷塔塔底出来的有机液进汽提塔，汽提出丙烯醛和其他轻组分，然后用蒸馏法从粗丙烯醛中除去水和乙醛。实验室制法则将甘油与硫酸氢钾或硫酸钾、硼酸、三氯化铝在温度215～235℃下共热，将反应生成的丙烯醛气体蒸出并经冷凝收集，得粗品。将粗品加10%磷酸氢钠溶液调pH值至6，进行分馏，收集50～75℃馏分，即得丙烯醛精品。此外，甲醛乙醛法也可以制得丙烯醛。丙烯醛基本信息见表6-1。

表6-1 丙烯醛基本信息

中文名称	丙烯醛
中文别名	2-丙烯醛；败脂醛；抗微生物剂
英文名称	acrolein
英文别名	allylaldehyde
UN号	1092
CAS号	107-02-8
ICSC号	0090
RTECS号	AS1050000
分子式	C_3H_4O
分子量	56.06

2 理化性质

丙烯醛是无色至黄色、透明、有强烈刺激性气味的液体，有毒、易燃、易挥发、不稳定，其蒸气有恶臭，有很强的催泪性，可以和空气形成爆炸性混合物，爆炸极限（体积分数）为2.8%～31%。丙烯醛理化性质一览表见表6-2。

表 6-2 丙烯醛理化性质一览表

外观与性状	无色或淡黄色液体,有恶臭
熔点/℃	−87.0
沸点/℃	52.5
相对密度(水=1)	0.8427
相对蒸气密度(空气=1)	1.94
饱和蒸气压(20℃)/kPa	28.53
燃烧热/(kJ/mol)	−1625.74
临界温度/℃	233
临界压力/kPa	5.07
辛醇/水分配系数的对数值	0.0086
闪点/℃	−26
引燃温度/℃	220
爆炸上限(体积分数)/%	31.0
爆炸下限(体积分数)/%	2.8
溶解性	易溶于水、乙醇、乙醚、石蜡烃(正己烷、正辛烷、环戊烷)、甲苯、二甲苯、氯仿、甲醇、乙二醚、乙醛、丙酮、乙酸、丙烯酸和乙酸乙酯
化学性质	丙烯醛兼含有双键和醛基,具有两种官能团的典型反应。丙烯醛的双键可以与醇、硫醇、水、胺、有机酸和无机酸、活泼亚甲基化合物在酸或碱催化下发生加成反应。丙烯醛的醛基可以与醇或多羟基物质在温和的酸性条件下发生缩醛反应。双键与醛基可以相互影响,使丙烯醛表现出特有的性质
稳定性	不稳定

3 毒理学参数

(1) 急性毒性 LD_{50}：46mg/kg（大鼠经口）；562mg/kg（兔经皮）。LC_{50}：300mg/m^3，1/2h（大鼠吸入）。

(2) 亚急性和慢性毒性 大鼠持续接触本品浓度低至 4.8mg/m^3，40h 后，其肝脏的碱性磷酸酶活性升高。

(3) 代谢 与蛋白质发生反应，随之代谢。

(4) 中毒机理 属高毒类。丙烯醛与尼古丁、一氧化碳是香烟中的三大有害成分，可以导致细胞基因突变，并降低细胞修复损伤的能力，是损害视网膜的主要因素。

(5) 刺激性 家兔经眼：1mg，重度刺激。家兔经皮：5mg，重度刺激。

(6) 致突变性 微生物致突变：鼠伤寒沙门菌 20nL/皿。微粒体致突变：鼠伤寒沙门菌 50nL/皿。

(7) 生殖毒性 家兔经眼：1mg，重度刺激。家兔经皮：5mg，重度刺激。

大鼠静脉最低中毒剂量（TDL_0）：6mg/kg（孕后用药 9d），胚泡植入后死亡率升高。

(8) 致癌性 IARC 致癌性评论：动物为不肯定性反应。

(9) 危险特性 其蒸气与空气可形成爆炸性混合物，遇明火、高热极易燃烧爆炸。受热分解释出高毒蒸气。在空气中久置后能生成有爆炸性的过氧化物。与酸类、碱类、氨、胺类、二氧化硫、硫脲、金属盐类、氧化剂等猛烈反应。在火场高温下，能发生聚合放热，使容器破裂。

4 对环境的影响

4.1 主要用途

丙烯醛是一种重要的化工中间体，可用于甲基吡啶、吡啶、戊二醛和丙烯酸等重要化工产品的合成。还可用于制蛋氨酸和其他丙烯醛衍生物；国外用作油田注水杀菌剂，以抑制水中细菌的生长，防止细菌在地层造成腐蚀及堵塞。

4.2 环境行为

(1) 来源和污染途径 丙烯醛是橡胶、塑料、香料、人造树脂等合成工业中重要的化合物，许多行业如钢铁、纺织、药物制造等的工作人员可以接触到丙烯醛。机动车尾气、烹调油烟、香烟烟雾中也含有丙烯醛。丙烯醛是火灾发生时的主要毒性气体之一，也是临床上最为常用的抗肿瘤药物环磷酰胺在体内的毒性代谢产物。建筑、装饰材料如脲醛树脂、夹合板、粒子板、泡沫绝缘材料、涂料、染料等都可产生丙烯醛。体内脂质的过氧化也可产生丙烯醛。

此外，养殖业废弃物畜禽粪便已成为环境的重要污染源，其代谢中间产物和代谢最终产物经微生物分解会产生氨气、硫化氢、吲哚、硫醇、硫醚、甲醛、乙醛、丙烯醛、甲胺、乙胺、苯酚、硫酚、挥发性脂肪酸等具有恶臭气味的物质。

(2) 迁移、扩散和转化 丙烯醛蒸气与空气可形成爆炸性混合物，遇明火、高热极易燃烧爆炸。受热分解释出高毒蒸气。在空气中久置后能生成具有爆炸性的过氧化物。与酸类、碱类、氨、胺类、二氧化硫、硫脲、金属盐类、氧化剂等猛烈反应。在火场高温下能发生聚合放热，使容器破裂。燃烧（分解）产物包括一氧化碳、二氧化碳。

4.3 人体健康危害

(1) 暴露/侵入途径 吸入、食入、经皮吸收。

(2) 健康危害 该品有强烈刺激性。吸入蒸气损害呼吸道，出现咽喉炎、胸部压迫感、支气管炎；大量吸入可致肺炎、肺水肿，还可出现休克、肾炎及心力衰竭。可致死。液体及蒸气损害眼睛；皮肤接触可致灼伤。口服引起口腔及胃刺激或灼伤。急性暴露损伤呼吸道、眼及皮肤，并引起肺和气管水肿，而且还会导致人体内脂肪代谢失常，致使大量的脂肪堆积在皮下组织中。

4.4 接触控制标准

中国 MAC（mg/m^3）：0.3。

前苏联 MAC（mg/m^3）：0.5。

TLVTN：OSHA 0.1ppm；ACGIH 0.1ppm，0.23mg/m^3。

TLVWN：ACGIH 0.3ppm，0.69mg/m^3。

丙烯醛生产及应用相关环境标准见表 6-3。

表 6-3　丙烯醛生产及应用相关环境标准

标准编号	限制要求	标准值
中国(GB/T 27630—2011)	车内空气中有害物质的最高容许浓度	0.05mg/m^3
中国(GB 16297—1996)	大气污染物综合排放标准最高允许排放浓度	20mg/m^3
中国(GB 11607—1989)	渔业水质标准	0.02mg/L
中国(GB 5048—1992)	农田灌溉水质标准	0.5mg/L(水作、旱作、蔬菜)
中国(待颁布)	饮用水源中有害物质的最高容许浓度	0.1mg/L
	嗅觉阈浓度	0.48～4.1mg/m^3
中国(GB 3838—2002)	集中式生活饮用水地表水源地特定项目标准限值	0.1mg/L
中国(HJ/T 332—2006)	食用农产品产地灌溉水质量评价指标限值	0.5mg/L
中国(HJ/T 333—2006)	温室蔬菜产地灌溉水质量评价指标限值	0.5mg/L

5　环境监测方法

5.1　现场应急监测方法

现场应急监测可采用检气管法（《化工企业空气中有害物质测定方法》，化学工业出版社）。

5.2　实验室监测方法

丙烯醛的实验室监测方法见表 6-4。

表 6-4　丙烯醛的实验室监测方法

监测方法	来源	类别
气相色谱法	《水质　固定污染源排气中氯苯类的测定　气相色谱法》(HJ/T 39—1999)	固定污染源排气
气相色谱法	《水质分析大全》,张宏陶等主编	水质
气相色谱法	《固体废弃物试验与分析评价手册》,中国环境监测总站等译	固体废物
4-己基间苯二酚分光光度法	《空气和废气监测分析方法》,国家环境保护总局编	空气和废气
流动注射-分光光度法	《水质　氰化物的测定流动注射-分光光度法》(HJ 823—2017)	水质
吹扫捕集/气相色谱法	《水质　丙烯腈和丙烯醛的测定吹扫捕集/气相色谱法》(HJ 806—2016)	水质

6　应急处理处置方法

6.1　泄漏应急处理

(1) 应急行为　迅速撤离泄漏污染区人员至安全区，并立即进行隔离，小泄漏时隔离

150m，大泄漏时隔离300m，严格限制出入。切断火源。建议应急处理人员戴自给正压式呼吸器，穿防静电工作服。不要直接接触泄漏物。

(2) 应急人员防护 建议应急处理人员戴自吸过滤式防毒面具（全面罩），穿防静电工作服，戴橡胶耐油手套。

(3) 环保措施 尽可能切断泄漏源，防止流入下水道、排洪沟等限制性空间。

(4) 消除方法 小量泄漏：用活性炭或其他惰性材料吸收。或用大量水冲洗，洗水稀释后放入废水系统。大量泄漏：构筑围堤或挖坑收容。用泡沫覆盖，降低蒸气灾害。喷雾状水冷却和稀释蒸气，保护现场人员，把泄漏物稀释成不燃物。用防爆泵转移至槽车或专用收集器内，回收或运至废物处理场所处置。

6.2 个体防护措施

(1) 工程控制 密闭操作，提供充分的局部排风。操作人员必须经过专门培训，严格遵守操作规程。使用防爆型的通风系统和设备。防止蒸气泄漏到工作场所空气中。提供安全淋浴和洗眼设备。

(2) 呼吸系统防护 可能接触其蒸气时，必须佩戴自吸过滤式防毒面具（全面罩）。

(3) 眼睛防护 呼吸系统防护中已做防护。

(4) 身体防护 穿着防静电工作服。

(5) 手防护 戴耐油橡胶手套。

(6) 其他 远离火种、热源，工作场所严禁吸烟。避免与氧化剂、还原剂、酸类、碱类接触。灌装时应控制流速，且有接地装置，防止静电积聚。搬运时要轻装轻卸，防止包装及容器损坏。配备相应品种和数量的消防器材及泄漏应急处理设备。倒空的容器可能残留有害物。

6.3 急救措施

(1) 皮肤接触 立即脱去污染的衣着，用大量流动清水冲洗至少15min。就医。

(2) 眼睛接触 立即提起眼睑，用大量流动清水或生理盐水彻底冲洗至少15min。就医。

(3) 吸入 迅速脱离现场至空气新鲜处。保持呼吸道通畅。如呼吸困难，给输氧。如停止呼吸，立即进行人工呼吸。就医。

(4) 食入 用水漱口，给饮牛奶或蛋清。就医。

(5) 灭火方法 消防人员必须戴好防毒面具，在安全距离以外，在上风向灭火。

6.4 应急医疗

(1) 诊断要点

① 急性中毒之症状。吸入，刺激鼻、喉、肺、上呼吸道并可能导致肺水肿，会感到胸部压迫感、头痛、头昏眼花、反胃，如吸入高浓度会迅速致死。皮肤接触，造成刺激感，可能导致灼伤。眼睛接触，造成刺激感。食入，造成恶心、呕吐、反胃。

② 慢性中毒之症状。未见长期接触对健康影响和慢性中毒的病例报道，反复接触可引起刺激性皮炎和变应性皮炎。

(2) 处理原则

① 皮肤接触者立即脱去被污染的衣着，用大量流动清水冲洗，至少 15min。

② 眼睛接触者立即提起眼睑，用大量流动清水或生理盐水彻底冲洗至少 15min。就医。

③ 吸入者迅速脱离现场至空气新鲜处。保持呼吸道通畅。如呼吸困难，给输氧。如呼吸停止，立即进行人工呼吸。就医。

④ 误服者用水漱口，给饮牛奶或蛋清。就医。

(3) 预防措施 密闭操作，提供充分的局部排风。操作人员必须经过专门培训，严格遵守操作规程。建议操作人员佩戴自吸过滤式防毒面具（全面罩），穿防静电工作服，戴橡胶耐油手套。远离火种、热源，工作场所严禁吸烟。使用防爆型的通风系统和设备。防止蒸气泄漏到工作场所空气中。避免与氧化剂、还原剂、酸类、碱类接触。灌装时应控制流速，且有接地装置，防止静电积聚。搬运时要轻装轻卸，防止包装及容器损坏。配备相应品种和数量的消防器材及泄漏应急处理设备。

7 储运注意事项

7.1 储存注意事项

可加入 0.2%对苯二酚作稳定剂。储存于阴凉、通风的库房。远离火种、热源。库温不宜超过 30℃。包装要求密封，不可与空气接触。应与氧化剂、还原剂、酸类、碱类、食用化学品分开存放，切忌混储。不宜大量储存或久存。采用防爆型照明、通风设施。禁止使用易产生火花的机械设备和工具。储区应备有泄漏应急处理设备和合适的收容材料。应严格执行极毒物品“五双”管理制度。

7.2 运输信息

危险货物编号：31024。

UN 编号：1092。

包装类别：Ⅰ。

包装方法：小开口钢桶；安瓿瓶外普通木箱；螺纹口玻璃瓶、铁盖压口玻璃瓶、塑料瓶或金属桶（罐）外普通木箱。

运输注意事项：铁路运输时应严格按照铁道部《危险货物运输规则》中的危险货物配装表进行配装。运输时运输车辆应配备相应品种和数量的消防器材及泄漏应急处理设备。夏季最好早晚运输。运输时所用的槽（罐）车应有接地链，槽内可设孔隔板以减少振荡产生静电。严禁与氧化剂、还原剂、酸类、碱类、食用化学品等混装混运。运输途中应防曝晒、防雨淋、防高温。中途停留时应远离火种、热源、高温区。装运该物品的车辆排气管必须配备阻火装置，禁止使用易产生火花的机械设备和工具装卸。公路运输时要按照规定路线行驶，勿在居民区和人口稠密区停留。铁路运输时要禁止溜放。严禁用木船、水泥船散装运输。

7.3 废弃

(1) 废弃处置方法 用焚烧法处置。

(2) 废弃注意事项 处置前应参阅国家和地方有关法规。

8 参考文献

[1] 环境保护部.国家污染物环境健康风险名录（化学第一分册）[M].北京：中国环境科学出版社，2009.

[2] 张寿林，黄金祥，周安寿.急性中毒诊断与急救 [M].北京：化学工业出版社，2005.

[3] Anderson R，Chester M. Nacleotide excision repair deficiency increases levels of acrolein-derived cyclic DNA adduct and sensitizes cells to apoptosis induced by docosahexaenoic acid and acrolein [J]. British Medical，2003：3-8.

[4] Deichmann Gerarde. Toxicology of Drugs and Chemicals [M]. Elsevier，2004：1-5.

[5]《化工企业空气中有害物质测定方法》编写组.化工企业空气中有害物质测定方法 [M].北京：化学工业出版社，1983.

[6] 国家环境保护总局空气和废气监测分析方法编委会.空气和废气监测分析方法 [M].第4版.北京：中国环境科学出版社，2003.

[7] 张宏陶.水质分析大全 [M].重庆：科学技术文献出版社重庆分社，1989.

[8] 中国环境监测总站.固体废弃物试验分析评价手册 [M].北京：中国环境科学出版社，1992.

[9] 北京化工研究院环境保护所/计算中心.国际化学品安全卡（中文版）查询系统 [DB].2016.

对苯二酚

1 名称、编号、分子式

对苯二酚是一种苯的两个对位氢被羟基取代形成的有机化合物。为白色结晶。又称氢醌。将苯胺、二氧化锰和硫酸按摩尔比为1∶3∶4加入反应釜内，加料时应在夹套中通冷冻水控制温度在10℃以下。搅拌下反应10h，反应温度逐渐升至25℃左右，生成苯醌。然后在反应物内通入水蒸气进行水蒸气蒸馏，蒸出的苯醌与水蒸气经部分冷凝后流入还原釜，再加入与苯醌的摩尔比为1∶0.7的铁粉，加热至90～100℃，搅拌下反应3～4h，还原反应的产物为对苯二酚。还原产物经过滤除去氧化铁渣后，进行减压脱水浓缩。然后加入焦亚硫酸钠、活性炭、锌粉，加热至沸腾进行脱色。趁热过滤后，滤液缓缓降温至30℃以下，对苯二酚以针状结晶析出，经离心脱水后，加入沸腾床于80℃下进行干燥，即得对苯二酚的成品。此外，二异丙苯氧化法、苯酚羟基化法等也可制得对苯二酚。对苯二酚基本信息见表7-1。

表7-1 对苯二酚基本信息

中文名称	对苯二酚
中文别名	氢醌;几奴尼;对羟基酚
英文名称	hydroquinone
英文别名	1,4-dihydroxybenzen;1,4-benzenediol quinol hydroquinol-dihydroxybenzene
UN号	2662
CAS号	123-31-9
ICSC号	0166
RTECS号	MX3500000
分子式	$C_6H_6O_2$
分子量	110.1

2 理化性质

对苯二酚是一种苯的两个对位氢被羟基取代形成的有机化合物。遇明火、高热可燃。燃烧分解为一氧化碳、二氧化碳。与强氧化剂可发生反应，受高热分解放出有毒的气体。与氧化剂、氢氧化钠反应，燃烧释放刺激烟雾。是有毒、高毒物品。对苯二酚理化性质一览表见表7-2。

表 7-2 对苯二酚理化性质一览表

外观与性状	白色针状结晶，见光变色，有特殊臭味
熔点/℃	170.5
沸点/℃	285
相对密度(水=1)	1.33
相对蒸气密度(空气=1)	3.81
饱和蒸气压(132.4℃)/kPa	0.13
临界温度/℃	549.9
临界压力/MPa	7.45
辛醇/水分配系数的对数值	0.59
自燃温度/℃	516
闪点/°F	165
爆炸上限(体积分数)/%	15.3
爆炸下限(体积分数)/%	1.6
溶解性	易溶于热水，能溶于冷水、乙醚及乙醇，微溶于苯
化学性质	遇明火、高热可燃。燃烧分解为一氧化碳、二氧化碳。与强氧化剂可发生反应，受高热分解放出有毒的气体。与氧化剂、氢氧化钠反应，燃烧释放刺激烟雾。是有毒、高毒物品
稳定性	稳定

3 毒理学参数

(1) 急性毒性 LD_{50}：320mg/kg（大鼠经口）；人经口 5000mg/kg，死亡。

(2) 亚急性和慢性毒性 动物亚急性中毒表现为溶血性黄疸、贫血、白细胞增多、红细胞脆性增加、低血糖、皮毛无光泽和明显的恶病质。

(3) 代谢 酚类化合物可经皮肤、胃肠道吸收、呼吸道吸入和经口进入消化道等多种途径进入体内。体内的酚主要在肝脏被氧化成苯二酚、苯三酚，并与葡萄糖醛酸等结合而失去毒性，随尿排出。被吸收的酚在24h内代谢完毕，故酚类化合物的中毒多为各种事故引起的急性中毒。急性酚中毒者主要表现为大量出汗、肺水肿、吞咽困难、肝及造血系统损害、黑尿等。环境中被酚污染的水，被人体吸收后，通过体内解毒功能，可使其大部分丧失毒性，并随尿排出体外，若进入人体内的量超过正常人体解毒功能时，超出部分可以蓄积在体内各脏器组织内，造成慢性中毒，出现不同程度的头昏、头痛、皮疹、皮肤瘙痒、精神不安、贫血及各种神经系统症状和食欲不振、吞咽困难、流涎、呕吐和腹泻等慢性消化道症状。这种慢性中毒经适当治疗一般不会留下后遗症。

(4) 中毒机理 毒性比酚大，进入体内可氧化成更毒的醌，部分以氢醌和醌的形式排泄，另一部分以与己糖醛酸、硫酸及其他的酸结合形式排出。动物急性中毒时活动增加、刺激过敏、反射亢进、呼吸困难、紫绀、抽搐、体温下降、瘫痪、反射消失、昏迷以致死亡。

(5) 致癌性 IARC 致癌性评论：动物不明确，人类无可靠数据。

(6) 刺激性 人经皮：250mg（24h），轻度刺激。

(7) 致突变性 微生物致突变性：鼠伤寒沙门菌 2μmol/皿。微核试验：人淋巴细胞 75μmol/L。性染色体缺失和不分离：人淋巴细胞 6mg/kg。DNA 损伤：人骨髓 500mol/L。

(8) 危险特性 遇明火、高热可燃。燃烧分解为一氧化碳、二氧化碳。与强氧化剂可发生反应，受高热分解放出有毒的气体。与氧化剂、氢氧化钠反应，燃烧释放刺激烟雾。是有毒、高毒物品。

4 对环境的影响

4.1 主要用途

对苯二酚主要用作照相的显影剂。对苯二酚及其烷基化物广泛用于单体储运过程添加的阻聚剂，常用的浓度约为 200ppm。用作橡胶和汽油的抗氧剂等。处理领域，将氢醌加于闭路加热和冷却系统的热水和冷却水中，对近水侧金属能起缓蚀作用。氢醌用作锅炉水的除氧剂，在锅炉水预热除氧时将氢醌加入其中，以除去残余溶解氧。是制造蒽醌染料、偶氮染料、医药的原料。用作洗涤剂的缓蚀剂、稳定剂和抗氧剂等，还用于化妆品的染发剂。光度测定磷、镁、铌、铜、硅和砷等。铱的极谱法和滴定法测定。杂多酸的还原剂，铜和金的还原剂。

4.2 环境行为

(1) 迁移、扩散 苯酚类物质主要由生产和生活造成，它们生产得越来越多，并通过灌溉、雨水、洪水泛滥等途径，在土壤环境中被吸收、积累而造成土壤环境的污染。并且通过所种植的农作物对污染物的吸收所富集，将危害扩大到生物链与食物链中，最终对人类的健康、生存、繁衍造成危害。大气中的酚类可以通过湿沉降的途径进入水体。另外，人工合成的有机物质如农药、酚、醛等主要通过石油化工的合成生产过程及产品使用过程中排放出的污水，不经处理排入水体而造成污染。

(2) 转化 酚类化合物在微生物和光解的作用下，在环境中分解较快。研究结果表明，在夏季 4h 之内酚溶液的浓度可以从 125ppb[1] 下降到 10ppb 以下，而苯酚类物质的降解速度随着河水中微生物数量的增加而增加，在冬季最冷的天气里，苯酚类物质的降解速度则很弱。

4.3 人体健康危害

(1) 暴露/侵入途径 吸入、食入及经皮吸收。

(2) 健康危害 毒性比酚大，对皮肤、黏膜有强烈的腐蚀作用，可抑制中枢神经系统或损害肝、皮肤功能。

吸入高浓度蒸气，可致头痛、头昏、乏力、视物模糊、肺水肿等；误服可出现头痛、头晕、耳鸣、苍白、紫绀、恶心、呕吐、腹痛、呼吸困难、心动过速、惊厥、谵妄和虚脱，严重者可出现呕血、血尿、溶血性黄疸，甚至可致死。

长期低浓度吸入，可致头痛、头晕、咳嗽、食欲减退、恶心、呕吐等。皮肤可因原发性

---

[1] 1ppb$=10^{-9}=$十亿分之一。

刺激和变态反应引起皮炎。

4.4 接触控制标准

PC-TWA (mg/m^3)：OSHA，2。

PC-STEL (mg/m^3)：2。

TLVTN：ACGIH $2mg/m^3$。

对苯二酚生产及应用相关环境标准见表 7-3。

表 7-3 对苯二酚生产及应用相关环境标准

标准编号	限制要求	标准值
前苏联(1975)	作业环境空气中有害物质的允许浓度	$2mg/m^3$
前苏联(1978)	地面水中最高容许浓度	0.2mg/L
前苏联(1975)	污水排放标准	0.5mg/L
中国(GB 31571—2015)	废气中有机特征污染物排放限值	$20mg/m^3$
中国(GB 16297—1996)	大气污染物综合排放标准最高允许排放浓度	$115mg/m^3$

5 环境监测方法

5.1 现场应急监测方法

现场应急监测可采用便携式气相色谱仪，不需要进行样品的预处理，直接对现场空气进行采样，采样时由内载气带入内部毛细管柱，采样时间一般为 10s。

5.2 实验室监测方法

对苯二酚的实验室监测方法见表 7-4。

表 7-4 对苯二酚的实验室监测方法

监测方法	来源	类别
气相色谱法	《分析化学手册》(第四分册,色谱分析),化学工业出版社	—
高压液相色谱法	《测定焦化废水中的酚类化合物》,张万让等	焦化废水

6 应急处理处置方法

6.1 泄漏应急处理

(1) 应急行为 隔离泄漏污染区，周围设警示标志。

(2) 应急人员防护 建议应急处理人员戴好防毒面具，穿化学防护服，不要直接接触泄漏物。

(3) 环保措施 尽可能切断泄漏源。防止流入下水道、排洪沟等限制性空间。

(4) 消除方法 避免扬尘，用清洁的铲子收集于干燥、洁净、有盖的容器中，运至废物场所。也可以用大量水冲洗，经稀释的洗水放入废水系统。如大量泄漏，收集回收或无害处理后废弃。

6.2 个体防护措施

（1）工程控制 密闭操作，提供充分的局部排风。防止粉尘释放到车间空气中。操作人员必须经过专门培训，严格遵守操作规程。建议操作人员佩戴防尘面具（全面罩），穿防毒物渗透工作服，戴橡胶手套。使用防爆型的通风系统和设备。避免产生粉尘。避免与氧化剂、碱类接触。配备相应品种和数量的消防器材及泄漏应急处理设备。倒空的容器可能残留有害物。

（2）呼吸系统防护 生产操作或农业使用时，必须佩戴防毒口罩。紧急事态抢救或逃生时，应该佩戴自给式呼吸器。

（3）眼睛防护 戴化学安全防护眼镜。

（4）身体防护 穿相应的防护服。

（5）手防护 戴防护手套。

（6）其他 工作现场禁止吸烟、进食和饮水。工作后，淋浴更衣。工作服不要带到非作业场所，单独存放被毒物污染的衣服，洗后再用。注意个人清洁卫生。

6.3 急救措施

（1）皮肤接触 立即脱去污染的衣着，用甘油、聚乙烯乙二醇或聚乙烯乙二醇和酒精混合液（7∶3）抹擦。然后用水彻底冲洗。或立即用水冲洗至少15min。就医。

（2）眼睛接触 拉开眼睑，用流动清水冲洗15min。就医。

（3）吸入 迅速脱离现场至空气新鲜处。保持呼吸道通畅。呼吸困难时，给输氧。呼吸停止时，立即进行人工呼吸。就医。

（4）食入 患者清醒时立即给饮植物油15～30mL。催吐，尽快彻底洗胃。就医。

（5）灭火方法 雾状水、泡沫、二氧化碳、干粉、砂土。

6.4 应急医疗

（1）诊断要点

① 成人误服1g，即可出现头痛、头晕、耳鸣、面色苍白、紫绀、恶心、呕吐、腹痛、窒息感、呼吸困难、心动过速、震颤、肌肉抽搐、惊厥、谵妄和虚脱。严重者可出现呕血、血尿和溶血性黄疸。尿呈青色和棕绿色。

② 皮肤可因原发性刺激和变态反应而致皮炎，可引起皮肤色素脱失。

③ 眼部接触本品粉尘或蒸气，可致角膜炎和结膜变色。

（2）处理原则

① 迅速脱离现场，脱去污染衣物，并立即用大量流动清水彻底冲洗，洗毕用30%～50%酒精棉球擦洗创面至无酚味为止，继续用4%～5%碳酸氢钠溶液湿敷创面1～2h。深度灼伤应彻底清创并切痂及植皮。

② 眼部污染可用大量清水或2%碳酸氢钠溶液清洗，至少15min。

③ 误服者立即吞服植物油15～30mL，并催吐。昏迷者应迅速用温水洗胃，每次300～400mL，直至洗出液无酚味为止，再给植物油。如时间长，胃黏膜腐蚀时，不能再用植物

油，可口服牛奶、鸡蛋清等，并用50%硫酸镁导泻。

④ 早期可采用血液透析或血液灌流。

⑤ 对症支持治疗。

(3) 预防措施 远离火种、热源，工作场所严禁吸烟。使用防爆型的通风系统和设备。防止蒸气泄漏到工作场所空气中。避免与氧化剂、酸类、碱类、卤素接触。搬运时要轻装轻卸，防止包装及容器损坏。配备相应品种和数量的消防器材及泄漏应急处理设备。倒空的容器可能残留有害物。

7 储运注意事项

7.1 储存注意事项

用聚乙烯塑料袋包装，每袋5kg，每4袋装一木箱；或用圆木箱内衬塑料袋包装，每桶50kg。储存于阴凉、干燥处，避免日光曝晒，防潮、防热。按有毒物品规定储运。储存于阴凉、通风的库房。远离火种、热源。包装要求密封，不可与空气接触。应与氧化剂、酸类、碱类、食用化学品分开存放，切忌混储。配备相应品种和数量的消防器材。储区应备有合适的材料收容泄漏物。

7.2 运输信息

危险货物编号：61725。

UN 编号：2662。

包装类别：Ⅲ。

包装方法：塑料袋或两层牛皮纸袋外全开口或中开口钢桶；两层塑料袋或一层塑料袋外麻袋、塑料编织袋、乳胶布袋；塑料袋或两层牛皮纸袋外普通木箱；螺纹口玻璃瓶、塑料瓶、复合塑料瓶或铝瓶外普通木箱；塑料瓶、两层塑料袋或两层牛皮纸袋（内或外套以塑料袋）外瓦楞纸箱。

运输注意事项：铁路运输时包装所用的麻袋、塑料编织袋、复合塑料编织袋的强度应符合国家标准要求。铁路运输时，可以使用钙塑瓦楞箱作外包装。但必须包装试验合格，并经铁路局批准。运输前应先检查包装容器是否完整、密封，运输过程中要确保容器不泄漏、不倒塌、不坠落、不损坏。严禁与酸类、氧化剂、食品及食品添加剂混运。运输时运输车辆应配备相应品种和数量的消防器材及泄漏应急处理设备。运输途中应防曝晒、雨淋，防高温。公路运输时要按规定路线行驶，勿在居民区和人口稠密区停留。

7.3 废弃

(1) 废弃处置方法 用控制焚烧法处置。焚烧炉排出的气体要通过酸洗涤器除去。

(2) 废弃注意事项 处置前应参阅国家和地方有关法规。废物储存参见“储存注意事项”。

8 参考文献

[1] 刘易斯 R J. 工作场所危险化学品速查手册 [M]. 北京：化学工业出版社，2008.

[2] 卢伟. 工作场所有害因素危害特性实用手册 [M]. 北京：化学工业出版社，2008.

［3］ 陈晓旭，陈国羽. 氢醌洗剂制备及临床应用［J］. 中华现代皮肤科学杂志，2005，(4)：353-354.

［4］ 陈志周. 急性中毒［M］. 第2版. 北京：人民卫生出版社，1985.

［5］ 胡望钧. 常见有毒化学品环境事故应急处置技术与监测方法［M］. 北京：中国环境科学出版社，1993.

［6］ 张万让，解成喜，张丽静. 高效液相色谱法测定焦化废水中的酚类化合物［J］. 新疆环境保护，1989，(1)：49-51.

［7］ 俞志明. 新编危险物品安全手册［M］. 北京：化学工业出版社，2001.

［8］ 成都科学技术大学分析化学教研室. 分析化学手册（第四分册）［M］. 北京：化学工业出版社，1984.

［9］ 北京化工研究院环境保护所/计算中心. 国际化学品安全卡（中文版）查询系统［DB］. 2016.

滴滴涕

1 名称、编号、分子式

滴滴涕，化学名为双对氯苯基三氯乙烷（dichlorodiphenyltrichloroethane），是有机氯类杀虫剂。滴滴涕基本信息，见表 8-1。

表 8-1 滴滴涕基本信息

中文名称	双对氯苯基三氯乙烷
中文别名	滴滴涕；二二三
英文名称	dichlorodiphenyltrichloroethane
英文别名	2,2-bis(4-chlorophenyl)-1,1,1-trichloroethane
UN 号	2761
CAS 号	50-29-3
ICSC 号	0082
RTECS 号	KJ3325000
EC 编号	602-023-00-7
分子式	$C_{14}H_9Cl_5$
分子量	354.49

2 理化性质

滴滴涕为白色晶体，不溶于水，溶于煤油，可制成乳剂，是有效的杀虫剂。化学性质稳定，在常温下不分解。对酸稳定，强碱及含铁溶液易促进其分解。当温度高于熔点时，特别是有催化剂或光的情况下，p,p'-DDT 经脱氯化氢可形成 DDE。滴滴涕理化性质一览表见表 8-2。

表 8-2 滴滴涕理化性质一览表

外观与性状	白色结晶状固体或淡黄色粉末，无味，几乎无臭
熔点/℃	108～109
沸点/℃	260
相对密度(水=1)	0.91

续表

相对蒸气密度(空气=1)	2.15
饱和蒸气压(20℃)/kPa	2.53×10^{-8}
临界温度/℃	158.4
临界压力/MPa	5.67
辛醇/水分配系数的对数值	1.38
闪点/°F	72~77
自燃温度/℃	472.2
爆炸上限(体积分数)/%	22
爆炸下限(体积分数)/%	4
溶解性	DDT在水中极不易溶解,在有机溶剂中的溶解情况如下:苯为106g/100mL,环己酮为100g/100mL,氯仿为96g/100mL,石油溶剂为4~10g/100mL,乙醇为1.5g/100mL
化学性质	DDT化学性质稳定,在常温下不分解。对酸稳定,强碱及含铁溶液易促进其分解。当温度高于熔点时,特别是有催化剂或光的情况下,*p*,*p*′-DDT经脱氯化氢可形成DDE
稳定性	稳定

3 毒理学参数

(1) 急性毒性 150mg/kg,1次,婴儿经口,发现的最低致死剂量;LD_{50} 113mg/kg,1次,大鼠经口;LD_{50} 135mg/kg,1次,小鼠经口;LD_{50} 2500mg/kg,1次,大鼠经皮;LD_{50} 300mg/kg,1次,兔经皮;LD_{50} 35mg/kg,1次,两栖动物,经皮下。

(2) 亚急性和慢性毒性

① 亚急性毒性。41~80mg/(kg·d),狗经口,39~49个月内,全部死亡;21~40mg/(kg·d),狗经口,39~49个月内,25%死亡;41~80mg/(kg·d),猴经口,70d内,全部死亡。

② 慢性毒性。人群慢性中毒症状有食欲不振、上腹及右肋部疼痛,并有头痛、头晕、肌肉无力、疲乏、失眠、视力及语言障碍、震颤、贫血、四肢深反射减弱等。有肝肾损害、皮肤病变、心脏有心律不齐、心音弱、窦性心动过缓、束支传导阻滞及心肌损害等。

(3) 代谢 DDT在人体内的降解主要有两个方面,一是脱去氯化氢生成DDE。在人体内DDT转化成DDE相对较为缓慢,3年间转化成DDE的DDT还不到20%。从1964年对美国国民体内脂肪中储存的DDT调查表明,DDT总量平均为10mg/kg,其中约70%为DDE,DDE从体内排放尤为缓慢,生物半衰期约需8年。DDT还可以通过一级还原作用生成DDD,同时被转化成更易溶解于水的DDA而使其消除,它的生物半衰期只需约1年。

(4) 中毒机理 DDT杀虫剂具有肝毒性,会引起肝肿大的肝中心小叶坏死,同时活化微粒体单氧酶,也会改变免疫功能,降低抗体的产生,和抑制脾、胸腺、淋巴结中胚胎生发中心的速率。

(5) 致癌性 11~20mg/(kg·d),小鼠经口,2年,肝肿瘤危险性提高4.4倍;

0.16～0.31mg/(kg·d)，小鼠经口，2代，雄性肝肿瘤危险性增加2倍，雌性危险性未变。用DDT、DDE和DDD在小鼠中（在大鼠中也有可能）诱发出了肝肿瘤，但是关于这些肿瘤的意义尚存在着不同意见。根据资料，还没有证据确证DDT对人类有致癌作用。Laws等（1967年）在一个DDT生产厂调查的大量接触DDT的35名工人，未发现有任何癌症和血液病。在工厂开办的19年中，工作人员从111名增至135名，未见1例癌症患者。美国从1942年开始大量使用DDT，根据其对肝及肝胆管癌总死亡率的结果，有明显下降趋势，从1930年的8.8降至1944年的8.4，至1972年为5.6（均按10万人为基数计数）。说明在使用DDT的数十年内也没有证据说明肝癌有所增长。

(6) 致畸性 在DDT作用的试验研究中，对小鼠、大鼠和狗的研究未显示有任何致畸作用。

(7) 致突变性 现已有充分的证据证明，DDT在经和不经代谢激活的细菌系统中没有致突变作用，从哺乳动物试验系统（体内和体外）所得的证据尚无肯定的结论。对于DDT对人类的致突变性的意义也尚不明确。

(8) 危险特性 遇明火、高热可燃。受高热分解，放出有毒的烟气。

4 对环境的影响

4.1 主要用途

氯乙烯主要用于杀虫剂。

4.2 环境行为

(1) 代谢和降解 DDT在人体内的降解主要有两个方面，一是脱去氯化氢生成DDE。在人体内DDT转化成DDE相对较为缓慢，3年间转化成DDE的DDT还不到20%。从1964年对美国国民体内脂肪中储存的DDT调查表明，DDT总量平均为10mg/kg，其中约70%为DDE，DDE从体内排放尤为缓慢，生物半衰期约需8年。DDT还可以通过一级还原作用生成DDD，同时被转化成更易溶解于水的DDA而使其消除，它的生物半衰期只需约1年。

环境中的DDT或经受一系列较为复杂的生物学和环境的降解变化，主要反应是脱去氯化氢生成DDE。DDE对昆虫和高等动物的毒性较低，几乎不为生物和环境所降解，因而DDE是储存在组织中的主要残留物。

在生物系统中DDT也可被还原脱氯而生成DDD，DDD不如DDT或DDE稳定，而且是动物体内和环境中降解途径的第一步。DDD脱去氯化氢，生成DDMU［化学名称：2,2-双-(对氯苯基)-1-氯乙烯］，再还原成DDMS［化学名称：2,2-双-(对氯苯基)-1-氯乙烷］，再脱去氯化氢而生成DDNU［化学名称：2,2-双-(对氯苯基)-乙烷］，最终氧化DDA［化学名称：双-(对氯苯基) 乙酸］。此化合物在水中溶解度比DDT大，而且是高等动物和人体摄入及储存的DDT的最终排泄产物。在环境中，DDT残余可被转化成对-二氯二苯甲酮。

DDT也可被微粒氧化酶进行较小程度的降解，在α-H位置上发生反应，生成开乐散。科学家已发现一个新的厌氧降解途径，尤其是在污泥中可被细菌转化成DDCN［化学名称：双-(对氯苯基) 乙腈］。

DDT在土壤环境中消失缓慢，一般情况下，约需10年。

研究结果证明DDT在类似高空大气层实验室条件下，可降解成二氧化碳和盐酸。

(2) 残留与蓄积 DDT有较高的稳定性和持久性，用药6个月后的农田里，仍可检测到DDT的蒸发。DDT污染遍及世界各地。从漂移1000km远的灰尘以及南极融化的雪水中仍可检测到微量的DDT。一般情况下，非农业区空气中的DDT的浓度范围为小于（$1\sim2.36)\times10^{-6}ng/m^3$，农业居民区其浓度范围为（$1\sim22)\times10^{-6}ng/m^3$，在开展灭蚊喷雾的居民区DDT的浓度更高，据记录高达$8.5\times10^{-3}mg/m^3$。

在农业区和边远的非农业区内，雨水中DDT的浓度往往都在同一数量级内（$1.8\times10^{-5}\sim6.6\times10^{-5}mg/L$）。这表明该种化合物在空气中的分布是相当均匀的。地表水中DDT的浓度与雨水和土壤中DDT含量水平有关。美国在1960年从饮用水中检测出的最高浓度达0.02mg/L。

在未施撒DDT的土壤中发现的DDT浓度为0.10～0.90mg/kg，只比施撒DDT 10年或10年以上的耕地土壤中的浓度（0.75～2.03mg/kg）稍低。大部分DDT存在于地表层2.5cm深的土壤内。

DDT极易在人体和动物体的脂肪中蓄积，反复给药后，DDT在脂肪组织中的蓄积最初很快，以后逐渐有所减慢，一直达到一种稳定的浓度。像大多数动物一样，人可以将DDT转变成DDE。DDE比其母体化合物更易蓄积。

据大多数报告，不同国家的普通人群血中总DDT含量范围为0.01～0.07mg/L，最高平均值为0.136mg/L。人乳中DDT含量通常为0.01～0.10mg/L。如将DDT的含量与其代谢物（特别是DDE）的含量相加，比上述含量高1倍左右。DDA在普通人群尿中平均含量在0.014mg/L左右。一般情况下，职业接触使DDT和总DDT在脂肪中的平均蓄积浓度分别达到50～175mg/kg与100～300mg/kg。

鱼、贝类对DDT有很强的富集作用。例如，牡蛎能将其体内的DDT含量提高到周围海水水体中含量的7万倍。

人体中DDT的含量随着其食物来源、工作环境的不同而有所差异。

DDT是脂溶性很强的有机化合物，比较一致的认识是，人体各器官内DDT的残留量与该器官的脂肪含量呈正相关。

(3) 迁移转化 DDT在环境中的转化途径包括光解转化、生物转化、土壤转化等。在生物转化中除哺乳动物体内的代谢转化外，还有鸟类、昆虫类、高等植物和微生物等不同的转化途径，至今已将近有20种转化物质（包括哺乳动物的代谢产物在内）做了鉴定，但许多其他化合物的化学结构仍不清楚。除主要产物如DDE和DDD外，这些转化产物的毒理学特性几乎一无所知。

对DDT及其同系物在整个环境中的循环及转化问题的认识，尚存在着相当大的差距。

4.3 人体健康危害

(1) 暴露/侵入途径 吸入、食入及经皮吸收。

(2) 健康危害 轻度中毒可出现头痛、头晕、无力、出汗、失眠、恶心、呕吐，偶有手及手指肌肉抽动震颤等症状。

重度中毒常伴发高烧、多汗、呕吐、腹泻；神经系统兴奋，上、下肢和面部肌肉呈强直性抽搐，并有癫痫样抽搐、惊厥发作；出现呼吸障碍、呼吸困难、紫绀，有时有肺水肿，甚至呼吸衰竭；对肝肾脏器有损害，使肝肿大，肝功能改变；少尿、无尿，尿中有蛋白、红细胞等；对皮肤刺激可发生红肿、灼烧感、瘙痒，还可有皮炎发生，如溅入眼内，可使眼暂时性失明。

4.4 接触控制标准

滴滴涕生产及应用相关环境标准见表 8-3。

表 8-3 滴滴涕生产及应用相关环境标准

标准编号	限制要求	标准值
中国(HJ 350—2007)	展览会用地土壤环境质量标准	A 级:1mg/kg
中国(GB 3838—2002)	集中式生活饮用水地表水源地特定项目标准限值	0.001mg/L
中国(GB 15618—1995)	土壤环境质量标准	一级:0.05mg/kg 二级:0.5mg/kg 三级:1.0mg/kg
联合国规划署(1974)	保护水生生物淡水中农药的最大允许浓度	0.002μg/L
中国(GB 5749—1985)	生活饮用水水质标准	1μg/L
中国(HJ/T 332—2006)	食用农产品产地土壤环境质量评价指标限值	0.10mg/kg
中国(HJ/T 333—2006)	温室蔬菜产地土壤环境质量评价指标限值	0.10mg/kg
中国(GB/T 14848—1993)	地表水环境质量标准	Ⅰ类:不得检出 Ⅱ类:0.005mg/L Ⅲ类:1.0mg/L Ⅳ类:1.0mg/L Ⅴ类:>1.0mg/L
中国(GB 11607—1989)	渔业水质标准	0.001mg/L
中国(GB 3097—1997)	海水水质标准	Ⅰ类:0.00005mg/L Ⅱ类:0.0001mg/L Ⅲ类:0.0001mg/L Ⅳ类:0.0001mg/L
中国(GHZB 1—1999)	地表水环境质量标准 (Ⅰ、Ⅱ、Ⅲ类水域有机化学物质特定项目标准值)	0.001mg/L
中国(GB 2763—1981)	食品卫生标准	粮食:0.2mg/kg 蔬菜、水果:0.1mg/kg 鱼:1mg/kg

5 环境监测方法

5.1 现场应急监测方法

现场应急监测可采用直接进水样气相色谱法（测定水和废水中的有机污染物具有很大的实用价值，直接取 1μL 注入气相色谱分析仪，如样品浑浊，需过滤后注入）、便携式气相色谱仪（不需要进行样品的预处理，直接对现场空气进行采样，采样时由内载气带入内部毛细管柱，采样时间一般为10s）。

5.2 实验室监测方法

滴滴涕的实验室监测方法见表8-4。

表8-4 滴滴涕的实验室监测方法

监测方法	来源	类别
气相色谱法	《水质 六六六、滴滴涕的测定 气相色谱法》(GB 7492—1987)	水质
气相色谱法	《动、植物中六六六和滴滴涕的测定 气相色谱法》(GB/T 14551—1993)	生物
气相色谱法	《土壤中六六六和滴滴涕的测定 气相色谱法》(GB/T 14550—1993)	土壤
气相色谱法；硝酸银比浊法	《空气中有害物质的测定方法》(第二版)，杭士平主编	空气
气相色谱法	《固体废弃物试验分析评价手册》，中国环境监测总站等译	固体废物
气相色谱-质谱法	《土壤沉积物 有机氯农药的测定 气相色谱-质谱法》(HJ 835—2017)	固体废物

6 应急处理处置方法

6.1 泄漏应急处理

(1) 应急行为 隔离泄漏污染区，周围设警告标志，不要直接接触泄漏物。避免扬尘，收集于干燥、洁净、有盖的容器中，转移到安全场所。也可以用大量水冲洗，经稀释的洗水放入废水系统。

(2) 应急人员防护 建议应急处理人员戴好防毒面具，穿化学防护服。

(3) 环保措施 防止粉尘释放到车间空气中。

(4) 消除方法 如大量泄漏，收集回收或无害处理后废弃。

6.2 个体防护措施

(1) 工程控制 密闭操作，提供充分的局部排风。防止粉尘释放到车间空气中。操作人员必须经过专门培训，严格遵守操作规程。建议操作人员佩戴防尘面具（全面罩），穿防毒物渗透工作服，戴橡胶手套。使用防爆型的通风系统和设备。避免产生粉尘。避免与氧化剂、碱类接触。配备相应品种和数量的消防器材及泄漏应急处理设备。倒空的容器可能残留有害物。

(2) 呼吸系统防护 生产操作或农业使用时，必须佩戴防毒口罩。紧急事态抢救或逃生时，应该佩戴自给式呼吸器。

(3) 眼睛防护 戴化学安全防护眼镜。

(4) 身体防护 穿相应的防护服。

(5) 手防护 戴防护手套。

(6) 其他 工作现场禁止吸烟、进食和饮水。工作后，淋浴更衣。工作服不要带到非作业场所，单独存放被毒物污染的衣服，洗后再用。注意个人清洁卫生。

6.3 急救措施

(1) 皮肤接触 用肥皂水及清水彻底冲洗。就医。

(2) 眼睛接触 拉开眼睑，用流动清水冲洗 15min。就医。

(3) 吸入 脱离现场至空气新鲜处。就医。

(4) 食入 误服者，饮适量温水，催吐。就医。

(5) 灭火方法 抗溶性泡沫、二氧化碳、干粉。

6.4 应急医疗

(1) 诊断要点

① 早期症状为面部、口唇、舌麻木感，及恶心、呕吐、食欲减退、腹痛。

② 出现头痛、头晕、易激动、多汗、四肢麻木、视物模糊、震颤，严重者发生癫痫样抽搐、惊厥和昏迷。

③ 少数患者出现心、肝、肾损害。

④ 吸入中毒者，有呼吸道黏膜刺激症状，咳嗽及呼吸困难。

⑤ 眼部污染者表现畏光、流泪、疼痛等结膜炎症状。皮肤污染者引起皮肤红肿、烧灼感，甚至出现水疱。

(2) 处理原则 急性中毒者必须先去毒物，口服中毒的应立即催吐，用 2%碳酸氢钠溶液、水或 0.5%药用炭悬液洗胃。洗胃后用硫酸钠、硫酸镁泻药导泻，不能用油性泻药，以避免药物吸收。吸入性中毒或皮肤、眼睛沾染的，应迅速使患者离开现场，吸入新鲜空气，皮肤用肥皂水或苏打水清洗，并涂上氢化可的松软膏，眼睛用清水或 2%苏打水冲洗，并点滴盐酸普鲁卡因眼药水止痛。

对惊厥症状应用 10%水合氯醛 15～20mL 灌肠，也可用副醛 3～5mL 肌注，同时可用 10%葡萄糖酸钙 10mL 加入葡萄糖液 20～40mL 内静脉缓注，以补充血钙减少，每 4～6h 1 次，直到惊厥停止时停用。静脉滴注 10%葡萄糖液或 5%葡萄糖生理盐水，补充缺水加强营养，用复合维生素 B 类药物保护肝脏，食用高蛋白饮食等。

(3) 预防措施 严禁密闭，提供充分的局部排风。可能接触其粉尘时，必须佩戴防尘面具（全面罩）。工作现场禁止吸烟、进食和饮水。工作完毕，淋浴更衣。保持良好的卫生习惯。

7 储运注意事项

7.1 储存注意事项

储存于阴凉、通风的库房。远离火种、热源。防止阳光直射。包装密封。应与氧化剂、碱类、食用化学品分开存放，切忌混储。配备相应品种和数量的消防器材。储区应备有合适的材料收容泄漏物。

7.2 运输信息

危险货物编号：61876。

UN 编号：2761。

包装类别：Ⅱ。

包装方法：塑料袋或两层牛皮纸袋外全开口或中开口钢桶；两层塑料袋或一层塑料袋外麻袋、塑料编织袋、乳胶布袋；塑料袋或两层牛皮纸袋外普通木箱；螺纹口玻璃瓶、塑料瓶、复合塑料瓶或铝瓶外普通木箱；塑料瓶、两层塑料袋或两层牛皮纸袋（内或外套以塑料袋）外瓦楞纸箱。

运输注意事项：铁路运输时包装所用的麻袋、塑料编织袋、复合塑料编织袋的强度应符合国家标准要求。铁路运输时，可以使用钙塑瓦楞箱作外包装。但必须包装试验合格，并经铁路局批准。运输前应先检查包装容器是否完整、密封，运输过程中要确保容器不泄漏、不倒塌、不坠落、不损坏。严禁与酸类、氧化剂、食品及食品添加剂混运。运输时运输车辆应配备相应品种和数量的消防器材及泄漏应急处理设备。运输途中应防曝晒、雨淋，防高温。公路运输时要按规定路线行驶，勿在居民区和人口稠密区停留。

7.3 废弃

(1) 废弃处置方法 用控制焚烧法处置。焚烧炉排出的气体要通过酸洗涤器除去。

(2) 废弃注意事项 处置前应参阅国家和地方有关法规。废物储存参见“储存注意事项”。

8 参考文献

［1］ 刘易斯 R J. 工作场所危险化学品速查手册［M］. 北京：化学工业出版社，2008.

［2］ 卢伟. 工作场所有害因素危害特性实用手册［M］. 北京：化学工业出版社，2008.

［3］ 蔡道基，杨佩芝，汪竞立，等. 有机氯农药在环境-生态系中的归趋与危害［J］. 生态学杂志，1983，(1)：12-17.

［4］ 胡志新，胡维平，张发兵，等. 太湖梅梁湾生态系统健康状况周年变化的评价研究［J］. 生态学杂志，2005，24 (7)：763-767.

［5］ 江泉观，纪云晶，常元勋. 环境化学毒物防治手册［M］. 北京：化学工业出版社，2004.

［6］ 李国旗，安树青. 生态风险研究述评［J］. 生态学杂志，1999，(4)：57-64.

［7］ 殷浩文. 生态风险评价［M］. 上海：华东理工大学出版社，2001.

［8］ 曾光明，钟政林. 环境风险评价中的不确定性问题［J］. 中国环境科学，1998，18 (3)：252-255.

［9］ 杭士平. 空气中有害物质的测定方法［M］. 第 2 版. 北京：人民卫生出版社，1986.

［10］ 中国环境监测总站. 固体废弃物试验分析评价手册［M］. 北京：中国环境科学出版社，1992.

［11］ 北京化工研究院环境保护所/计算中心. 国际化学品安全卡（中文版）查询系统［DB］. 2016.

1,3-丁二烯

1 名称、编号、分子式

1,3-丁二烯为无色气体，有微弱芳香气味。是制造合成橡胶、合成树脂、尼龙等的原料。制法主要有丁烷和丁烯脱氢，或由碳四馏分分离而得。1,3-丁二烯基本信息见表 9-1。

表 9-1　1,3-丁二烯基本信息

中文名称	1,3-丁二烯
中文别名	联乙烯;乙烯基乙烯
英文名称	1,3-butadiene
英文别名	ethylene vinyl;divinyl
UN 号	1010
CAS 号	106-99-0
ICSC 号	0017
RTECS 号	EI9275000
EC 编号	601-013-00-X
分子式	C_4H_6
分子量	54.09

2 理化性质

不溶于水，易溶于醇或醚，溶于丙酮、苯、二氯乙烷等多数有机溶剂。1,3-丁二烯的双键比一般的 C ═C 双键长一些，单键比一般的 C—C 单键短一些，并且 C—H 键的键长比丁烷中要短。这正是 1,3-丁二烯分子中发生了键的平均化的结果。这种存在于共轭体系中表现出来的原子间的互相影响，称为共轭效应。由于 C 与 C 之间存在西格玛（Σ）键和派（π）键，并且起到共轭效应的是派键，因此我们也称 1,3-丁二烯的共轭效应为派派共轭。由于共轭效应，派键电子成为一种离域电子，在分子轨道上运动，而不再局限于两个碳原子之间。1,3-丁二烯理化性质一览表见表 9-2。

表 9-2　1,3-丁二烯理化性质一览表

外观与性状	有微弱芳香气味的无色气体
熔点/℃	−108.9
沸点/℃	−4.5
相对密度(水＝1)	0.6
相对蒸气密度(空气＝1)	1.87
饱和蒸气压(21℃)/kPa	245.27
闪点(闭杯)/℃	−76
临界温度/℃	152
临界压力/MPa	4.33
自燃温度/℃	415
爆炸极限(体积分数)/%	1.4～16.3
溶解性	不溶于水,易溶于醇或醚,溶于丙酮、苯、二氯乙烷等多数有机溶剂
稳定性	稳定

3　毒理学参数

(1) 急性毒性　LD_{50}：5480mg/kg（大鼠经口）。LC_{50}：285000mg/m^3，4h（大鼠吸入）。人吸入1%，轻度反应、头痛、口干、嗜睡等；人吸入17.6g/m^3×8h，上呼吸道刺激反应；人吸入11g/m^3×6h，眼黏膜轻度刺激。

(2) 亚急性和慢性毒性　大鼠吸入30mg/m^3，81d，造血功能亢进，心肌和肾脏有轻度退行性变。

(3) 中毒机理　可经由呼吸、接触与食入引起人体中毒，造成人体淋巴系统的伤害，影响中枢神经系统。

(4) 致癌性　1,3-丁二烯，IARC第1类致癌物质，可使职业接触人群罹患白血病、淋巴癌、肺癌、其他淋巴组织癌等多种肿瘤。

(5) 致突变性　类别1B。微生物致突变性：鼠伤寒沙门菌2ppb。

(6) 生殖毒性　大鼠吸入最低中毒浓度（TCL_0）：8000ppm×6h，（孕后6～15d），对胎鼠骨骼、肌肉有影响。

(7) 刺激性　皮肤-兔子：1%/14d，重度。眼睛-兔子：1%，中度。

(8) 危险特性　易燃，与空气混合能形成爆炸性混合物。接触热、火星、火焰或氧化剂易燃烧爆炸。若遇高热，可发生聚合反应，放出大量热量而引起容器破裂和爆炸事故。气体比空气密度大，能在较低处扩散到相当远的地方，遇明火会引着回燃。

4　毒理学参数

4.1　主要用途

丁二烯是生产合成橡胶（丁苯橡胶、顺丁橡胶、丁腈橡胶、氯丁橡胶）的主要原料。随

着苯乙烯塑料的发展，利用苯乙烯与丁二烯共聚，生产各种用途广泛的树脂（如 ABS 树脂、SBS 树脂、BS 树脂、MBS 树脂），使丁二烯在树脂生产中逐渐占有重要地位。此外，丁二烯尚用于生产亚乙基降冰片烯（乙丙橡胶第三单体）、1,4-丁二醇（工程塑料）、己二腈（尼龙 66 单体）、环丁砜、蒽醌、四氢呋喃等。因而也是重要的基础化工原料。丁二烯在精细化学品生产中也有很多用处。以丁二烯为原料制取的精细化学品，主要有以下几个方面。

(1) 与缺电子嗜双烯化合物发生狄尔斯-阿尔德反应，制得蒽醌，其衍生物是重要染料中间体、杀菌剂和杀虫剂。

(2) 与顺丁烯二酸酐（简称顺酐）反应，进而缩合，制得四氢苯酐，可作聚酯树脂、环氧树脂的固化剂和增塑剂。四氢苯酐再经硝酸氧化，可得丁烷四羧酸，是制造水溶性漆的原料。同样四氢苯酐加氢制得六氢苯二甲酸酐，可用作环氧树脂的固化剂。

(3) 与二氧化硫作用，生成环丁烯砜，然后配制成水溶液在骨架镍催化剂存在下加氢，制得环丁砜，是芳香烃萃取用的选择性溶剂。环丁砜和二异丙醇胺的混合物可用于脱二氧化碳气体。

(4) 丁二烯的线型调聚反应在工业上很有用处。线型二聚后得到八碳直链烯烃，再经醛化、加氢即得壬醇，在合成香料、表面活性剂、润滑油添加剂方面都有重要用途。用钴络合物作催化剂，其二聚体、三聚体、四聚体都是合成高级醇和大环麝香的原料。

4.2 环境行为

在大气中它可以与臭氧或二氧化氮在光催化氧化作用下，生成甲醛及丙烯醛，并刺激人的眼睛，高浓度下可以使人窒息而死。在大气中以气态形式存在，可以被光化学所诱发的羟基游离基、臭氧或硝基游离基所降解，其相应的半衰期分别为 6h、37h 及 14h。在土壤中具有中等程度的迁移性，并具有较大的挥发性，而逸发至大气中。其生物降解的半衰期，在好氧条件下为 7d，在厌氧条件下为 28d，其生物富集性较弱。

该物质对环境有危害，对鱼类应给予特别注意。还应特别注意地表水、土壤、大气和饮用水的污染。该物质如果有液体释放出来，很快蒸发成气体。然后在阳光下迅速分解。在阳光下，几乎在一天内全部分解。

4.3 人体健康危害

(1) 暴露/侵入途径 吸入、食入、经皮吸收。

(2) 健康危害 具有麻醉和刺激作用。

轻者有头痛、头晕、恶心、咽痛、耳鸣、全身乏力、嗜睡等。重者出现酒醉状态、呼吸困难、脉速等，后转入意识丧失和抽搐，有时也可有烦躁不安、到处乱跑等精神症状。脱离接触后，迅速恢复。头痛和嗜睡有时可持续一段时间。皮肤直接接触丁二烯可发生灼伤或冻伤。

长期接触一定浓度的丁二烯可出现头痛、头晕、全身乏力、失眠、多梦、记忆力减退、恶心、心悸等症状。偶见皮炎和多发性神经炎。

4.4 接触控制标准

中国 MAC（mg/m^3）：100。

前苏联 MAC（mg/m^3）：3（居民区大气）；1（昼夜均值）；0.05mg/L（水体）。

美国 TLVTN：OSHA 1000ppm；ACGIH 10ppm，22mg/m^3。

1,3-丁二烯生产及应用相关环境标准见表 9-3。

表 9-3　1,3-丁二烯生产及应用相关环境标准

标准编号	限制要求	标准值
石油化学工业污染物排放标准（GB 31571—2015）	废气中有机特征污染物排放限值	1mg/m^3

5　环境监测方法

5.1　现场应急监测方法

现场应急监测可采用便携式气相色谱-光离子检测器法，用专用注射器采集现场气样，注入便携式气相色谱仪，可在现场用外标法进行定性定量测定。

5.2　实验室监测方法

1,3-丁二烯的实验室监测方法见表 9-4。

表 9-4　1,3-丁二烯的实验室监测方法

监测方法	来源	类别
气相色谱法	《空气中有害物的测定方法》(第二版)，杭士平主编	大气
顶空气相色谱法	《水质　挥发性卤代烃的测定　顶空气相色谱法》(HJ 620—2011)	水质
溶剂解吸-气相色谱法	《工作场所空气有毒物质测定　第 61 部分：丁烯、1,3-丁二烯和二聚环戊二烯》(GBZ/T 300.61—2017)	工作场所空气
气袋法	《固定污染源废气　挥发性有机物的采样　气袋法》(HJ 732—2014)	固定污染源废气
固相吸附-热脱附/气相色谱-质谱法	《固定污染源废气　挥发性有机物的测定　固相吸附-热脱附/气相色谱-质谱法》(HJ 734—2014)	固定污染源废气

6　应急处理方法

6.1　泄漏应急处理

(1) 应急行为　迅速撤离泄漏污染区人员至上风处，严格限制出入。切断火源。

(2) 应急人员防护　建议应急处理人员戴自给正压式呼吸器，穿防静电工作服。尽可能切断泄漏源/切断气源。若不能切断气源，则不允许熄灭泄漏处的火焰。喷水冷却容器，可能的话将容器从货场移至空旷处。

(3) 环保措施　用工业覆盖层或吸附/吸收剂盖住泄漏点附近的下水道等地方，防止气体进入。合理通风，加速扩散。

(4) 消除方法　用泡沫覆盖，降低蒸气灾害。喷雾状水、泡沫、二氧化碳、干粉等冷却和稀释蒸气，保护现场人员。构筑围堤或挖坑收容产生的大量废水。如有可能，将漏出气用排风机送至空旷地方或装设适当喷头烧掉。漏气容器要妥善处理，修复、检验后再用。

6.2 个体防护措施

(1) 工程控制 严加密闭，提供充分的局部排风和全面通风。

(2) 呼吸系统防护 一般不需要特殊防护，高浓度接触时可佩戴自吸过滤式防毒面具(半面罩)。

(3) 眼睛防护 戴安全防护眼镜。

(4) 身体防护 穿防静电服。

(5) 手防护 戴一般作业防护手套。

(6) 其他 工作现场严禁吸烟。避免长期反复接触。进入罐、限制性空间或其他高浓度区作业，必须有人监护。

6.3 急救措施

(1) 皮肤接触 立即脱去污染的衣着，用大量流动清水冲洗至少 15min。就医。

(2) 眼睛接触 提起眼睑，用流动清水或生理盐水冲洗，就医。

(3) 吸入 迅速脱离现场至空气新鲜处。保持呼吸道通畅。如呼吸困难，给输氧。如呼吸停止，立即进行人工呼吸。就医。

(4) 食入 饮足量温水，催吐，就医。

(5) 灭火方法 消防人员必须佩戴防毒面具、穿全身消防服。灭火剂包括泡沫、干粉、二氧化碳、砂土。

6.4 应急医疗

(1) 诊断要点

① 有无明确化工物质接触史。

② 检测现场有毒气体浓度。

③ 患者临床表现。吸入高浓度蒸气会引起中枢神经麻痹，主要损害肝脏，其次是肾脏。本品经呼吸道和消化道吸收，经皮肤吸收的可能性不大。

(2) 处理原则 吸入中毒的治疗：急性吸入中毒主要采取一般急救措施和对症处理。迅速将患者移离现场，脱去被污染衣物，呼吸新鲜空气，根据病情需要给氧或人工呼吸，可注射中枢神经兴奋剂。眼和皮肤接触，立刻用流动清水或生理盐水冲洗。

(3) 预防措施 作业场所施行密闭操作，加强通风。操作人员必须经过专门培训，严格遵守操作规程。操作人员应佩戴自吸过滤式防毒面具（半面罩），戴安全防护眼镜，穿防毒物渗透工作服，戴橡胶耐油手套。使用防爆型的通风系统和设备。防止蒸气泄漏到工作场所空气中。避免与氧化剂、铝接触。搬运时要轻装轻卸，防止包装及容器损坏。配备相应品种和数量的消防器材及泄漏应急处理设备。对从事该项作业工人应定期进行体检。

7 储运注意事项

7.1 储存注意事项

储存于阴凉、通风的库房。远离火种、热源。库温不宜超过 30℃。应与氧化剂、卤素等分开存放，切忌混储。采用防爆型照明、通风设施。禁止使用易产生火花的机械设备和工具。储区应备有泄漏应急处理设备。

7.2 运输信息

危险货物编号：21022。

UN 编号：1010。

包装类别：O52。

包装方法：钢制气瓶。

运输注意事项：本品铁路运输时限使用耐压液化气企业自备罐车装运，装运前需报有关部门批准。采用钢瓶运输时必须戴好钢瓶上的安全帽。钢瓶一般平放，并应将瓶口朝同一方向，不可交叉；高度不得超过车辆的防护栏板，并用三角木垫卡牢，防止滚动。运输时运输车辆应配备相应品种和数量的消防器材。装运该物品的车辆排气管必须配备阻火装置，禁止使用易产生火花的机械设备和工具装卸。严禁与氧化剂、卤素、食用化学品等混装混运。夏季应早晚运输，防止日光曝晒。中途停留时应远离火种、热源。公路运输时要按规定路线行驶，勿在居民区和人口稠密区停留。铁路运输时要禁止溜放。

7.3 废弃

(1) 废弃处置方法 根据国家和地方有关法规的要求处置。

(2) 废弃注意事项 处置前应参阅国家和地方有关法规。废物储存参见“储存注意事项”。

8 参考文献

[1] 杭士平.空气中有害物质的测定方法 [M].第 2 版.北京：人民卫生出版社，1986.

[2] 江苏省环境监测中心.突发性污染事故中危险品档案库 [DB].

[3] 环境保护部.国家污染物环境健康风险名录（化学第一分册） [M].北京：中国环境科学出版社，2011.

[4] 中华人民共和国国家质量监督检验检疫总局.进出口危险化学品检验规程 [S]，2015.

[5] 北京化工研究院环境保护所/计算中心.国际化学品安全卡（中文版）查询系统 [DB].2016.

[6] 孔凡玲，周景洋，赵敬，等.1,3-丁二烯生物接触限值研究 [J].中国职业医学，2017，(6)：721-725.

[7] 王治，凌曦，张国伟，高建芳，等.叶酸对 1,3-丁二烯诱发的小鼠 DNA 低甲基化和染色体损伤的影响 [J].癌变·畸变·突变，2017，(3)：189-194.

对氯苯乙烯

1 名称、编号、分子式

对氯苯乙烯（4-chlorostyrene）是一种无色具有强烈气味的液体，又称4-氯苯乙烯。对氯苯乙烯基本信息见表10-1。

表10-1 对氯苯乙烯基本信息

中文名称	对氯苯乙烯
中文别名	1-氯-4-乙烯基苯
英文名称	4-chlorostyrene
英文别名	*p*-chlorostyrene；1-chloro-4-ethenyl-parachlorostyrene
CAS号	1073-67-2
RTECS	CZ0533000
分子式	C_8H_7Cl
分子量	138.59

2 理化性质

对氯苯乙烯为无色具有强烈气味的液体，易溶于多数有机溶剂，若遇高热，可发生聚合反应。对氯苯乙烯理化性质一览表见表10-2。

表10-2 对氯苯乙烯理化性质一览表

外观与性状	无色具有强烈气味的液体
熔点/℃	−16
沸点/℃	192
相对密度(水=1)	1.16
饱和蒸气压(20℃)/kPa	0.091
闪点/℃	140
溶解性	易溶于多数有机溶剂
化学性质	易燃
稳定性	常温常压下稳定

3 毒理学参数

(1) 急性毒性 LD_{50}：5200mg/kg（大鼠经口）；20000mg/kg（兔经皮）。LC_{50}：

333ppm（大鼠吸入，4h）。

(2) 亚急性和慢性毒性 大鼠、豚鼠、兔和猫在 330mg/m^3 下吸入，每天 4h，每周 5d，在 4 周内半数动物死亡；在 220mg/m^3 浓度下，10 周，除出现呼吸道症状外，未出现明显中毒症状。

(3) 刺激性 家兔经皮开放性刺激试验：10mg/24h，引起刺激。家兔经眼：500mg，开放性刺激试验，引起刺激。

(4) 致突变性 无明显致突变性。

(5) 致畸性 无明显致畸性。

(6) 致癌性 无明显致癌性。

(7) 危险特性 遇明火、高热或与氧化剂接触，有引起燃烧爆炸的危险。若遇高热，可发生聚合反应，放出大量热量而引起容器破裂和爆炸事故。

4 对环境的影响

4.1 主要用途

用于制塑料和橡胶。

4.2 环境行为

(1) 代谢和降解 不易代谢与降解。

(2) 残留与蓄积 易残留于土壤中并富集。

(3) 迁移转化 随生物体迁移。

4.3 人体健康危害

(1) 暴露/侵入途径 吸入、食入、经皮吸收。

(2) 健康危害 对黏膜有刺激性，并具有轻度麻醉作用。急性中毒表现为上呼吸道刺激症状、胸部紧束感、恶心等。慢性影响表现为头痛、乏力、恶心、食欲不振、腹胀、健忘、皮肤粗糙、皲裂和增厚等。

4.4 接触控制标准

对氯苯乙烯生产及应用相关环境标准见表 10-3。

表 10-3 对氯苯乙烯生产及应用相关环境标准

标准编号	限制要求	标准值
中国(TJ 36—1979)	车间空气中有害物质的最高容许浓度	2mg/m^3[皮]
中国(GB 16297—1996)	大气污染物综合排放标准	最高允许排放浓度：22mg/m^3；26mg/m^3 最高允许排放速率：二级 0.77～16kg/h；0.91～19kg/h；三级 1.2～25kg/h；1.4～29kg/h 无组织排放监控浓度限值：0.60mg/m^3；0.75mg/m^3

续表

标准编号	限制要求	标准值
中国(待颁布)	饮用水源中有害物质的最高容许浓度	2.0mg/L
中国(GB 11607—1989)	渔业水质标准	0.5mg/L
石油化学工业污染物排放标准(GB 31571—2015)	大气污染物特别排放限值	50mg/m^3
中国(GB 8978—1996)	污水综合排放标准	一级:2.0mg/L 二级:5.0mg/L 三级:5.0mg/L
中国(TJ 36—1979)	居住区大气中有害物质的最高容许浓度(日均值)	0.05mg/m^3

5 环境监测方法

5.1 现场应急监测方法

现场应急监测可采用便携式气相色谱仪，不需要进行样品的预处理，直接对现场空气进行采样，采样时由内载气带入内部毛细管柱，采样时间一般为10s。

5.2 实验室监测方法

对氯苯乙烯的实验室监测方法见表10-4。

表10-4 对氯苯乙烯的实验室监测方法

监测方法	来源	类别
吡啶-苯胺比色法	《空气中有害物质的测定方法》(第二版),杭士平主编	空气
纳氏试剂比色法	《化工企业空气中有害物质测定方法》,化学工业出版社	化工企业空气
纳氏试剂比色法	《水质分析大全》,张宏陶等编	水质
气相色谱法	《固体废弃物试验与分析评价手册》,中国环境监测总站等译	固体废物

6 应急处理处置方法

6.1 泄漏应急处理

(1) 应急行为 迅速撤离泄漏污染区人员至安全区，并进行隔离，严格限制出入。切断火源。

(2) 应急人员防护 建议应急处理人员戴自给正压式呼吸器，穿防毒服。

(3) 环保措施 尽可能切断泄漏源。防止流入下水道、排洪沟等限制性空间。

(4) 消除方法 小量泄漏：用砂土、干燥石灰或苏打灰混合。大量泄漏：构筑围堤或挖坑收容。用防爆泵转移至槽车或专用收集器内，回收或运至废物处理场所处置。

6.2 个体防护措施

(1) 工程控制 生产过程密闭，全面通风。操作人员必须经过专门培训，严格遵守操作流程。

(2) 呼吸系统防护 可能接触其蒸气时，必须佩戴自吸过滤式防毒面具（全面罩）。紧急事态抢救或撤离时，建议佩戴空气呼吸器。

(3) 眼睛防护 戴化学安全防护眼镜。

(4) 身体防护 穿防毒物渗透工作服。

(5) 手防护 戴耐油橡胶手套。

(6) 其他 工作现场严禁吸烟。工作完毕，彻底清洗。保持良好的卫生习惯。

6.3 急救措施

(1) 皮肤接触 立即脱去污染的衣着，用大量流动清水清洗。就医。

(2) 眼睛接触 立即提起眼睑，用大量流动清水或生理盐水冲洗。就医。

(3) 吸入 迅速脱离现场至空气新鲜处。保持呼吸道通畅。如呼吸困难，给输氧。如停止呼吸，立即进行人工呼吸，就医。

(4) 食入 饮足量温水，催吐，就医。

(5) 灭火方法 消防人员必须佩戴防毒面具、穿全身消防服，在上风向灭火。尽可能将容器从火场移至空旷处。喷水保持火场容器冷却，直至灭火结束。处在火场中的容器若已变色或从安全泄压装置中产生声音，必须马上撤离。

6.4 应急医疗

(1) 诊断要点 急性中毒表现为上呼吸道刺激症状、胸部紧束感、恶心等。慢性影响表现为头痛、乏力、恶心、食欲不振、腹胀、健忘、皮肤粗糙、皲裂和增厚等。

(2) 处理原则

① 吸入中毒者迅速脱离现场至空气新鲜处。保持呼吸道通畅。如呼吸困难，给输氧。如停止呼吸，立即进行人工呼吸。

② 口服者尽快饮足量温水，催吐。

③ 皮肤接触者立即脱去污染的衣着，用大量流动清水清洗。就医。

④ 对症治疗。

(3) 预防措施 远离火种、热源，工作场所严禁吸烟。使用防爆型的通风系统和设备。防止蒸气泄漏到工作场所空气中。避免与氧化剂、酸类、碱类、卤素接触。搬运时要轻装轻卸，防止包装及容器损坏。配备相应品种和数量的消防器材及泄漏应急处理设备。倒空的容器可能残留有害物。

7 储运注意事项

7.1 储存注意事项

通常商品加有阻聚剂。储存于阴凉、通风的库房。远离火种、热源。库温不宜超过

30℃。包装要求密封，应与氧化剂、酸类、碱类、卤素分开存放，切忌混储。不宜大量储存或久存。采用防爆型照明、通风设施。禁止使用易产生火花的机械设备和工具。储区应备有泄漏应急处理设备和合适的收容材料。

7.2 运输信息

危险货物编号：33541。

UN 编号：1993。

包装类别：Ⅲ。

运输注意事项：运输前应先检查包装容器是否完整、密封，运输过程中要确保容器不泄漏、不倒塌、不坠落、不损坏，运输时运输车辆应配备相应品种和数量的消防器材及泄漏应急处理设备。夏季最好早晚运输。运输时所用的槽（罐）车应有接地链，槽内可设孔隔板以减少振荡产生静电。严禁与氧化剂、酸类、碱类、卤素、食用化学品等混装混运。运输途中应防曝晒、雨淋，防高温。中途停留时应远离火种、热源、高温区。装运该物品的车辆排气管必须配备阻火装置，禁止使用易产生火花的机械设备和工具装卸。运输车辆必须彻底清洗、消毒，否则不得装运其他物品。船运时，配备位置应远离卧室、厨房，并与机舱、电源、火源等部位隔离。公路运输时要按照规定路线行驶，勿在居民区和人口稠密区停留。

7.3 废弃

(1) 废弃处置方法 建议用焚烧法处置。与燃料混合后，再焚烧。焚烧炉排出的卤化氢通过酸洗涤器。

(2) 废弃注意事项 处置前应参阅国家和地方有关法规。

8 参考文献

[1] 环境保护部.国家污染物环境健康风险名录［M］.北京：中国环境出版社，2013.

[2] 张寿林，黄金祥，周安寿.急性中毒诊断与急救［M］.北京：化学工业出版社，2005.

[3] Yamanaka S，薄志坚.评估化学品急性毒性的一种简便方法［J］.实验动物与比较医学，1992，(4)：222.

[4] 佚名.急性毒性的快速简易测定法［J］.卫生研究，1977，(2).

[5] 臧吉椿，桂诗礼，刘杰，等.原油气的急性毒性和致突变性检测［J］.毒理学杂志，1991，(3)：226.

[6] 徐新云.制定统一的“化学物质急性毒性分级标准”之探讨［J］.现代预防医学，1997，24 (2)：231-233.

[7] 琦.从聚苯乙烯直接氯化制取对-氯苯乙烯［J］.化学通报，1990，(1)：34.

[8] 杭士平.空气中有害物质的测定方法［M］.第 2 版.北京：人民卫生出版社，1986.

[9] 中国环境监测总站.固体废弃物试验分析评价手册［M］.北京：中国环境科学出版社，1992.

[10]《化工企业空气中有害物质测定方法》编写组.化工企业空气中有害物质测定方法［M］.北京：化学工业出版社，1983.

[11] 张宏陶.水质分析大全［M］.重庆：科学技术文献出版社重庆分社，1989.

[12] 北京化工研究院环境保护所/计算中心.国际化学品安全卡（中文版）查询系统［DB］.2016.

对硝基甲苯

1 名称、编号、分子式

对硝基甲苯是一种有苦杏仁味的黄色立方斜面晶体。甲苯用混酸硝化，经分离而得对硝基甲苯。对硝基甲苯基本信息见表11-1。

表 11-1 对硝基甲苯基本信息

中文名称	对硝基甲苯
中文别名	1-甲基-4-硝基苯
英文名称	*p*-nitrotoluene
英文别名	4-nitrotoluene；1-methyl-4-nitro-benzene； *p*-nitro-toluen-methyl-4-nitrobenzene；4-methylnitrobenzene
UN 号	1446
CAS 号	99-99-0
ICSC 号	0932
RTECS 号	XT3325000
分子式	$C_7H_7NO_2$
分子量	137.1378

2 理化性质

对硝基甲苯不稳定、易燃，通常状态下为黄色斜方立面晶体。对硝基甲苯理化性质一览表见表11-2。

表 11-2 对硝基甲苯理化性质一览表

外观与性状	黄色斜方立面晶体，有苦杏仁味
熔点/℃	51.7
沸点/℃	238.5
相对密度(水=1)	1.29
相对蒸气密度(空气=1)	4.72
饱和蒸气压(53.7℃)/kPa	0.13

续表

燃烧热/(kJ/mol)	3714.3
临界压力/MPa	3.8
辛醇/水分配系数的对数值	2.37
闪点/℃	106
引燃温度/℃	390
爆炸上限(体积分数)/%	7.6
爆炸下限(体积分数)/%	1.6
溶解性	不溶于水,易溶于乙醇、乙醚、氯仿和苯

3 毒理学参数

(1) 急性毒性 LD_{50}：1960mg/kg（大鼠经口）；16000mg/kg（大鼠经皮）。

(2) 亚急性和慢性毒性 在13周和2年的研究中都发现试验剂量下大鼠的脾脏血铁质色素积累。在57g/m^3 剂量［相当于雄性723mg/(kg·d)，雌性680mg/(kg·d)］下雄性出现了睾丸退化症状，雌性出现了妊娠周期延长现象。雄性小鼠在2.5g/m^3 剂量［相当于439mg/(kg·d)］下出现了肺部损害症状。

(3) 代谢 对硝基甲苯通过消化道和肺部吸收迅速，经皮肤接触吸收相对较慢。吸收后的对硝基甲苯可分布到全身各处。绝大部分通过尿液排出（80%以上），少部分通过粪便排出（2%～5%），通过呼吸排出的可能性小。大鼠体内可见肠肝循环。

在大鼠体内的主要代谢物是对硝基苯甲酸（30%～45%）、对乙酰氨基苯甲酸和4-硝基马尿酸。小鼠体内的代谢则主要是和葡萄糖苷酸及硫酸盐生成环羟基化物和轭合物，对硝基苯巯基尿酸（nitrobenzylmercapturicacid）只见于大鼠的体内代谢物。对硝基甲苯在体内代谢迅速，一次性暴露200mg/kg体重后，第9天处理与对照的尿液组分未见差异。尿液中对硝基苯甲酸与肌氨酸酐的比值或对乙酰氨基苯甲酸与肌氨酸酐的比值是对硝基甲苯暴露的生物标志物，它与大鼠消化道饲喂的对硝基甲苯的量线性相关。大鼠体内对硝基甲苯代谢的肠肝循环主要通过对硝基苯葡萄糖酐进行，与胆汁一起分泌的硝基代谢物被肠道微生物还原后再吸收，在肝脏内生成毒性物质。

(4) 中毒机理 低毒。但吸入蒸气、食入或经皮肤吸收均可导致中毒。吸收进去体内可引起高铁血红蛋白白血症，出现紫绀。严重中毒可致死亡。

(5) 致突变性 微生物致突变：鼠伤寒沙门菌10μg/皿。程序外DNA合成：大鼠肝100μg/L。

(6) 致癌性 饲喂雌性小鼠剂量为155mg/(kg·d)、315mg/(kg·d)、660mg/(kg·d)105～106周，未见致癌作用。雄性小鼠在剂量为690mg/(kg·d)时肺泡及支气管肿瘤发生明显增加。

(7) 发育毒性 在母体中毒的剂量下胎儿体重较正常的低。NOAEL：25mg/(kg·d)。LOAEL：100mg/(kg·d)（胎儿）；25mg/(kg·d)(母体)。

(8) 刺激与致敏性 对硝基甲苯混于聚乙二醇400乳液中涂抹兔背部，4h内未见皮肤刺激作用。兔子眼窝内滴入100mg对硝基甲苯，24h未见对角膜和虹膜的刺激反应，仅轻微发红，冲洗后 24h 内完全恢复。单次皮肤注射确定没有致敏性。

(9) 危险特性 遇明火、高热可燃。

4 对环境的影响

4.1 主要用途

主要用于制造对甲苯胺、甲苯二异氰酸酯、联甲苯胺、对硝基苯甲酸、对硝基甲苯-2-磺酸、2-硝基对甲苯胺、3-氯-4-硝基甲苯、二硝基甲苯等，也用作染料中间体，农药、医药中间体，塑料和合成纤维助剂的中间体。

4.2 环境行为

(1) 迁移和扩散 根据 Mackay 模型推算对硝基甲苯在环境中主要存在于大气和水体中（分别为 63.6%和 35%），土壤和底泥中各只占 0.65%。它的 Henry 常数为 0.57Pa·m^3/mol，表明从水体向大气中的挥发能力中等。在开放的污水处理厂，如果进料量 BOD 为 0.15kg/(kg·d)，生物降解速度为 0.1mg/d，那么进入处理厂的对硝基甲苯中有 0.8%挥发进入大气，56.2%保留在水中，4.3%存在于污泥中，38.6%被降解。

对硝基甲苯在水-土壤有机质的分配系数 K_{oc} 为 309，它被污泥、悬浮颗粒物、底泥吸附的能力较弱。黏土矿物吸附对硝基甲苯的能力低，三种 K^+ 黏土矿物的吸附常数为 4～45L/kg。在试验质量浓度为 0.01mg/L 和 0.1mg/L 时，鲤鱼对于对硝基甲苯的生物富集因子为 3.7～8.0。也有生物富集因子为 27 的报道。

(2) 转化 大气中的对硝基甲苯可经直接和非直接的光化学氧化反应降解。用 AOP-WIN 模型推算羟基自由基作用下的非直接光化学降解的半衰期为 20.8d（24d 每立方厘米平均 500000 个羟基自由基）。对硝基甲苯有较强的吸收紫外辐射的能力，可被紫外线作用直接光降解。

对硝基甲苯在水中的溶解度低，且不易水解（pH 值为 8，25℃的水中 8d 损失 6%）。水中溶解的对硝基甲苯也可以被光降解作用清除。在北纬 40°的自然水体表层光降解的半衰期为 5.9h，下层水体光强减弱，光降解作用随之下降。

对硝基甲苯不易被生物降解，未驯化的微生物在 14d 内仅使对硝基甲苯减少了 0.8%。经过驯化后微生物降解作用大大增强。活性污泥经 10d 驯化，在 21d 内可将对硝基甲苯全部清除。活性污泥在以对硝基甲苯为唯一碳源下驯化 20d 后，可将 COD 浓度为 200mg/L 的对硝基甲苯在 5d 内清除 95%。德国 Leverkusen 的污水处理厂在进水口浓度为 0.6mg/L 时，出水口浓度低于检测限 2μg/L，清除率达 99%以上。

4.3 人体健康危害

(1) 暴露/侵入途径 吸入、食入、经皮吸收。

(2) 健康危害 低毒。但吸入蒸气、食入或经皮肤吸收均可导致中毒。吸收进去体内可引起高铁血红蛋白白血症，出现紫绀。严重中毒可致死亡。

4.4 接触控制标准

中国 MAC（mg/m^3）：1。

PC-TWA（mg/m^3）：10［皮］。

PC-STEL（mg/m^3）：25［皮］。

前苏联 MAC（mg/m^3）：1［皮］。

TLVTN：OSHA 1mg/m^3；AGGIH 0.1ppm，0.64mg/m^3［皮］。

对硝基甲苯生产及应用相关环境标准见表11-3。

表11-3　对硝基甲苯生产及应用相关环境标准

标准编号	限制要求	标准值
中国(TJ 36—1979)	车间空气中有害物质的最高容许浓度	5mg/m^3[皮]
前苏联(1975)	水体中有害物质最高允许浓度	0.01mg/L
中国(GB 16297—1996)	大气污染物综合排放标准最高容许浓度	20mg/m^3
中国(GB 31571—2015)	石油化学工业企业及其生产设施废水排放限值	2mg/L
中国(GB 8978—1996)	污水综合排放标准	一级标准:2.0mg/L 二级标准:3.0mg/L 三级标准:5.0mg/L
中国(GB 31571—2015)	石油化学工业企业及其生产设施废气硝基苯类排放限值	16mg/m^3

5　环境监测方法

5.1　现场应急监测方法

现场应急监测可采用便携式气相色谱法（《突发性环境污染事故应急监测与处理处置技术》，万本太主编），不需要进行样品的预处理，直接对现场空气进行采样，采样时由内载气带入内部毛细管柱，采样时间一般为10s。

5.2　实验室监测方法

对硝基甲苯的实验室监测方法见表11-4。

表11-4　对硝基甲苯的实验室监测方法

监测方法	来源	类别
气相色谱法	《水质　硝基苯、硝基甲苯、硝基氯苯、二硝基甲苯的测定　气相色谱法》(GB/T 13194—1991)	水质
对二甲氨基苯甲醛比色法	《空气中有害物质的测定方法》(第二版)，杭士平主编	空气

6　应急处理处置方法

6.1　泄漏应急处理

(1) 应急行为　隔离泄漏污染区，限制出入，切断火源。

(2) 应急人员防护　建议应急处理人员戴防尘面具（全面罩），穿防毒服。

(3) 环保措施 尽可能切断泄漏源。防止流入下水道、排洪沟等限制性空间。

(4) 消除方法 小量泄漏：避免扬尘，用洁净的铲子收集于干燥、洁净、有盖的容器中。大量泄漏：收集回收或运至废物处理场所处置。

6.2 个体防护措施

(1) 工程控制 严加密闭，提供充分的局部排风。提供安全淋浴和洗眼设备。

(2) 呼吸系统防护 可能接触其粉尘时，佩戴自吸过滤式防尘口罩。紧急事态抢救或撤离时，应该佩戴空气呼吸器。

(3) 眼睛防护 戴安全防护眼镜。

(4) 身体防护 穿透气型防毒服。

(5) 手防护 戴橡胶手套。

(6) 其他 工作现场禁止吸烟、进食或饮水。工作完毕，彻底清洗。单独存放被毒物污染的衣服，洗后备用。实行就业前和定期的体检。

6.3 急救措施

(1) 皮肤接触 立即脱去污染的衣着，用肥皂水或清水彻底冲洗皮肤，就医。

(2) 眼睛接触 立即提起眼睑，用大量流动水或清水冲洗，就医。

(3) 吸入 迅速拖至空气新鲜处保持呼吸通畅，呼吸困难者给输氧，进行人工呼吸，就医。

(4) 食入 饮足量温水，催吐。就医。

(5) 灭火方法 消防人员必须佩戴空气呼吸器、穿全身防火防毒服，在上风向灭火。尽可能将容器从火场移至空旷处。喷水保持火场容器冷却，直至灭火结束。

6.4 应急医疗

(1) 诊断要点

① 轻度中毒。口唇、耳郭、舌及指（趾）甲发绀，可伴有头晕、头痛、乏力、胸闷，高铁血红蛋白在10%～30%以下，一般在24h内恢复正常。

② 中度中毒。皮肤、黏膜明显发绀，可出现心悸、气短，食欲不振，恶心、呕吐等症状，高铁血红蛋白在30%～50%之间，或高铁血红蛋白低于30%且伴有以下任何一项者：轻度溶血性贫血，赫恩兹小体可轻度升高；化学性膀胱炎；轻度肝脏损害；轻度肾脏损害。

③ 重度中毒。皮肤黏膜重度发绀，高铁血红蛋白高于50%，并可出现意识障碍，或高铁血红蛋白低于50%且伴有以下任何一项者：赫恩兹小体可明显升高，并继发溶血性贫血；严重中毒性肝病；严重中毒性肾病。

(2) 处理原则

① 迅速脱离现场，清除皮肤污染，立即吸氧，严密观察。

② 高铁血红蛋白血症，用高渗葡萄糖、维生素C、小剂量美兰治疗。

③ 溶血性贫血，主要为对症和支持治疗，重点在于保护肾脏功能，碱化尿液，应用适量肾上腺糖皮质激素。严重者应输血治疗，必要时采用换血疗法或血液净化疗法。参照《职业性急性化学物中毒性血液系统疾病诊断标准》(GBZ 75—2010)。

④ 化学性膀胱炎，主要为碱化尿液，应用适量肾上腺糖皮质激素，防治继发感染。并

可给予解痉剂及支持治疗。

⑤ 肝、肾功能损害，处理原则见《职业性中毒性肝病诊断标准》（GBZ 59—2010）和《职业性急性中毒性肾病的诊断》（GBZ 79—2013）。

⑥ 其他处理。轻、中度中毒治愈后，可恢复原工作。重度中毒视疾病恢复情况可考虑调离原工作。如需劳动能力鉴定者，按《劳动能力鉴定　职工工伤与职业病致残等级》（GB/T 16180—2014）的有关条文处理。

(3) 预防措施　生产设备应密闭，防止跑、冒、滴、漏。室内应通风良好。操作人员应穿戴防护用具，避免与之直接接触。班前班后严禁饮酒。

7 储运注意事项

7.1 储存注意事项

储存于阴凉、通风的库房。远离火种、热源。库温不超过30℃，相对湿度不超过70%。应与氧化剂、酸类、碱类分开存放，切忌混储。严格执行极毒物品“五双”管理制度。

7.2 运输信息

危险货物编号：61678。

UN编号：1578。

包装类别：Ⅰ。

包装方法：不易破碎包装，将易破碎包装放在不易破碎的密闭容器中。小开口钢桶；安瓿瓶外普通木箱；螺纹口玻璃瓶、铁盖压口玻璃瓶、塑料瓶或金属桶（罐）外普通木箱。

运输注意事项：铁路运输时应严格按照铁道部《危险货物运输规则》中的危险货物配装表进行配装。运输时运输车辆应配备相应品种和数量的消防器材及泄漏应急处理设备。夏季最好早晚运输。运输时所用的槽（罐）车应有接地链，槽内可设孔隔板以减少振荡产生静电。严禁与氧化剂、酸类、碱类、食用化学品等混装混运。运输途中应防曝晒、雨淋，防高温。中途停留时应远离火种、热源、高温区。装运该物品的车辆排气管必须配备阻火装置，禁止使用易产生火花的机械设备和工具装卸。公路运输时要按规定路线行驶，勿在居民区和人口稠密区停留。铁路运输时要禁止溜放。严禁用木船、水泥船散装运输。不得与食品和饲料一起运输。

7.3 废弃

(1) 废弃处置方法　用焚烧法处置。

(2) 废弃注意事项　处置前应参阅国家和地方有关法规。

8 参考文献

[1] 环境保护部.国家污染物环境健康风险名录 [M].北京：中国环境出版社，2013.

[2] 张寿林，黄金祥，周安寿.急性中毒诊断与急救 [M].北京：化学工业出版社，2005.

[3] 迪安 J A.兰氏化学手册 [M].第2版.魏俊发译.北京：科学出版社，2003.

[4] 胡望钧.常见有毒化学品环境事故应急处置技术与监测方法 [M].北京：中国环境科学出版

社，1993.

［5］ 万本太.突发性环境污染事故应急监测与处理处置技术［M].北京：中国环境科学出版社，1996.

［6］ 张荣成，魏杰.邻（对）硝基甲苯加氢还原催化剂的制备［J].精细与专用化学品，2005，13(8)：23-25.

［7］ 俞志明.新编危险物品安全手册［M].北京：化学工业出版社，2001.

［8］ 杭士平.空气中有害物质的测定方法［M].第2版.北京：人民卫生出版社，1986.

［9］ 北京化工研究院环境保护所/计算中心.国际化学品安全卡（中文版）查询系统［DB].2016.

二环氧丁烷

1 名称、编号、分子式

二环氧丁烷（diepoxybutane），常称为二环氧化丁二烯。是1,3-丁二烯最重要的活性中间代谢产物。二环氧丁烷基本信息见表12-1。

表 12-1 二环氧丁烷基本信息

中文名称	二环氧丁烷
中文别名	去水赤藻糖醇；1,2,3,4-二环氧丁烷；二环氧化丁二烯
英文名称	diepoxybutane
英文别名	1,3-butadiene diepoxide; 1-bromo-1-nitroethane; (2*R*,2'*R*)-2,2'-bioxirane; 2-(oxiran-2-yl)oxirane
UN号	3384
CAS号	1464-53-5
RTECS	EJ8225000
EC编号	603-060-00-1
分子式	$C_4H_6O_2$
分子量	86.0892

2 理化性质

二环氧丁烷是一种浅黄色的液体，易溶于水，易与强氧化剂反应。二环氧丁烷理化性质一览表见表12-2。

表 12-2 二环氧丁烷理化性质一览表

外观与性状	浅黄色液体
熔点/℃	4
沸点/℃	138
饱和蒸气压(56℃)/kPa	3.333
闪点/℃	114
溶解性	易溶于水

3 毒理学参数

(1) 急性毒性 LD_{50}：78mg/kg（大鼠经口）；98.8mg/kg（兔子经皮）。

(2) 中毒机理 二环氧丁烷为双功能烷化剂，易造成DNA链内、链间或DNA与蛋白质间的交联，导致DNA损伤。DNA损伤后可诱发一系列的损伤反应，包括对细胞不同类型周期进展阻滞的发生及凋亡的诱导等。

(3) 致突变性 活体试验表明有致突变效应。

(4) 刺激性 10mg/d作用于兔子皮肤，重度刺激；0.25mg/d作用于兔子眼睛，重度刺激。

(5) 致癌性 IARC致癌性评论：可能的人类致癌物。

(6) 危险特性 易燃气体。与空气混合能形成爆炸性混合物。接触热、火星、火焰或氧化剂易燃烧爆炸。接触空气或在光照条件下可生成具有潜在爆炸危险性的过氧化物。气体比空气密度大，能在较低处扩散到相当远的地方，遇火源会着火回燃。若遇高热，容器内压增大，有开裂和爆炸的危险。

4 对环境的影响

4.1 主要用途

用作溶剂、氯化溶剂的稳定剂、有机合成的中间体。

4.2 环境行为

(1) 代谢和降解 生物降解。

(2) 残留与蓄积 较强的稳定性，易于残留于环境以及生物体中。

(3) 迁移转化 随生物体迁移。

4.3 人体健康危害

(1) 暴露/侵入途径 吸入。

(2) 健康危害 对中枢神经系统有抑制作用，麻醉作用弱。吸入后可引起麻醉、窒息感。对皮肤有刺激性。

4.4 接触控制标准

PC-TWA（mg/m^3）：200。

二环氧丁烷生产及应用相关环境标准见表12-3。

表12-3 二环氧丁烷生产及应用相关环境标准

标准编号	限制要求	标准值
中国(GB 8978—1996)	污水综合排放标准	一级:不得检出 二级:1.0mg/L 三级:2.0mg/L
中国(GB 5127—1985)	食品中有机磷农药的允许标准	1.0mg/kg(蔬菜、水果)

5 环境监测方法

5.1 现场应急监测方法

现场应急监测可采用便携式气相色谱法（《突发性环境污染事故应急监测与处理处置技术》，万本太主编）。

5.2 实验室监测方法

二环氧丁烷的实验室监测方法见表12-4。

表12-4 二环氧丁烷的实验室监测方法

监测方法	来源	类别
纳氏试剂比色法	《水质分析大全》,张宏陶等编	水质
气相色谱法	《固体废弃物试验与分析评价手册》,中国环境监测总站等译	固体废物

6 应急处理处置方法

6.1 泄漏应急处理

(1) 应急行为 迅速撤离泄漏污染区人员至上风处，并进行隔离，严格限制出入。切断火源。

(2) 应急人员防护 戴呼吸罩。避免吸入蒸气、烟雾或气体。保证充分通风。移去所有火源。人员疏散到安全区域。谨防蒸气积累达到可爆炸的浓度。蒸气能在低洼处积聚。

(3) 环保措施 如能确保安全，可采取措施防止进一步泄漏或溢出。不要让产品进入下水道。

(4) 消除方法 围堵溢出，用防静电真空清洁器或湿刷子将溢出物收集起来，并放置到容器中去，根据当地规定处理。

6.2 个体防护措施

(1) 工程控制 生产过程密闭，全面通风。

(2) 呼吸系统防护 使用全面罩式多功能防毒面具（US）或ABEK型（EN 14387）防毒面具作为工程控制的候补。如果防毒面具是保护的唯一方式，则使用全面罩式送风防毒面具。呼吸器使用经过测试并通过政府标准如NIOSH（US）或CEN（EU）的呼吸器和零件。

(3) 眼睛防护 使用经官方标准如NIOSH（美国）或EN 166（欧盟）检测与批准的设备防护眼部。

(4) 身体防护 穿全套防化学试剂工作服、阻燃防静电防护服，防护设备的类型必须根据特定工作场所中的危险物的浓度和数量来选择。

(5) 手防护 使用合适的方法脱除手套（不要接触手套外部表面），避免任何皮肤部位接触此产品。

(6) 其他 工作现场严禁吸烟。进入罐、限制性空间或其他高浓度区作业，必须有人监护。

6.3 急救措施

(1) 皮肤接触 立即除去或脱掉所有沾污的衣物。用水清洗皮肤或淋浴。

(2) 眼睛接触 用水缓慢温和地冲洗几分钟。如戴隐形眼镜并可方便地取出，取出隐形眼镜，然后继续冲洗。

(3) 吸入 将受害人移至空气新鲜处，并保持呼吸舒适的姿势休息。

(4) 食入 漱口，不要催吐，并立即呼救解毒中心或医生。

(5) 灭火方法 用干砂、干粉或抗溶性泡沫扑灭。

6.4 应急医疗

(1) 诊断要点 吸入后可引起麻醉、窒息感。对皮肤有刺激性。

(2) 处理原则

① 吸入。如果吸入，请将患者移到空气新鲜处。如呼吸停止，进行人工呼吸。请教医生。

② 皮肤接触。立即脱掉被污染的衣服和鞋。用肥皂和大量的水冲洗。立即将患者送往医院。请教医生。

③ 眼睛接触。用大量水彻底冲洗至少 15min，并请教医生。

④ 食入。禁止催吐。切勿给失去知觉者通过口喂任何东西。用水漱口。请教医生。

(3) 预防措施

① 在使用前获取特别指示，在读懂所有安全防范措施之前切勿操作。

② 远离热源、火花、明火和热表面，保持容器密闭，容器和接收设备接地，企业使用防爆的电气、通风或照明设备。只能使用不产生火花的工具，采取措施，防止静电放电。

③ 禁止吸烟，不要吸入粉尘、烟、气体、烟雾、蒸气和喷雾。防止溅入眼睛、接触皮肤或衣服。操作后彻底清洁皮肤。使用本产品时不要进食、饮水或吸烟。

④ 只能在室外或通风良好之处使用。戴防护手套，穿防护服，戴护目镜，戴面罩，戴呼吸防护装置。

7 储运注意事项

7.1 储存注意事项

储存于阴凉、通风的易燃气体专用库房。远离火种、热源。保持低温。应与氧化剂、酸类、卤素分开存放，切忌混储。采用防爆型照明、通风设施。禁止使用易产生火花的机械设备和工具。打开了的容器必须仔细重新封口并保持竖放位置以防止泄漏。储区应备有泄漏应急处理设备。

7.2 运输信息

危险货物编号：21040。

UN 编号：3384。

包装类别：Ⅱ。

7.3 废弃

(1) 废弃处置方法 在装备有加力燃烧室和洗刷设备的化学焚烧炉内燃烧处理，特别在点燃的时候要注意，因为此物质是高度易燃性物质。将剩余的和不可回收的溶液交给有许可证的公司处理。受污染的容器和包装按未用产品处置。

(2) 废弃注意事项 处置前应参阅国家和地方有关法规。

8 参考文献

[1] 环境保护部.国家污染物环境健康风险名录（化学第一分册）[M].北京：中国环境科学出版社，2009.

[2] 张寿林，黄金祥，周安寿.急性中毒诊断与急救 [M].北京：化学工业出版社，2005.

[3] 董建云，王治，董小梅，等.1,2,3,4-二环氧丁烷对雄性小鼠生殖细胞损伤的研究 [J].第三军医大学学报，2015，37 (9)：881-885.

[4] 中国环境监测总站.固体废弃物试验分析评价手册 [M].北京：中国环境科学出版社，1992.

[5] 张宏陶.水质分析大全 [M].重庆：科学技术文献出版社重庆分社，1989.

[6] 万本太.突发性环境污染事故应急监测与处理处置技术 [M].北京：中国环境科学出版社，1996.

[7] 王治.1,2:3,4-二环氧丁烷诱导细胞 DNA 双链断裂损伤及其修复机制研究 [D].重庆：第三军医大学，2017.

[8] 北京化工研究院环境保护所/计算中心.国际化学品安全卡（中文版）查询系统 [DB].2016.

1,2-二氯苯

1 名称、编号、分子式

1,2-二氯苯为无色易挥发的液体，有芳香气味。在水分和光照作用下，放出微量腐蚀性强的氯化氢。将邻氯苯胺及盐酸加入反应锅，于25℃以下混匀。冷却至0℃，滴入亚硝酸钠溶液，温度维持在0～5℃，至碘化钾淀粉溶液变蓝色时停止加料，得重氮盐溶液。在0～5℃下加入氯化亚铜的盐酸溶液中，充分搅拌、混匀，升温至60～70℃，反应1h，冷却、静置分层，油层用5%氢氧化钠和水反复洗涤，以无水氯化钙脱水、分馏，收集177～183℃馏分，即得1,2-二氯苯。1,2-二氯苯基本信息见表13-1。

表 13-1　1,2-二氯苯基本信息

中文名称	1,2-二氯苯
中文别名	邻二氯苯
英文名称	1,2-dichlorobenzene
英文别名	ortho-dichlorobenzene
UN号	1591
CAS号	95-50-1
ICSC号	1066
RTECS号	CZ4500000
EC编号	602-034-00-7
分子式	$C_6H_4Cl_2$
分子量	147.0

2 理化性质

1,2-二氯苯具有高刺激性，吞咽和吸入有中等毒性。空气中最高容许浓度为50ppm。工作场所应通风良好，设备密闭。200℃时与氨反应生成邻氯苯胺。在氯化铁催化下与氯反应生成1,2,4-三氯苯和1,2,3-三氯苯。与硝酸、硫酸的混合酸反应生成3,4-二氯硝基苯。1,2-二氯苯理化性质一览表见表13-2。

表 13-2　1,2-二氯苯理化性质一览表

外观与性状	无色易挥发的液体,有芳香气味
熔点/℃	−17.5
沸点/℃	180.4
相对密度(水=1)	1.30
相对蒸气密度(空气=1)	5.05
饱和蒸气压(86℃)/kPa	2.40
爆炸极限	遇明火、高温可燃
溶解性	不溶于水,溶于醇、醚等多数有机溶剂
化学性质	常温下不发生碱性水解。高温高压下用铜和铜盐作催化剂,碱性水解生成邻氯苯酚。与发烟硫酸反应生成3,4-二氯苯磺酸
稳定性	稳定

3　毒理学参数

(1) 急性毒性　二氯苯试验动物的口服急性毒性较低。啮齿动物口服半数致死剂量(LD_{50})：500～3863mg/kg。试验猪食入 LD_{50}：0.8～2.0g/kg。老鼠吸入 LC_{50}：6825mg/(m^3·6h)。大鼠食入 LD_{50}：500mg/kg。小鼠食入 LD_{50}：4386mg/kg。大鼠腹膜注射 LD_{50}：840mg/kg。

(2) 亚急性和慢性毒性　对大鼠和小鼠进行灌饲含1,2-二氯苯玉米油13周(每周5d)，剂量分别为0mg/kg、30mg/kg、60mg/kg、125mg/kg、250mg/kg、500mg/kg。最高剂量会导致雌、雄小鼠和雌性大鼠的生存率下降；所有试验鼠都会出现肝坏死、肝细胞退化、胸腺和脾脏淋巴细胞的衰竭。250mg/kg的剂量可令雌、雄大鼠和雄性小鼠出现个别的肝细胞坏死。小鼠灌饲含1,2-二氯苯的玉米油2年(每周5d)，其剂量为0mg/kg、60mg/kg、120mg/kg。1,2-二氯苯的毒性唯一证明是，雄鼠的肾小管与剂量相关而趋向于退化，发病率在最高剂量增加。另外，没有证据表明1,2-二氯苯与肿瘤形成无关。雄小鼠和雌小鼠的NOAEL分别为60mg/(kg·d)和120mg/(kg·d)。对肝脏、肾脏及肺等器官造成伤害，高浓度暴露下甚至导致死亡。

(3) 代谢　1,2-二氯苯在肝脏通过氧化，主要代谢为二氯苯酚类、二氯苯酚葡萄糖苷酸和二氯苯酚的硫酸盐轭合物，还可测出其他次要代谢物。

(4) 中毒机理　1,2-二氯苯可几乎全部通过胃肠道进行吸收，一旦被吸收，会迅速分布，由于1,2-二氯苯的亲脂性，所以会先分布于脂肪或脂肪组织及分布于肾、肝、肺。

吸入1,2-二氯苯后，出现呼吸道刺激、头痛、头晕、焦虑、麻醉作用，以致意识不清。液体及高浓度蒸气对眼有刺激性。可经皮肤吸收引起中毒，表现类似吸入。口服引起胃肠道反应。皮肤接触可引起红斑、水肿。可燃性，有毒性，刺激性。

(5) 刺激性　家兔经眼：100mg(30s)轻微刺激。

(6) 致癌性　小鼠灌饲含1,2-二氯苯玉米油2年(每周5d)，其剂量为0mg/kg、60mg/kg、120mg/kg。有迹象表明，随着剂量增加，雌、雄鼠有患恶性组织细胞淋巴瘤的倾向，但是此项研究没有证据表明1,2-二氯苯的致癌性。

(7) 致突变性 无论是否经代谢活化，1,2-二氯苯不会对鼠伤寒沙门菌株 TA98、TA100、TA1535 和 TA1537 产生致突变性。

(8) 致敏感性 长期或反复接触可导致皮肤过敏。

(9) 危险特性 遇明火、高热可燃。与强氧化剂可发生反应。受高热分解产生有毒的腐蚀性烟气。与活性金属粉末（如镁、铝等）能发生反应，引起分解。

4 对环境的影响

4.1 主要用途

1,2-二氯苯广泛用作有机物和有色金属氧化物的溶剂、防腐剂，也可作杀虫剂，作为特殊用途溶液，除去发动机零件上的碳和铅；作为抗锈剂、脱脂剂，脱除金属表面涂层而不腐蚀金属；作为配漆溶剂，染料工业上用于制造还原蓝 CLB 和还原蓝 CLG 等；作为聚合物湿纺溶剂，降低纤维热收缩率；用作环氧树脂稀释剂、冷却剂、热交换介质；还用于制杀虫剂、医药长效磺胺等。

4.2 环境行为

(1) 代谢和降解 1,2-二氯苯通过挥发进入大气，是其在土壤中消失的主要过程。滞留于土壤中的 1,2-二氯苯则通过扩散和质体流动，在土壤中进行迁移。1,2-二氯苯在土壤中的扩散与其他氯苯类化合物相同，受到土壤特性即土壤的非均质体系复杂性的影响，二氯苯的扩散也可用非稳态扩散的 Fick 第二定律来描述。也有人将土壤特性如矿物组成、有机质含量、水分含量、紧实度和温度等因素考虑在内，提出相应的在土壤中适用的扩散方程式，但其中一些经验参数还无法定量预测。部分 1,2-二氯苯通过扩散，从土壤深层迁移至地表，再从地表进一步挥发至大气，其中迁移扩散过程为控速步骤。

(2) 残留与蓄积 该物质对环境可能有危害，在地表水中有蓄积作用。研究表明，氯苯类的浓度与鱼的毒性之间有一定的直接关系。Dalich 等的研究表明，氯苯类急性毒性 96h 半数致死浓度（LC_{50}）值在 4700mg/L 以上。二氯苯的急性毒性 96h 半数致死浓度（LC_{50}）值范围在 1500mg/L 以上。Black 等的研究表明，二氯苯引起慢性中毒的最低浓度是在流水试验中得到的，对虹鳟鱼胚胎至幼鱼期慢性中毒的最低浓度是 110mg/L。三种二氯苯对黑头软口鲦鱼慢性中毒浓度为 763～2000g/L。美国国家环保署在 20 世纪 80 年代的研究表明，鱼体对地表水中氯苯类的富集系数与氯在苯环上的取代程度有关。对淡水水生生物富集系数测定表明，二氯苯富集系数为 72 倍。按松花江地表水中氯苯的实际浓度和富集系数计算，松花江鱼体中氯苯类浓度为几十微克每千克。黑龙江省环科院和吉林省有关部门的研究表明，松花江水系鱼体氯苯类含量为 25～90mg/kg。试验中采集了用江水灌溉的水稻田中的土壤、粮食秸秆、大米，进行了氯苯类残留量的测定研究。试验表明，在土壤、粮食秸秆和大米中可以检测出微量的氯苯。由于含量很低，可以认为松花江地表水中氯苯类对沿江灌溉农作物的影响极小，其残留危害可以忽略不计。

(3) 迁移转化 由于 1,2-二氯苯具有很强的挥发作用，通常在水和土壤中的 1,2-二氯苯会很快地挥发到空气中，1,2-二氯苯在河水中的挥发速度经 6h 下降 50%，1,2-二氯苯在空气中的光解速度在 20h 之内会降低一半，在水中的 1,2-二氯苯将产生水解作用。因此，受1,2-二氯苯污染的水和土壤能较快地得到恢复。1,2-二氯苯可在微生物适应的有氧水中进行微生物降解。

4.3 人体健康危害

(1) 暴露/侵入途径 吸入、食入、经皮吸收。

(2) 健康危害 吸入本品后，出现呼吸道刺激、头痛、头晕、焦虑、麻醉作用，以致意识不清。液体及高浓度蒸气对眼有刺激性。可经皮肤吸收引起中毒，表现类似吸入。口服引起胃肠道反应。长期吸入引起肝、肾损害。皮肤长期反复接触，可致皮肤损害。

4.4 接触控制标准

前苏联MAC (mg/m^3)：20 [皮]。

美国TLVTN：OSHA 50ppm，301mg/m^3（上限值）；ACGIH 25ppm，150mg/m^3（上限值）。

美国TLVMN：ACGIH 50ppm，301mg/m^3。

1,2-二氯苯生产及应用相关环境标准见表13-3。

表13-3 1,2-二氯苯生产及应用相关环境标准

标准编号	限制要求	标准值
世界卫生组织饮用水水质准则(第三版)	饮用水水质浓度限值	1.0mg/L
前苏联地表水水质标准	地表水水质标准	0.002mg/L
美国现行饮用水标准、加利福尼亚州饮用水水质标准(2001年)	现行饮用水标准、加利福尼亚州饮用水水质标准	0.6mg/L
阿根廷饮用水水质标准(1994年)	饮用水水质标准	0.5mg/L
澳大利亚饮用水水质准则(1996年)	饮用水水质浓度限值	0.001mg/L
加拿大饮用水水质标准(1996年)	饮用水水质标准	0.20mg/L
地表水环境质量标准(GB 3838—2002)	地表水环境质量标准	1.0mg/L
生活饮用水卫生标准(GB 5749—2006)	生活饮用水卫生标准	1.0mg/L
城市供水水质标准(CIT 206—2005)	城市供水水质标准	1.0mg/L
污水综合排放标准(GB8978—1996)	污水综合排放标准	一级:0.4mg/L 二级:0.6mg/L 三级:1.0mg/L
城镇污水处理厂污染物排放标准(GB 18918—2002)	污染物最高允许浓度	1.0mg/L
污水海洋处置工程污染控制标准(GB 18486—2001)	水污染排放限值(苯系物)	2.5mg/L
杂环类农药工业水污染物排放标准(GB 21523—2008)	水污染物特别排放限值(氯苯)	0.1mg/L

续表

标准编号	限制要求	标准值
大气污染物综合排放标准(GB 16297—1996)	大气污染物排放限值	现有污染源:最高允许排放浓度 $85mg/m^3$;无组织排放监控浓度限值 $0.50mg/m^3$ 新污染源:最高允许排放浓度 $60mg/m^3$;无组织排放监控浓度限值 $0.40mg/m^3$
石油化学工业污染物排放标准(GB 31571—2015)	石油化学工业有机特征污染物排放限值	废水中有机特征污染物排放限值:0.4mg/L 废气中有机特征污染物排放限值(氯苯类):$50mg/m^3$
大气污染物综合排放标准(GB 16297—1996)	最高允许排放浓度	$85mg/m^3$
展览会用地土壤环境质量评价标准(暂行)(HJ 350—2007)	土壤环境质量评价标准限值	A级:150mg/kg B级:370mg/kg
浸出毒性鉴别标准(GB 5085.3—2007)	浸出毒性鉴别标准值	4mg/L

5 环境监测方法

5.1 现场应急监测方法

现场应急监测可采用便携式气相色谱-光离子检测器法，用专用注射器采集现场气样，注入便携式气相色谱仪，可在现场用外标法进行定性定量测定。

5.2 实验室监测方法

1,2-二氯苯的实验室监测方法见表13-4。

表13-4 1,2-二氯苯的实验室监测方法

监测方法	来源	类别
色谱/质谱法	美国EPA524.2方法[①]	水质
顶空气相色谱法	《水质 挥发性卤代烃的测定 顶空气相色谱法》(HJ 620—2011)	水质
气相色谱法	《水质 氯苯的测定 气相色谱法》(HJ/T 74—2001)	水质
吸附管采样-热脱附/气相色谱-质谱法	《环境空气 挥发性有机物的测定 吸附管采样-热脱附/气相色谱-质谱法》(HJ 644—2013)	大气
吸罐采样/气相色谱-质谱法	《环境空气 挥发性有机物的测定 吸罐采样/气相色谱-质谱法》(HJ 759—2015)	大气
固体吸附/热脱附-气相色谱法	《环境空气 苯系物的测定 固体吸附/热脱附-气相色谱法》(HJ 583—2010)	大气

续表

监测方法	来源	类别
顶空/气相色谱法	《土壤和沉积物　挥发性有机物的测定　顶空/气相色谱法》(HJ 642—2013)	土壤和沉积物
气相色谱质谱法	《土壤和沉积物　半挥发性有机物的测定　气相色谱质谱法》(HJ 834—2017)	土壤和沉积物
顶空/气相色谱法	《土壤和沉积物　挥发性芳香烃的测定　顶空/气相色谱法》(HJ 742—2015)	土壤和沉积物
吹扫捕集/气相色谱-质谱法	《土壤和沉积物　挥发性卤代烃的测定　吹扫捕集/气相色谱-质谱法》(HJ 735—2015)	土壤和沉积物
顶空/气相色谱-质谱法	《固体废物　挥发性有机物的测定　顶空/气相色谱-质谱法》(HJ 643—2013)	固体废物
顶空-气相色谱法	《固体废物　挥发性有机物的测定　顶空-气相色谱法》(HJ 760—2015)	固体废物
气相色谱法	《固体废弃物试验与分析评价手册》,中国环境监测总站等译	固体废物
气袋法	《固定污染源废气　挥发性有机物的采样　气袋法》(HJ 732—2014)	固定污染源废气
固相吸附-热脱附/气相色谱-质谱法	《固定污染源废气　挥发性有机物的测定　固相吸附-热脱附/气相色谱-质谱法》(HJ 734—2014)	固定污染源废气

① EPA524.2 (4.1版) 是为配合实施美国国家饮用水的EPA标准而制定的，该方法采用吹脱捕集装置，用GC/MS检测低浓度的被分析物质。在实际监测中，优先执行我国国家标准。

6　应急处理处置方法

6.1　泄漏应急处理

(1) 应急行为　迅速撤离泄漏污染区人员至安全区，并进行隔离，严格限制出入。切断火源。

(2) 应急人员防护　建议应急处理人员戴自给正压式呼吸器，穿防毒服，从上风处进入现场。尽可能切断泄漏源。防止进入下水道、排洪沟等限制性空间。

(3) 环保措施　正在泄漏的1,2-二氯苯可用玻璃瓶或镀锌金属桶盛装，或筑防护堤。泄漏在水中的1,2-二氯苯将沉于水底，并聚积在水底低洼处，可用泵抽出，放入玻璃瓶或金属桶内，泄漏的1,2-二氯苯要尽量避开水道和饮用水源；泄漏在土壤或地面上的1,2-二氯苯可用干砂土混合，将污染的土壤全部装入可密封的袋中，或倒到空旷地方掩埋，或作为废弃物进行焚烧；泄漏在空旷地方的1,2-二氯苯可就地掩埋。

(4) 消除方法　用泡沫覆盖，降低蒸气灾害。喷雾状水或泡沫冷却和稀释蒸气，保护现场人员。用防爆泵转移至槽车或专用收集器内，回收或运至废物处理场所处置。

6.2　个体防护措施

(1) 工程控制　严加密闭，提供充分的局部排风和全面通风。使用抗腐蚀的通风系统，并与其他排气系统分开。

(2) 呼吸系统防护 可能接触其蒸气时，应该佩戴自吸过滤式防毒面具（半面罩）。

(3) 眼睛防护 戴防溅安全护目镜、面罩（至少 0.2032m）。

(4) 身体防护 穿防毒物渗透工作服。

(5) 手防护 戴防化学品手套。

(6) 其他 工作现场禁止吸烟、进食和饮水。工作完毕，沐浴更衣。单独存放被毒物污染的衣服，洗后备用。保持良好的卫生习惯。

6.3 急救措施

(1) 皮肤接触 如果液体接触到皮肤，立刻以流动水和肥皂或温和的清洁剂清洗患部；若已渗透衣服，立刻脱去衣服再用水和肥皂或温和的清洁剂清洗；如清洗后刺激感仍然存在，应立即就医。

(2) 眼睛接触 立刻撑开眼皮，以大量水冲洗，立即就医。操作此化学品时不可戴隐形眼镜。

(3) 吸入 若吸入大量气体，应立即将患者移到空气新鲜处；若呼吸停止，进行人工呼吸，不可使用口对口人工呼吸法；如果患者呼吸困难的话，最好在医生指示下供给氧气；让患者保持温暖并休息；尽快就医。

(4) 食入 立即就医；如无法立即就医，则利用患者手指刺激其咽喉或灌入催吐糖浆，进行催吐；若患者已丧失意识，勿催吐。

(5) 灭火方法 雾状水、泡沫、二氧化碳、砂土、干粉。

6.4 应急医疗

(1) 诊断要点

① 有无明确化工物质接触史。

② 检测现场有毒气体浓度。

③ 患者临床表现。吸入高浓度蒸气会引起中枢神经麻痹，主要损害肝脏，其次是肾脏。本品经呼吸道和消化道吸收，经皮肤吸收的可能性不大。

(2) 处理原则 吸入中毒的治疗：急性吸入中毒主要采取一般急救措施和对症处理。迅速将患者移离现场，脱去被污染衣物，呼吸新鲜空气，根据病情需要给氧或人工呼吸，可注射中枢神经兴奋剂。眼和皮肤接触，立刻用流动清水或生理盐水冲洗。

(3) 预防措施 作业场所施行密闭操作，加强通风。操作人员必须经过专门培训，严格遵守操作规程。操作人员应佩戴自吸过滤式防毒面具（半面罩），戴安全防护眼镜，穿防毒物渗透工作服，戴橡胶耐油手套。使用防爆型的通风系统和设备。防止蒸气泄漏到工作场所空气中。避免与氧化剂、铝接触。搬运时要轻装轻卸，防止包装及容器损坏。配备相应品种和数量的消防器材及泄漏应急处理设备。对从事该项作业工人应定期进行体检。

7 储运注意事项

7.1 储存注意事项

储存于阴凉、通风的库房。远离火种、热源。保持容器密封。应与氧化剂、铝、食用化学品分开存放，切忌混储。配备相应品种和数量的消防器材。储区应备有泄漏应急处理设备和合适的收容材料。

7.2 运输信息

危险货物编号：61657。

UN 编号：1591。

包装类别：O53。

包装方法：小开口钢桶；螺纹口玻璃瓶、铁盖压口玻璃瓶、塑料瓶或金属桶（罐）外普通木箱；螺纹口玻璃瓶、塑料瓶或镀锡薄钢板桶（罐）外满底板花格箱、纤维板箱或胶合板箱。

运输注意事项：运输前应先检查包装容器是否完整、密封，运输过程中要确保容器不泄漏、不倒塌、不坠落、不损坏。严禁与酸类、氧化剂、食品及食品添加剂混运。运输时运输车辆应配备相应品种和数量的消防器材及泄漏应急处理设备。防曝晒、雨淋，防高温。公路运输时要按规定路线行驶。

7.3 废弃

(1) 废弃处置方法 根据国家和地方有关法规的要求处置。用焚烧法处置。与燃料混合后，再焚烧。焚烧炉排出的卤化氢通过酸洗涤器除去。

(2) 废弃注意事项 处置前应参阅国家和地方有关法规。废物储存参见“储存注意事项”。

8 参考文献

[1] 中国环境监测总站.固体废弃物试验分析评价手册 [M].北京：中国环境科学出版社，1992.

[2] 江苏省环境监测中心.突发性污染事故中危险品档案库 [DB].

[3] 环境保护部.国家污染物环境健康风险名录（化学第一分册）[M].北京：中国环境科学出版社，2011.

[4] 北京化工研究院环境保护所/计算中心.国际化学品安全卡（中文版）查询系统 [DB].2016.

[5] 刘慧慧，杨春生，丁成.一株1,2-二氯苯降解菌的分离鉴定及其降解特性 [J].环境工程学报，2011，(9)：2151-2156.

[6] 于谦，杨春生，丁成.1,2-二氯苯在3种基质中的吸附研究 [J].环境工程学报，2011，5 (7)：1675-1681.

1,4-二氯苯

1 名称、编号、分子式

1,4-二氯苯又称对二氯苯，为白色结晶，有樟脑气味，容易升华。苯定向氯化或从氯苯生产中回收。本品可燃，具有刺激性。1,4-二氯苯基本信息见表 14-1。

表 14-1 1,4-二氯苯基本信息

中文名称	1,4-二氯苯
中文别名	对二氯苯
英文名称	1,4-dichlorobenzene
英文别名	dichlorobenzene
UN 号	1592
CAS 号	106-46-7
ICSC 号	0037
RTECS 号	CZ4500000
EC 编号	602-035-00-2
分子式	$C_6H_4Cl_2$
分子量	147.0

2 理化性质

1,4-二氯苯较为稳定，遇明火、高热可燃。吸入、摄入或经皮肤吸收后对身体有害。对眼睛、皮肤、黏膜和上呼吸道有刺激作用。吸收后体内可形成高铁血红蛋白而致紫绀。1,4-二氯苯理化性质一览表见表 14-2。

表 14-2 1,4-二氯苯理化性质一览表

外观与性状	无色易挥发的液体，有芳香气味
熔点/℃	53.1
沸点/℃	173.4
相对密度(水=1)	1.46
相对蒸气密度(空气=1)	5.08

续表

饱和蒸气压(54.8℃)/kPa	1.33
溶解性	不溶于水,溶于醇、醚等多数有机溶剂
化学性质	常温下不发生碱性水解。高温高压下用铜和铜盐作催化剂,碱性水解生成邻氯苯酚。与发烟硫酸反应生成3,4-二氯苯磺酸
稳定性	稳定

3 毒理学参数

(1) 急性毒性 二氯苯试验动物的口服急性毒性较低。啮齿动物口服半数致死剂量(LD_{50}):500～3863mg/kg。试验猪食入 LD_{50}:0.8～2.0mg/kg。老鼠吸入 LC_{50}:6825mg/(m^3·6h)。大鼠食入 LD_{50}:500mg/kg。小鼠食入 LD_{50}:4386mg/kg。大鼠腹膜注射 LD_{50}:840mg/kg。1,4-二氯苯的急性毒性较低,但是有证据表明,长期接触1,4-二氯苯,F344/N大鼠的肾肿瘤及B6C3F1小鼠的肝细胞瘤和肝细胞癌的发生率会增加。

(2) 亚急性和慢性毒性 大鼠灌饲含1,4-二氯苯的玉米油2年(每周5d),300mg/kg的剂量会令雄大鼠的生存率和体重降低。300mg/kg或以上的剂量会令雌大鼠肾脏病变得严重,并且甲状旁腺增生。所以确认雄大鼠和雌大鼠的LOAEL值分别为150mg/kg和300mg/kg。慢性暴露于1,4-二氯苯的情况下,会使肝脏受到伤害,出现黄疸、肝硬化,也有死亡的可能。若暴露在高浓度的对二氯苯下,会有虚弱、头昏眼花、头痛、体重减轻、呕吐、鼻炎、面部肌肉痉挛等。另外,1,4-二氯苯也有可能造成白内障。当含有1,4-二氯苯的物质接触到眼睛或皮肤时会感到疼痛。若口服1,4-二氯苯,会使得胃部有灼痛感、恶心、呕吐及腹泻,而且血红蛋白可能会失氧,有类似皮肤发紫的症状。

(3) 代谢 大鼠所喂饲的1,4-二氯苯几乎100%需要5d才能排泄,而且都是通过尿液排泄。

(4) 中毒机理 1,4-二氯苯可几乎全部通过胃肠道进行吸收,一旦被吸收,会迅速分布,由于1,4-二氯苯的亲脂性,所以会先分布于脂肪或脂肪组织及分布于肾、肝、肺。吸入1,4-二氯苯后,出现呼吸道刺激、头痛、头晕、焦虑、麻醉作用,以致意识不清。液体及高浓度蒸气对眼有刺激性。可经皮肤吸收引起中毒,表现类似吸入。口服引起胃肠道反应。皮肤接触可引起红斑、水肿。可燃性,有毒性,刺激性。

(5) 刺激性 人眼80ppm(30s)轻微刺激。

(6) 致癌性 雄大鼠和雌大鼠灌饲含1,4-二氯苯的玉米油2年(每周5d),剂量分别为0mg/kg、150mg/kg、300mg/kg和0mg/kg、300mg/kg、600mg/kg。仅有雄大鼠肾小管细胞腺癌的发病率随着剂量增加而增加。在600mg/kg剂量组,1,4-二氯苯使大鼠肝细胞腺瘤和肝细胞癌发病率增加。

(7) 致突变性 一些体外试验证明1,4-二氯苯没有致突变性。

(8) 生殖毒性 对怀孕6～15d的大鼠每天口服剂量为50mg/kg、100mg/kg、200mg/kg的二氯苯三种同分异构体,不会产生致畸性。对怀孕6～15d的大鼠每天灌饲剂量1000mg/kg的1,4-二氯苯,会导致胎重减轻,750mg/kg或以上的剂量会导致胎鼠骨骼变异增加,500mg/kg或以上的剂量会导致胎鼠与剂量相关的长出多余肋骨的机会增加。因此,

LOAEL 量和 NOAEL 量可分别确认为 500mg/(kg·d) 和 250mg/(kg·d)。

(9) 致癌性 IARC 把 1,4-二氯苯分类为 2B 组。

(10) 危险特性 可燃。遇明火能燃烧。受高热分解产生有毒的腐蚀性烟气。与强氧化剂接触可发生化学反应。与活性金属粉末（如镁、铝等）能发生反应，引起分解。

4 对环境的影响

4.1 主要用途

1,4-二氯苯作为有机合成原料，用于合成染料（大红色基 GG 以及红色基 3GL、活性嫩黄和红色 RC）及农药中间体，用作熏蒸杀虫剂、织物防蛀剂、防霉剂、空气脱臭剂，65%～70%用于制造卫生球，少量用于特压润滑剂、腐蚀抑制剂。该品也用于医药，也可作溶剂。是杀虫剂杀螟威和除草剂麦草畏、喹禾灵的中间体，也是染料和医药中间体，并可作为家庭用杀虫剂和防蛀剂。

4.2 环境行为

(1) 代谢和降解 1,4-二氯苯通过挥发进入大气，是其在土壤中消失的主要过程。滞留于土壤中的 1,4-二氯苯则通过扩散和质体流动，在土壤中进行迁移。1,4-二氯苯在土壤中的扩散与其他氯苯类化合物相同，受到土壤特性即土壤的非均质体系复杂性的影响，二氯苯的扩散也可用非稳态扩散的 Fick 第二定律来描述。也有人将土壤特性如矿物组成、有机质含量、水分含量、紧实度和温度等因素考虑在内，提出相应的在土壤中适用的扩散方程式，但其中一些经验参数还无法定量预测。部分 1,4-二氯苯通过扩散，从土壤深层迁移至地表，再从地表进一步挥发至大气，其中迁移扩散过程为控速步骤。

(2) 残留与蓄积 土壤中的二氯苯在土壤、空气和渗滤液中均有分布，在水或土壤微粒或者两者的共同作用下发生质体流动，可渗透至地下水，渗透速率及深度受土壤中的有机质含量、K 值（土壤/水吸附分配系数）、半衰期、降雨量、土质等因素影响。例如，土壤有机质含量增加，二氯苯渗透深度会减小；挥发量减小，半衰期增加会使渗透期延长；增加土壤中黏土矿物含量，渗透深度会相应减小。研究者应用自制的土壤污染实时模拟系统，研究土壤中氯苯类化合物的迁移行为，得出进入土壤中的二氯苯主要滞留在土壤相中，但与其余氯苯类化合物相比，在液相和气相中，1,2-二氯苯和 1,3-二氯苯的含量及百分比明显高于多氯原子取代的氯苯类化合物。这是由于 1,2-二氯苯和 1,3-二氯苯的蒸气压及水溶性较强，因此更容易进入渗滤水和空气。在研究土壤中氯苯类化合物纵向迁移方面，由于二氯苯的 K 值较低，蒸气压与溶解度都较其他氯苯类化合物要高，利于挥发和渗滤，且在土壤表层不会产生蓄积。利用土壤泥浆反应器研究氯苯类化合物的生物降解特性时表明，二氯苯受水溶性、蒸气压、K 值（辛醇/水分配系数）、H（亨利系数）等影响，分布于水、空气、土壤三相中，在有机质含量高的土壤中，1,2-二氯苯和 1,4-二氯苯在土相中的含量高于有机质含量低的土壤。

(3) 迁移转化 二氯苯在自然环境中，土壤是一个主要的迁移和扩散的途径。受其自身物化性质、土壤多介质体系特性以及外界环境条件等因素的制约，主要经历挥发进入大气、被土壤颗粒吸附与解吸、渗滤至地下水、被生物降解等几个过程。这些过程往往同时发生，并且每个过程相互关联，相互影响。二氯苯通过挥发进入大气，是其在土壤中消失的主要过程。滞留于土壤中的二氯苯则通过扩散和质体流动，在土壤中进行迁移。二氯苯在土壤中的扩散与其他氯苯类化合物相同，受到土壤特性即土壤的非均质体系复杂性的影响，二氯苯的扩散也可用非稳态扩散的 Fick 第二定律来描述。也有人将土壤特性如矿物组成、有机质含量、水分含量、紧实度和温度等因素考虑在内，提出相应的在土壤中适用的扩散方程式，但其中一些经验参数还无法定量预测。部分二氯苯通过扩散，从土壤深层迁移至地表，再从地表进一步挥发至大气，其中迁移扩散过程为控速步骤。对于滞留于土壤中的二氯苯而言，利用生物进行降解是较为彻底的处理方法，且产生二次污染的可能性最小。虽然二氯苯为难降解有机污染物，但通过驯化培养特殊的微生物，以及利用共代谢现象，二氯苯仍可在好氧条件下被微生物降解。

4.3 人体健康危害

(1) 暴露/侵入途径 吸入、食入。

(2) 健康危害 本品对眼和上呼吸道有刺激性。对中枢神经有抑制作用，致肝、肾损害。人在接触高浓度时，可表现虚弱、眩晕、呕吐。严重时损害肝脏，出现黄疸，肝损害可发展为肝坏死或肝硬化。长时间接触本品对皮肤有轻微刺激性，引起烧灼感。

4.4 接触控制标准

1,4-二氯苯生产及应用相关环境标准见表 14-3。

表 14-3 1,4-二氯苯生产及应用相关环境标准

标准编号	限制要求	标准值
《车间空气中有害物质的最高允许浓度》(TJ 36—1979)	车间空气中有害物质的最高允许浓度	50mg/m^3
《大气污染物综合排放标准》(GB 20426—2006)	大气污染物综合排放标准	最高允许排放浓度 60mg/m^3
《石油化学工业污染物排放标准》(GB 31571—2015)	废气中有机特征污染物排放限值(氯苯类)	50mg/m^3
《大气污染物综合排放标准》(GB 16297—1996)	最高允许排放浓度	85mg/m^3
《地表水环境质量标准》(GB 3838—2002)	地表水环境质量标准	0.3mg/L
《城镇污水处理厂污染物排放标准》(GB 18918—2002)	污染物最高允许浓度	0.4mg/L
《生活饮用水标准》(GB 5749—2006)	生活饮用水标准	0.3mg/L
《杂环类农药工业水污染物排放标准》(GB 21523—2008)	水污染物特别排放限值(氯苯)	0.1mg/L
《污水海洋处置工程污染控制标准》(GB 18486—2001)	水污染排放限值(苯系物)	2.5mg/L
《污水综合排放标准》(GB 8978—1996)	污水综合排放标准	一级:0.4mg/L 二级:0.6mg/L 三级:1.0mg/L

续表

标准编号	限制要求	标准值
加拿大《饮用水水质标准》(1996)	饮用水水质标准最高允许浓度	0.005mg/L
《展览会用地土壤环境质量评价标准》(暂行)(HJ 350—2007)	A级标准为土壤环境质量目标值,代表了土壤未受污染的环境水平,符合A级标准的土壤可适用于各类土地利用类型 B级标准为土壤修复行动值,当某场地土壤污染监测值超过B级标准时,该场地必须实施土壤修复工程,使之符合A级标准	A级:27mg/kg B级:240mg/kg
《合成树脂工业污染物排放标准》(GB 31572—2015)	水污染物排放限值	0.4mg/L

5 环境监测方法

5.1 现场应急监测方法

现场应急监测可采用便携式气相色谱-光离子检测器法(《突发性环境污染事故应急监测与处理处置技术》,万本太主编)。

5.2 实验室监测方法

1,4-二氯苯的实验室监测方法见表14-4。

表14-4 1,4-二氯苯的实验室监测方法

监测方法	来源	类别
气相色谱法	《固体废弃物试验与分析评价手册》,中国环境监测总站等译	固体废物
气相色谱法	《水质 1,2-二氯苯、1,4-二氯苯、1,2,4-三氯苯的测定 气相色谱法》(GB/T 17131—1997)	水质
色谱/质谱法	美国EPA524.2方法①	水质
水质 挥发性卤代烃的测定 顶空气相色谱法	《水质 挥发性卤代烃的测定 顶空气相色谱法》(HJ 620—2011)	水质
环境空气 挥发性有机物的测定 吸附管采样-热脱附/气相色谱-质谱法	《环境空气 挥发性有机物的测定 吸附管采样-热脱附/气相色谱-质谱法》(HJ 644—2013)	大气
土壤和沉积物 挥发性有机物的测定 顶空/气相色谱法	《土壤和沉积物 挥发性有机物的测定 顶空/气相色谱法》(HJ 642—2013)	土壤和沉积物
大气固定污染源 氯苯类化合物的测定 气相色谱法	《大气固定污染源 氯苯类化合物的测定 气相色谱法》(HJ/T 66—2001)	大气
固体废物 挥发性有机物的测定 顶空/气相色谱-质谱法	《固体废物 挥发性有机物的测定 顶空/气相色谱-质谱法》(HJ 643—2013)	固体废物
环境空气 苯系物的测定 固体吸附/热脱附-气相色谱法	《环境空气 苯系物的测定 固体吸附/热脱附-气相色谱法》(HJ 583—2010)	大气

续表

监测方法	来源	类别
环境空气　挥发性有机物的测定　吸罐采样/气相色谱-质谱法	《环境空气　挥发性有机物的测定　吸罐采样/气相色谱-质谱法》(HJ 759—2015)	大气
水质　氯苯的测定　气相色谱法	《水质　氯苯的测定　气相色谱法》(HJ/T 74—2001)	水质
土壤和沉积物　挥发性芳香烃的测定　顶空/气相色谱法	《土壤和沉积物　挥发性芳香烃的测定　顶空/气相色谱法》(HJ 742—2015)	土壤和沉积物
土壤和沉积物　挥发性卤代烃的测定　吹扫捕集/气相色谱-质谱法	《土壤和沉积物　挥发性卤代烃的测定　吹扫捕集/气相色谱-质谱法》(HJ 735—2015)	土壤和沉积物
固体废物　挥发性有机物的测定　顶空-气相色谱法	《固体废物　挥发性有机物的测定　顶空-气相色谱法》(HJ 760—2015)	固体废物

① EPA524.2（4.1版）是为配合实施美国国家饮用水的EPA标准而制定的，该方法采用吹脱捕集装置，用GC/MS检测低浓度的被分析物质。在实际监测中，优先执行我国国家标准。

6　应急处理处置方法

6.1　泄漏应急处理

（1）应急行为　迅速撤离泄漏污染区人员至安全区，并进行隔离，严格限制出入。切断火源。

（2）应急人员防护　建议应急处理人员戴自给正压式呼吸器，穿防毒服，从上风处进入现场。尽可能切断泄漏源。防止进入下水道、排洪沟等限制性空间。

（3）环保措施　1,4-二氯苯为固体，易升华。1,4-二氯苯如洒落在土壤或地面上，可直接收入密封的金属容器或袋中，或倒到空旷地方掩埋，或作为废弃物进行焚烧；1,4-二氯苯如洒落在水中，可筑防护堤；洒落在空旷地方的1,4-二氯苯可就地掩埋。

（4）消除方法　用泡沫覆盖，降低蒸气灾害。喷雾状水或泡沫冷却和稀释蒸气，保护现场人员。用防爆泵转移至槽车或专用收集器内，回收或运至废物处理场所处置。

6.2　个体防护措施

（1）工程控制　严加密闭，提供充分的局部排风和全面通风。使用抗腐蚀的通风系统，并与其他排气系统分开。

（2）呼吸系统防护　可能接触其蒸气时，必须佩戴自吸过滤式防毒面具（半面罩）。紧急事态抢救或撤离时，佩戴自给式呼吸器。

（3）眼睛防护　戴安全防护眼镜。

（4）身体防护　穿防毒物渗透工作服。

（5）手防护　戴防化学品手套。

（6）其他　工作现场禁止吸烟、进食和饮水。工作完毕，沐浴更衣。单独存放被毒物污染的衣服，洗后备用。保持良好的卫生习惯。

6.3　急救措施

（1）皮肤接触　如果液体接触到皮肤，立刻以流动水和肥皂或温和的清洁剂清洗患部；

若已渗透衣服，立刻脱去衣服再用水和肥皂或温和的清洁剂清洗；如清洗后刺激感仍存在，应立即就医。

(2) 眼睛接触 立刻撑开眼皮，以大量水冲洗，立即就医。操作此化学品时不可戴隐形眼镜。

(3) 吸入 若吸入大量气体，应立即将患者移到空气新鲜处；若呼吸停止，进行人工呼吸，不可使用口对口人工呼吸法；如果患者呼吸困难的话，最好在医生指示下供给氧气；让患者保持温暖并休息；尽快就医。

(4) 食入 立即就医；如无法立即就医，则利用患者手指刺激其咽喉或灌入催吐糖浆，进行催吐；若患者已丧失意识，勿催吐。

(5) 灭火方法 雾状水、泡沫、二氧化碳、砂土、干粉。

6.4 应急医疗

(1) 诊断要点 根据短期接触较高浓度二氯苯的职业史和以中枢神经系统损害为主的临床表现，结合现场劳动卫生学调查，综合分析，排除其他病因所引起的类似疾病，方可诊断。

① 接触反应。短期接触较高浓度二氯苯后，出现头晕、头痛、乏力等中枢神经系统症状，可伴恶心、呕吐或眼及上呼吸道刺激症状，脱离接触后短时间消失。

② 轻度中毒。在接触反应的基础上，伴有下列症状：步态蹒跚；轻度意识障碍，如意识模糊、嗜睡状态、朦胧状态；轻度中毒性肝病；轻度中毒性肾病。

③ 重度中毒。出现下列一项表现者：中度或重度意识障碍；癫痫大发作样抽搐；脑局灶受损表现，如小脑性共济失调等；中度或重度中毒性肝病。

(2) 处理原则 医疗救护原则如下。

① 特异性解毒治疗。绝大部分有机溶剂无特异解毒剂，仅甲醇中毒时可服用50%左右乙醇，以阻碍甲醇代谢，减少其有毒代谢产物甲醛、甲酸生成。

② 非特异性解毒治疗。可使用各种可强化机体代谢、排泄、清除或解毒能力的药物或措施，如给氧，输注葡萄糖和维生素C、谷胱甘肽、葡萄糖醛酸等。

③ 利尿。有利于加强毒物排出，但应注意液体出入量平衡，防止低血容量休克发生。

④ 血液净化疗法。血液透析有助于不少有机溶剂的清除，如醇类、卤代烃等，但水溶性较低的有机溶剂，血液灌流的吸附解毒效果更强。

(3) 预防措施 作业场所施行密闭操作，加强通风。操作人员必须经过专门培训，严格遵守操作规程。操作人员应佩戴自吸过滤式防毒面具（半面罩），戴安全防护眼镜，穿防毒物渗透工作服，戴橡胶耐油手套。使用防爆型的通风系统和设备。防止蒸气泄漏到工作场所空气中。避免与氧化剂、铝接触。搬运时要轻装轻卸，防止包装及容器损坏。配备相应品种和数量的消防器材及泄漏应急处理设备。对从事该项作业工人应定期进行体检。

7 储运注意事项

7.1 储存注意事项

储存于阴凉、通风的库房。远离火种、热源。包装密封。应与氧化剂、铝、食用化学品分开存放，切忌混储。配备相应品种和数量的消防器材。储区应备有合适的材料收容泄漏物。

7.2 运输信息

危险货物编号：61679。

UN 编号：3077。

包装类别：O53。

包装方法：螺纹口玻璃瓶、铁盖压口玻璃瓶、塑料瓶或金属桶（罐）外普通木箱；螺纹口玻璃瓶、塑料瓶或镀锡薄钢板桶（罐）外满底板花格箱、纤维板箱或胶合板箱。

运输注意事项：运输前应先检查包装容器是否完整、密封，运输过程中要确保容器不泄漏、不倒塌、不坠落、不损坏。严禁与酸类、氧化剂、食品及食品添加剂混运。运输时运输车辆应配备相应品种和数量的消防器材及泄漏应急处理设备。防曝晒、雨淋，防高温。公路运输时要按规定路线行驶。

7.3 废弃

(1) 废弃处置方法 根据国家和地方有关法规的要求处置。用焚烧法处置。与燃料混合后，再焚烧。焚烧炉排出的卤化氢通过酸洗涤器除去。

(2) 废弃注意事项 处置前应参阅国家和地方有关法规。废物储存参见“储存注意事项”。

8 参考文献

[1] 中国环境监测总站.固体废弃物试验分析评价手册［M］.北京：中国环境科学出版社，1992.

[2] 江苏省环境监测中心.突发性污染事故中危险品档案库［DB］.

[3] 环境保护部.国家污染物环境健康风险名录（化学第一分册）［M］.北京：中国环境科学出版社，2011.

[4] 北京化工研究院环境保护所/计算中心.国际化学品安全卡（中文版）查询系统［DB］.2016.

[5] 张锦华.1,4-二氯苯对蛋白核小球藻的毒性效应研究［D］.太原：山西大学，2016.

[6] 张锦华，冯佳，吕俊平.1,4-二氯苯对四尾栅藻生长和光合色素的毒性效应［J］.山西农业科学，2016，44（3）：333-336.

[7] 戴青华，曹晓丹，孙向武.4-二氯苯降解菌的分离及其降解特性研究［J］.环境工程学报，2009，3（12）：2219-2223.

[8] Magdalena V Monferrán，José R Echenique，Daniel A Wunderlin. Degradation of chlorobenzenes by a strain of Acidovorax avenae isolated from a polluted aquifer［J］. Chemosphere，2005，61（1）：98-106.

1,2-二氯乙烷

1　名称、编号、分子式

1,2-二氯乙烷是一种工业上广泛使用的有机溶剂，由氯气与乙烯在金属催化剂存在下反应，然后蒸馏而得。乙烯与氯气直接合成法是以乙烯和氯气在1,2-二氯乙烷介质中进行氯化生成粗二氯乙烷以及少量多氯化物，加碱闪蒸除去酸性物及部分高沸物，用水洗涤至中性，共沸脱水，精馏，得成品；乙烯氧氯化法是以乙烯直接与氯气氧化生成二氯乙烷。由二氯乙烷裂解制氯乙烯时回收的氯化氢、预热至150～200℃的含氧气体（空气）和乙烯，通过载于氧化铝上的氯化铜催化剂，在压力0.0683～0.1033MPa、温度200～250℃下反应，粗产品经冷却（使大部分三氯乙醛和部分水冷凝）、加压、精制，得二氯乙烷产品；由石油裂解气或焦炉的乙烯直接氯化的方法。此外，在氯乙醇、环氧乙烷的生产中还副产有1,2-二氯乙烷。1,2-二氯乙烷基本信息见表15-1。

表15-1　1,2-二氯乙烷基本信息

中文名称	1,2-二氯乙烷
中文别名	乙撑二氯；亚乙基二氯；1,2-二氯化乙烯；二氯乙烷(对称)
英文名称	1,2-dichloroethane
英文别名	12-DCA；ethylene dichloride；dichloroethane；EDC；dutch liquid
UN号	1184
CAS号	107-06-2
ICSC号	0250
RTECS号	KI05250000
EC编号	602-012-00-7
分子式	$C_2H_4Cl_2$；$Cl(CH_2)_2Cl$
分子量	98.97

2　理化性质

1,2-二氯乙烷是一种较重的液体，它的蒸气有刺激性，燃烧的火焰有浓烟出现，其蒸气与空气形成爆炸性混合物，遇明火、高热能引起燃烧爆炸。1,2-二氯乙烷理化性质一览表见表15-2。

表 15-2 1,2-二氯乙烷理化性质一览表

外观与性状	无色或浅黄色透明液体,有类似氯仿的气味
熔点/℃	−35.5
沸点/℃	83.5
相对密度(水=1)	1.26
相对蒸气密度(空气=1)	3.35
饱和蒸气压(29.4℃)/kPa	13.33
燃烧热/(kJ/mol)	1244.8
临界温度/K	290
临界压力/MPa	5.36
辛醇/水分配系数的对数值	1.48
闪点/℃	13
引燃温度/℃	413
爆炸上限(体积分数)/%	16
爆炸下限(体积分数)/%	6.2
溶解性	水 8.69×10^3mg/L,20℃,可混溶于醇、醚、氯仿和酯
化学性质	与水接触生成氢氯酸。与强氧化剂、腐蚀剂、活泼金属、液氨或烷基氨化物发生反应。在温度超过600℃以上时,分解生成氯乙烯和氢氯酸。腐蚀塑料。在超高温下被水污染能腐蚀铁。也会引起静电积聚,点燃其蒸气

3 毒理学参数

(1) 急性毒性 大鼠经口半数致死剂量(LD_{50})670mg/kg;2800mg/kg(兔经皮);7h 大鼠吸入半数致死浓度(LC_{50})4050mg/m^3。

(2) 亚急性和慢性毒性 猴吸入 0.22g/m^3,7h/d,5d/周,125 次,无症状;4.11g/m^3,7h/d,5d/周,25～50 次,死亡率较高;大鼠吸入 4.11g/m^3,7h/d,5d/周,3～14 次,致死;豚鼠吸入 4.113g/m^3,7h/d,2 次,致死。

(3) 代谢 氯乙醇是1,2-二氯乙烷在温血动物体内的主要代谢物之一。哺乳动物的1,2-二氯乙烷代谢物还包含乙醇酸(glycolic acid)、草酸、二氧化碳、*S*,*S*-乙烯-二半胱氨酸(*S*,*S*-ethylene-bis-cysteine)。进入体内的1,2-二氯乙烷首先储存于脂肪组织中,以后(2d 内)从脂肪组织转移进入血液,由于酶的脱氢作用,代谢转化变成氯乙醇,氯乙醇是一种高毒化学物质。它进一步代谢可变成一氯乙酸,氯乙醛是介于氯乙烷与一氯乙酸之间的又一个中间代谢产物。在1,2-二氯乙烷代谢产物中,氯乙醇和一氯乙酸的毒性比二氯乙烷本身更大。

(4) 致突变性 大鼠吸入 1mg/m^3×4h/d×4 个月,骨髓细胞染色体畸变;大鼠吸入 10mg/m^3×4h/d×4 个月,骨髓细胞染色体畸变,染色体断裂。

(5) 致癌性 美国国家癌症研究院(NCI)研究发现,大白鼠和小白鼠每天分别给药量 47mg/kg 和 95mg/kg,平均78周,其观察周期分别如下:高剂量与低剂量的大白鼠组,分别为23周和32周,对小白鼠组为12～21周。在两种性别的大白鼠体内均发现扁平细胞癌。

而雄性大白鼠还患有皮下肿瘤癌，雌性大白鼠患乳腺癌。对小白鼠，不同性别均发现支气管癌。而对雌性小白鼠还患乳腺癌。IARC 致癌性评论：动物阳性，人类可疑。小/大鼠吸入 250ppm×7h/d×18 个月，终身未见肿瘤发病率增高；大鼠经口 25ppm×5d/周×78 周，致癌阳性。

(6) 生殖毒性 大鼠吸入最低中毒浓度（TCL_0）：300ppm（7h，孕 6～15d），引起植入死亡率增加。大鼠在交配前 6 个月和整个妊娠期内，暴露在浓度 57mg/m^3 的 1,2-二氯乙烷下，没有出现全身症状，只是生育力下降；年轻的大鼠表现为死胎率增加、胎儿出生体重减轻、围生期存活率低。没有发现第三代的生长发育异常的情况，每天 239mg/kg 的剂量接近口服剂量，而口服剂量是不影响生育力的。

(7) 刺激性 家兔经眼：63mg，重度刺激。家兔经皮开放性刺激试验：625mg，轻度刺激。

4 对环境的影响

4.1 主要用途

1,2-二氯乙烷于 1848～1849 年首先作为麻醉剂使用，于 1927 年才发现它有杀虫作用。1,2-二氯乙烷是杀菌剂稻瘟灵和植物生长调节剂矮壮素的中间体。主要用作氯乙烯、乙二醇、乙二酸、乙二胺、四乙基铅、多亚乙基多胺及联苯甲酰的原料。也用作油脂、树脂、橡胶的溶剂，干洗剂，农药除虫菊素、咖啡因、维生素、激素的萃取剂，湿润剂，浸透剂，石油脱蜡，抗震剂。在农业上可用作谷物的熏蒸剂、土壤的消毒剂等。还用于照相术、静电印刷、水软化中。

4.2 环境行为

(1) 代谢和降解 在环境中，二氯乙烷代谢生成氯乙酸的速度，随湿度与温度的增加而加快，在 90℃的湿空气中，二氯乙烷有 0.66%分解生成氯乙酸，当温度升高到 110℃和 140℃时，氯乙酸含量分别为 4%和 7%～12%。1,2-二氯乙烷在常温和干燥的环境中较难被降解。光与大气中氧气对纯品二氯乙烷很少发生影响，而含有杂质的工业品二氯乙烷受到光与氧气的联合作用可产生光气和某些聚合化学物。

(2) 迁移与转化 1,2-二氯乙烷主要进入大气，工业排放进入水体和土壤相对较少。20℃时 1,2-二氯乙烷的亨利定律常数为 1.1×10^3 atm·m^3/mol（1atm=101325Pa），它很容易自水体挥发进入大气。25℃时在浓度为 1mg/L 的水中挥发一半只需要 28～29min，挥发 90%只需要约 98min。因此排入水体中的 1,2-二氯乙烷主要挥发进入大气，它向底泥转移的可能性较小。1,2-二氯乙烷的 $\lg K_{oc}$ 值为 1.28～1.62，表明它被底泥或水体中的悬浮颗粒物吸附的能力小。其生物富集系数等于 2，通过食物链富集的可能性小。

土壤表层的 1,2-二氯乙烷可迅速挥发进入大气或下渗进入地下水。下层土壤中的 1,2-二氯乙烷向大气的挥发更慢，由于其密度较高，易于向下迁移污染地下水。大气中的 1,2-二氯乙烷主要通过与光化学反应生成的羟基自由基反应而降解，在被降解或被雨水冲刷清除之前能够迁移到较远的地方。

4.3 人体健康危害

(1) 暴露/侵入途径 吸入、食入、经皮吸收。

(2) 健康危害 对眼睛及呼吸道有刺激作用；吸入可引起肺水肿；抑制中枢神经系统，刺激胃肠道，引起肝、肾和肾上腺损害。皮肤与液体反复接触能引起皮肤干燥、脱屑和裂隙性皮炎。液体和蒸气还能刺激眼睛，引起严重损伤，包括角膜浑浊。吸入高浓度的蒸气能刺激黏膜，抑制中枢神经系统，引起眩晕、恶心、呕吐、精神错乱，有的可致肺水肿。还能刺激胃肠道，引起肝和肾的脂肪性病变，严重的直至死亡。

急性中毒表现有两种类型：一类为头痛、恶心、兴奋、激动，严重者很快发生中枢神经系统抑制而死亡；另一类以胃肠道症状为主，呕吐、腹痛、腹泻，严重者可发生肝坏死和肾病变。急性暴露能导致呼吸和循环衰竭而死亡。其尸体剖检呈现出大多数内脏损伤和广泛性出血。1,2-二氯乙烷遇热分解可产生光气，可引起急性光气中毒，浓度高时可“闪电式”死亡。

长期接触可出现头痛、失眠、乏力等神经症状以及咳嗽、腹泻等，也有肝肾损害、肌颤和眼球颤动。皮肤接触可出现干燥、皲裂和脱屑。

4.4 接触控制标准

中国 MAC（mg/m^3）：25。

前苏联 MAC（mg/m^3）：5。

TLVTN：OSHA 50ppm，100ppm（上限值）；ACGIH 10ppm，$40mg/m^3$。

1,2-二氯乙烷生产及应用相关环境标准见表 15-3。

表 15-3 1,2-二氯乙烷生产及应用相关环境标准

标准编号	限制要求	标准值
中国(GB 5749—2006)	生活饮用水卫生标准	0.03mg/L
中国(GB 3838—2002)	地表水环境质量标准	0.005mg/L
中国(TJ 36—1979)	车间空气中有害物质的最高容许浓度	$25mg/m^3$
中国(待颁布)	饮用水源中有害物质的最高容许浓度	0.03mg/L
中国(GHZB 1—1999)	地表水环境质量标准(Ⅰ、Ⅱ、Ⅲ类水域)	0.005mg/L
中国(HJ/T 25—1999)	工业企业土壤环境质量风险评价基准	522mg/kg
中国(HJ 350—2007)	展览会用地土壤环境质量评价标准	A 级:0.8mg/kg B 级:24mg/kg
日本环境标准(1993)	地面水	0.004mg/L
	废水	0.004mg/L
	土壤浸出液	0.004mg/L
欧盟(2004)	茶叶最大残留标准	0.02mg/kg

5 环境监测方法

5.1 现场应急监测方法

现场应急监测可采用直接进水样气相色谱法、快速检测管法、便携式气相色谱法（《突发性环境污染事故应急监测与处理处置技术》，万本太主编)。

5.2 实验室监测方法

1,2-二氯乙烷的实验室监测方法见表 15-4。

表 15-4 1,2-二氯乙烷的实验室监测方法

监测方法	来源	类别
溶剂解吸气相色谱法	《作业场所空气中 1,2-二氯乙烷的溶剂热解吸气相色谱测定方法》(WS/T 138—1999)	作业场所空气
无泵型采样气相色谱法	《作业场所空气中 1,2-二氯乙烷的无泵采样器气相色谱测定方法》(WS/T 154—1999)	作业场所空气
气相色谱法、吡啶-碱比色法	《空气中有害物质的测定方法》(第二版)，杭士平主编	空气
气相色谱法	《固体废弃物试验与分析评价手册》，中国环境监测总站等译	固体废物
硫氰酸汞比色法	《化工企业空气中有害物质测定方法》，化学工业出版社	化工企业空气
吹扫捕集-气相色谱法	陈辉.吹扫捕集-气相色谱法测定水中 1,2-二氯乙烷.污染防治技术，2009，(3)：105-106	水质
气相色谱/质谱联用仪	《展览会用地土壤环境质量评价标准》(HJ 350—2007)	土壤
色谱/质谱法	美国 EPA524.2 方法①	水质
顶空气相色谱法	《生活饮用水卫生规范》，中华人民共和国卫生部，2001 年	饮用水

① EPA524.2 (4.1 版) 是为配合实施美国国家饮用水的 EPA 标准而制定的，该方法采用吹脱捕集装置，用 GC/MS 检测低浓度的被分析物质。在实际监测中，优先执行我国国家标准。

6 应急处理处置方法

6.1 泄漏应急处理

(1) 应急行为 迅速撤离泄漏污染区人员至安全区，并进行隔离，严格限制出入。

(2) 应急人员防护 建议应急处理人员戴自给正压式呼吸器，穿一般作业工作服。

(3) 环保措施 从上风处进入现场。尽可能切断泄漏源，防止进入下水道、排洪沟等限制性空间。小量泄漏：用砂土或其他不燃材料吸附或吸收。大量泄漏：构筑围堤或挖坑收容；用泡沫覆盖，降低蒸气灾害。

(4) 消除方法 用防爆泵转移至槽车或专用收集器内，回收或运至废物处理场所处置。

6.2 个体防护措施

(1) 工程控制 密闭操作，局部排风。提供安全淋浴和洗眼设备。

(2) 呼吸系统保护 空气中浓度超标时，应该佩戴直接式防毒面具（半面罩）。紧急事态抢救或撤离时，佩戴空气呼吸器。

(3) 眼睛防护 戴安全防护眼镜。

(4) 防护服 穿防毒物渗透工作服。

(5) 手防护 戴防化学品手套。

(6) 其他 工作现场禁止吸烟、进食和饮水。工作完毕，沐浴更衣。注意个人清洁卫生。

6.3 急救措施

(1) 皮肤接触 脱去被污染的衣着，用肥皂水和清水彻底冲洗皮肤。

(2) 眼睛接触 提起眼睑，用流动清水或生理盐水冲洗。就医。

(3) 吸入 迅速脱离现场至空气新鲜处。保持呼吸道通畅。如呼吸困难，给输氧。如呼吸停止，立即进行人工呼吸。就医。

(4) 食入 洗胃。就医。

(5) 灭火方法 喷水冷却容器，可能的话将容器从火场移至空旷处。处在火场中的容器若已变色或从安全泄压装置中产生声音，必须马上撤离。灭火剂包括泡沫、干粉、二氧化碳、砂土。用水灭火无效。

6.4 应急医疗

(1) 诊断要点 此类物质的血浆浓度检验无临床意义。职业性急性1,2-二氯乙烷中毒诊断参照标准GBZ 39—2002。

① 由空气中吸入1,2-二氯乙烷蒸气3～12h后通常会出现中毒症状，严重暴露则可能造成昏迷、抽筋及肺水肿。

② 眼耳鼻喉方面。暴露在1,2-二氯乙烷下会导致上呼吸道刺激作用及鼻腔和口咽部的烧灼感，暂时性视觉模糊症状也可能出现。

③ 心脏血管方面。由空气中吸入高浓度1,2-二氯乙烷可能导致心室纤维化作用（ventricular fibrillation）。

④ 呼吸方面。长期暴露引起咳嗽，暴露量增加则可能演变成肺水肿，肺水肿可能在中毒4～5d后才出现，也可能造成呼吸加速及发绀。

⑤ 神经方面。出现头昏、头痛、意识模糊、昏睡、抽筋及昏迷，中毒晚期如果出现明显脑部缺氧，则可能造成器质性脑综合征（organic brain syndrome）及脑部锥体外系病变（extrapyramidal effects）。

⑥ 胃肠方面。出现恶心、呕吐、食欲不振及腹痛。

⑦ 肝脏方面。中毒晚期出现肝脏中毒症状。

⑧ 生殖泌尿方面。中毒晚期出现少尿、无尿及肾脏功能衰竭。

⑨ 血液方面。暴露在1,2-二氯乙烷下出现溶血现象。

(2) 处理原则

① 吸入中毒的治疗。

a. 脱离现场。将患者移到空气新鲜区域，注意其有无呼吸困难的表现；如果患者出现咳嗽或呼吸困难，则必须考虑其有无呼吸道刺激、支气管炎或肺炎症状；必须给予吸入100%湿度的纯氧以维持病人的通气顺畅。

b. 监视生命现象。心电图及尿液排出量的变化。

c. 抽筋的接触。静脉注射地西泮（安定，diazepam），剂量为：成人初剂量5～10mg，可每15min反复投入至30mg，小孩每一剂0.25～0.4mg/kg，最高每一剂10mg。如果抽筋不能控制，则加注苯妥英钠（phenytoin）或苯巴比妥。

d.肺水肿。维持患者通气顺畅及充足氧气的供应，并严密监视动脉血气体，如果病人血液氧压低于6666Pa，则必须以呼气末正压通气（PEEP）或呼吸道持续正压给氧（CPAP）急救；避免正净流液平衡（net positive fluid balance）；可经由中心插管（central line）或许旺盖兹管（Swan Ganz catheter）监视病人变化。

e.二巯基丙醇治疗。可用于有致命危险的病人以抑制巯基酶，但并未完全证实。

② 眼睛暴露治疗。暴露眼睛必须用大量微温清水冲洗至少15min，如果眼睛持续感到刺激，疼痛，肿胀，泪水分泌增加或畏光，则患者可能需要住院治疗。

③ 皮肤暴露治疗。移除所有被污染的衣服，并用肥皂及水彻底清洗暴露部位两次，起水疱部位必须以处理灼伤的方式来治疗。暴露部位清洗干净后，如果患部刺激感或疼痛感持续，则必须入院检查。

(3) 预防措施 由于1,2-二氯乙烷在环境中很稳定，可利用其易挥发的特点使其自然或人工强制挥发至大气中。当有大量气态1,2-二氯乙烷挥发弥散时，应疏散污染源下风向的人群，以防中毒。

7 储运注意事项

7.1 储存注意事项

储放于阴凉、通风仓间内。远离火种、热源。仓间温度不超过30℃。防止阳光直射。保持容器密封，应与氧化剂分开存放。储存间内的照明、通风等设施应采用防爆型，开关设在仓外。配备相应品种和数量的消防器材。罐储时要有防火防爆技术措施。禁止使用易产生火花的机械设备和工具。灌装时应注意流速（不超过3m/s），且有接地装置，防止静电积聚。

7.2 运输信息

危险货物编号：32035。

UN编号：1184。

包装类别：Ⅱ。

包装方法：小开口钢桶；螺纹口玻璃瓶、铁盖压口玻璃瓶、塑料瓶或金属桶（罐）外木板箱。

运输注意事项：铁路运输时应严格按照铁道部《危险货物运输规则》中的危险货物配备表进行装配。起运时包装要完整，装运要稳妥。运输过程中要确保容器不泄漏、不倒塌、不坠落、不损坏。运输时所用槽（罐）车应有接地链，槽内可设孔隔板以减少振荡产生静电。严禁与氧化剂、酸类、碱类、食用化学品等混装混运。公路运输时要按照规定路线行驶，勿在居民区和人口稠密区停留。

7.3 废弃

(1) 废弃处置方法 用焚烧法。废料同其他燃料混合后焚烧。燃烧要充分，防止生成光气。焚烧炉排气中的卤化氢通过酸洗涤器除去。

(2) 废弃注意事项 处置前应参阅国家和地方有关法规。

8 参考文献

[1] 中国环境监测总站.固体废弃物试验分析评价手册[M].北京：中国环境科学出版社，1992.

[2] 环境保护部.国家污染物环境健康风险名录（化学第一分册）[M].北京：中国环境科学出版社，2009：172-179.

[3] 北京化工研究院环境保护所/计算中心.国际化学品安全卡（中文版）查询系统[DB].2016.

[4] 杭士平.空气中有害物质的测定方法[M].第2版.北京：人民卫生出版社，1986.

[5]《化工企业空气中有害物质测定方法》编写组.化工企业空气中有害物质测定方法[M].北京：化学工业出版社，1983.

[6] 李思，王海兰，陈嘉斌，蒋龙元.急性1,2-二氯乙烷中毒发病机制与治疗方法研究进展[J].中国职业医学，2014，4(41)：214-219.

[7] 林子旭，林衡，谢丹，林娴，黄松斌，陈叙杰.汕头市玩具制造企业1,2-二氯乙烷职业健康风险评估[J].中国职业医学，2018，45(1)：111-115.

[8] 王小春，陈东之，金小君，陈建孟.1株1,2-二氯乙烷降解菌的分离及降解特性研究[J].环境科学，2012，33(10)：3620-3627.

二溴甲烷

1 名称、编号、分子式

二溴甲烷，又被称为甲基二溴，是一种卤代甲烷。通常可用三溴甲烷法、二氯甲烷法和溴氯甲烷溴化氢法等方法制得。二溴甲烷基本信息见表 16-1。

表 16-1 二溴甲烷基本信息

中文名称	二溴甲烷
中文别名	二溴化亚甲基;溴化次甲基;溴化亚甲基;亚甲基二溴
英文名称	Dibromomethane
英文别名	methylene dibromide; methane dibromo; methane
UN 号	2664
CAS 号	74-95-3
ICSC 号	0354
RTECS 号	PA7350000
EC 编号	602-003-00-8
分子式	CH_2Br_2
分子量	173.83

2 理化性质

二溴甲烷为无色或浅黄色液体，与乙醇、乙醚、丙酮互溶。二溴甲烷理化性质一览表见表 16-2。

表 16-2 二溴甲烷理化性质一览表

外观与性状	无色或浅黄色重质液体
熔点/℃	−52
沸点/℃	97
相对密度(水=1)	2.48
相对蒸气密度(空气=1)	6.05
饱和蒸气压(20℃)/kPa	4.05

续表

临界温度/℃	309.8
临界压力/MPa	7.15
辛醇/水分配系数的对数值	1.7
闪点/℃	96～98
溶解性	微溶于水，可混溶于乙醇、乙醚、丙酮、氯仿等
化学性质	化学性质稳定，燃烧可分解为一氧化碳、二氧化碳、溴化氢

3 毒理学参数

（1）急性毒性 LD_{50}：1000mg/kg（大鼠经口）。LC_{50}：40000mg/m^3，2h（大鼠吸入）。

（2）亚急性和慢性毒性 大鼠吸入1000ppm，54次，肝、肾损害，部分动物死亡。

（3）代谢 其溶于水，故易随尿液排出。

（4）中毒机理 吸入过多会损害肝脏。

（5）特殊毒性 Ames试验酿酒酵母菌D3极弱阳性。

（6）致突变性 沙门菌基因突变的微生物测试系统：100ng/plate。沙门菌基因突变的微生物测试系统：10μg/plate。仓鼠肺细胞遗传学分析试验系统：1μmol/L。

（7）危险特性 受高热分解产生有毒的溴化物气体。

4 对环境的影响

4.1 主要用途

二溴甲烷主要用作有机合成的原料，可作溶剂、制冷剂、阻燃剂和抗爆剂的组分；在医药工业上用作消毒剂和镇痛剂；还用于农药腈菌唑和其他有机合成等。

4.2 环境行为

二溴甲烷对环境有危害，对大气臭氧层有极强的破坏力。加热时，二溴甲烷分解生成溴化氢、溴，高毒和腐蚀性烟雾。溴化氢是一种强酸，对许多金属有腐蚀性。与氧化剂、碱粉末激烈反应。在一定条件下，与碱金属、铝粉、锌粉、镁粉和丙酮反应，有着火和爆炸危险。该物质可侵蚀某些塑料、橡胶和涂料。

4.3 人体健康危害

（1）暴露/侵入途径 吸入、食入。

（2）健康危害 本品蒸气具有麻醉性，并可能导致心律失常。反复接触可造成肝、肾损害。

4.4 接触控制标准

PC-TWA（mg/m^3）：10。

PC-STEL (mg/m^3)：10。

前苏联 MAC (mg/m^3)：10。

二溴甲烷生产及应用相关环境标准见表 16-3。

表 16-3　二溴甲烷生产及应用相关环境标准

标准编号	限制要求	标准值
中国(TJ 36—1979)	车间空气中有害物质最高容许浓度	0.3mg/m^3
中国(GB 15618—1995)	土壤环境质量标准	一级:0.05mg/kg 二级:0.5mg/kg 三级:1.0mg/kg
联合国规划署(1974)	保护水生生物淡水中农药的最大允许浓度	0.002μg/L
中国(GB 5749—1985)	生活饮用水水质标准	1μg/L
中国(GB/T 14848—1993)	地表水环境质量标准	Ⅰ类:不得检出 Ⅱ类:0.005mg/L Ⅲ类:1.0mg/L Ⅳ类:1.0mg/L Ⅴ类:>1.0mg/L
中国(GB 11607—1989)	渔业水质标准	0.001mg/L
中国(GB 3097—1997)	海水水质标准	Ⅰ类:0.00005mg/L Ⅱ类:0.0001mg/L Ⅲ类:0.0001mg/L Ⅳ类:0.0001mg/L
中国(GHZB 1—1999)	地表水环境质量标准(Ⅰ、Ⅱ、Ⅲ类水域有机化学物质特定项目标准值)	0.001mg/L
中国(GB 2763—1981)	食品卫生标准	粮食:0.2mg/kg 蔬菜、水果:0.1mg/kg 鱼:1mg/kg

5　环境监测方法

5.1　现场应急监测方法

现场应急监测可采用便携式气相色谱仪，不需要进行样品的预处理，直接对现场空气进行采样，采样时由内载气带入内部毛细管柱，采样时间一般为 10s。

5.2　实验室监测方法

二溴甲烷的实验室监测方法见表 16-4。

表 16-4　二溴甲烷的实验室监测方法

监测方法	来源	类别
气相色谱法	《固体废弃物试验与分析评价手册》,中国环境监测总站等译	固体废物
色谱/质谱法	《水和废水标准检验法》20 版,美国	水

续表

监测方法	来源	类别
色谱/质谱法	美国 EPA524.2 方法[①]	空气
顶空气相色谱法	《水质　挥发性卤代烃的测定　顶空气相色谱法》(HJ 620—2011)	地表水，地下水，饮用水，海水，工业废水和生活污水等水体

① EPA524.2（4.1 版）是为配合实施美国国家饮用水的 EPA 标准而制定的，该方法采用吹脱捕集装置，用 GC/MS 检测低浓度的被分析物质。在实际监测中，优先执行我国国家标准。

6　应急处理处置方法

6.1　泄漏应急处理

(1) 应急行为　迅速撤离泄漏污染区人员至安全区，并进行隔离，严格限制出入。切断火源。

(2) 应急人员防护　建议应急处理人员戴自给正压式呼吸器，穿消防防护服。

(3) 环保措施　尽可能切断泄漏源，防止进入下水道、排洪沟等限制性空间。

(4) 消除方法　小量泄漏：用砂土或其他不燃材料吸附或吸收。大量泄漏：构筑围堤或挖坑收容。用泡沫覆盖，降低蒸气灾害。用泵转移至槽车或专用收集器内，回收或运至废物处理场所处置。

6.2　个体防护措施

(1) 工程控制　严加密闭，提供充分的局部排风，提供安全淋浴和洗眼设备。

(2) 呼吸系统防护　空气中浓度超标时，应选择佩戴自吸过滤式防毒面具（半面罩）。紧急事态抢救或撤离时，佩戴氧气呼吸器。

(3) 眼睛防护　戴化学安全防护眼镜。

(4) 身体防护　穿透气型防毒服。

(5) 手防护　戴防化学品手套。

(6) 其他　工作现场禁止吸烟、进食和饮水。工作完毕，沐浴更衣。单独存放被毒物污染的衣服，洗后备用。注意个人清洁卫生。

6.3　急救措施

(1) 皮肤接触　脱去被污染的衣着，用肥皂水和清水彻底冲洗皮肤。

(2) 眼睛接触　提起眼睑，用流动清水或生理盐水冲洗，就医。

(3) 吸入　迅速脱离现场至空气新鲜处。保持呼吸道通畅。如呼吸困难，给输氧。如呼吸停止，立即进行人工呼吸。就医。

(4) 食入　饮足量温水，催吐，就医。

(5) 灭火方法　消防人员必须佩戴防毒面具、穿全身消防服。

6.4　应急医疗

(1) 诊断要点　血液病，心律不齐，通过置换空气，作用类似单纯的窒息，头晕，定向障碍，头痛，兴奋，中枢神经系统抑制。

(2) 处理原则

① 皮肤接触者应该立即脱去被污染的衣着，用肥皂水和清水彻底冲洗皮肤。

② 吸入者迅速脱离现场至空气新鲜处。保持呼吸道通畅。如呼吸困难，给输氧。如呼吸停止，立即进行人工呼吸。

③ 误食者饮足量温水，催吐。

(3) 预防措施

① 避免吸入粉尘、烟、气体、烟雾、蒸气、喷雾。

② 只能在室外或通风良好之处使用。

③ 避免释放到环境中。

7 储运注意事项

7.1 储存注意事项

储存于阴凉、通风仓间内。远离火种、热源。保持容器密封。避免与氧化剂、铝、金属粉末接触，切忌混储。储区应备有泄漏应急处理设备和合适的收容材料。搬运时要轻装轻卸，防止包装及容器损坏。

7.2 运输信息

危险货物编号：61561。

UN 编号：2664。

包装类别：Ⅲ。

包装方法：小开口钢桶；螺纹口玻璃瓶、铁盖压口玻璃瓶、塑料瓶或金属桶（罐）外普通包装方法：木箱；螺纹口玻璃瓶、塑料瓶或镀锡薄钢板桶（罐）外满底板花格箱、纤维板箱或胶合板箱。

运输注意事项：铁路运输时应严格按照铁道部《危险货物运输规则》中的危险货物配装表进行配装。运输前应先检查包装容器是否完整、密封，运输过程中要确保容器不泄漏、不倒塌、不坠落、不损坏。严禁与酸类、氧化剂、食品及食品添加剂混运。运输时运输车辆应配备相应品种和数量的消防器材及泄漏应急处理设备。运输途中应防曝晒、雨淋，防高温。公路运输时要按规定路线行驶。

7.3 废弃

(1) 废弃处置方法 建议用焚烧法处置，焚烧炉排出的卤化氢通过酸洗涤器除去。

(2) 废弃注意事项 处置前应参阅国家和地方有关法规。废物储存参见“储存注意事项”。

8 参考文献

[1] 天津市固体废物及有毒化学品管理中心. 危险化学品环境数据手册 [M]. 天津：天津市固体废物及有毒化学品管理中心，2005：219-221.

[2] 中国环境监测总站. 固体废弃物试验分析评价手册 [M]. 北京：中国环境科学出版社，1992.

[3] 美国公共卫生协会.水和废水标准检验法［M］.北京：中国建筑工业出版社，1985.

[4] 李迎堂，肖光.二溴甲烷产品合成工艺改进研究［J］.盐科学与化工，2010，39（3）：30-32.

[5] 张基美，丁茂柏.溴甲烷的毒理与中毒临床［J］.中国职业医学，1994，（2）：43-45.

[6] 侯光萍，任永清，姜峰杰，等.职业性急性溴甲烷中毒6例临床报告［J］.潍坊医学院学报，1997，（2）：138-139.

[7] 任永清，王作尚，王增林，等.职业性急性溴甲烷中毒后遗神经系统损害1例报告［J］.中国工业医学杂志，1995，（1）：58-59.

[8] 北京化工研究院环境保护所/计算中心.国际化学品安全卡（中文版）查询系统［DB］.2016.

1,2-二溴乙烷

1 名称、编号、分子式

1,2-二溴乙烷为无色液体，有挥发性，有毒。性质较为稳定，常与四乙基铅同时加在汽油中，可使燃烧后产生的氧化铅变为具有挥发性的溴化铅，从内燃机中排出。可由乙烯与溴加成制得。1,2-二溴乙烷基本信息见表 17-1。

表 17-1 1,2-二溴乙烷基本信息

中文名称	1,2-二溴乙烷
中文别名	二溴乙烷
英文名称	1,2-dibromoethane
英文别名	ethylene dibromide
UN 号	1605
CAS 号	106-93-4
ICSC 号	0045
RTECS 号	KH9275000
EC 编号	602-010-00-6
分子式	$C_2H_4Br_2$
分子量	189.7

2 理化性质

1,2-二溴乙烷微溶于水，溶于乙醇、乙醚、氯仿、丙酮等有机溶剂。用作脂肪、油、树脂等的溶剂，谷物和水果等的杀菌剂，木材的杀虫剂等。常温下比较稳定，但在光照下能缓缓分解为有毒物质。能与乙醇、乙醚、四氯化碳、苯、汽油等多种有机溶剂互溶，并形成共沸混合物，溶于约 250 倍的水。有氯仿气味，能乳化。与液氨混合至室温会发生爆炸。可发生消去反应生成溴乙烯，进一步消去得到乙炔。水解可得乙二醇。1,2-二溴乙烷理化性质一览表见表 17-2。

表 17-2　1,2-二溴乙烷理化性质一览表

外观与性状	无色液体,有挥发性,有毒
熔点/℃	9.3
沸点/℃	131.4
相对密度(水=1)	2.17
相对蒸气密度(空气=1)	6.48
饱和蒸气压(30℃)/kPa	2.32
爆炸极限	遇明火、高温可燃
辛醇/水分配系数的对数值	1.93
溶解性	微溶于水,可混溶于多数有机溶剂
稳定性	稳定

3　毒理学参数

(1) 急性毒性　LD_{50}：108mg/kg（大鼠经口）；300mg/kg（兔经皮）。LC_{50}：0.384g/m^3（大鼠吸入）；人经口 140mg/kg，致死。

(2) 亚急性和慢性毒性　大鼠/兔吸入 0.768g/m^3×7h/d×5d/周×6 个月，试验动物死亡率较对照组高，存活动物的肺、肝、肾重量增加。

(3) 中毒机理　可经由呼吸、接触与食入引起人体中毒，造成人体生殖系统的伤害，影响中枢神经系统。

(4) 致癌性　大鼠吸入 20ppm×7h/d×18 个月，会生成肝细胞癌及肝血管肉瘤等。

(5) 致突变性　微生物致突变：鼠伤寒沙门菌 500nmol/皿；大肠杆菌 20μL/皿。姊妹染色体交换：人淋巴细胞 10nmol/L。

(6) 生殖毒性　大鼠吸入最低中毒浓度（TCL_0）：80ppm（24h），致胎鼠死亡。大鼠吸入最低中毒浓度（TCL_0）对睾丸、附睾、输精管、性腺、尿道及雄性生育指数有影响。

(7) 刺激性　皮肤-兔子：1%/14d，重度。眼睛-兔子：1%，中度。

(8) 危险特性　受高热分解产生有毒的溴化物气体。与强氧化剂接触可发生化学反应。燃烧（分解）产物是溴化氢。

4　对环境的影响

4.1　主要用途

1,2-二溴乙烷用作乙基化试剂、溶剂；农业上用作杀线虫剂、合成植物生长调节剂；医药上用作合成二乙基溴苯乙腈中间体，溴乙烯、亚乙烯基二溴苯阻燃剂；还用作汽油抗震液中铅的消除剂、金属表面处理剂和灭火剂等。车用汽油采用二溴乙烷与二氯乙烷的混合物以降低成本，而航空汽油则用纯二溴乙烷。

4.2　环境行为

1,2-二溴乙烷在土壤中半衰期时间最高达 4320h，最低达 672h；1,2-二溴乙烷在空气半

衰期时间最高达2567h，最低达257h；1,2-二溴乙烷在地表水半衰期时间最高达4320h，最低达672h；1,2-二溴乙烷在地下水半衰期时间最高达2880h，最低达470h；1,2-二溴乙烷在水相生物中降解在好氧情况下降解最高时间为4320h，降解最低时间为672h；1,2-二溴乙烷在水相生物中降解在厌氧情况下降解最高时间为360h，降解最低时间为48h；1,2-二溴乙烷在空气中光氧化的半衰期最长时间为2567h，最短时间为257h；1,2-二溴乙烷的一级水解半衰期时间为19272h。

该物质对环境有危害，对大气臭氧层有极强破坏力。对哺乳动物和鸟类应给予特别的关注。1,2-二溴乙烷工业排放产生的浓度较高，但在整个大气圈中仍处于较低浓度。在高流量地区汽车也可能产生1,2-二溴乙烷，1,2-二溴乙烷泄漏到农业用地可能导致1,2-二溴乙烷淋溶到地下水中，在地下水中1,2-二溴乙烷可能污染孔隙水或其他水源。

4.3 人体健康危害

(1) 暴露/侵入途径 吸入、食入、经皮吸收。

(2) 健康危害 具有中毒麻醉作用。对皮肤黏膜有刺激作用，重者可导致肺炎和肺水肿。对中枢神经有抑制作用。可导致肝、肾损害。

急性中毒可有头疼、头晕、耳鸣、全身无力、面色苍白、恶心、呕吐，可死于心力衰竭。引起皮炎和结膜炎。

4.4 接触控制标准

1,2-二溴乙烷生产及应用相关环境标准见表17-3。

表17-3 1,2-二溴乙烷生产及应用相关环境标准

标准编号	限制要求	标准值
美国车间卫生标准	嗅觉阈浓度	26ppm

5 环境监测方法

5.1 现场应急监测方法

现场应急监测可采用便携式气相色谱-光离子检测器法，用专用注射器采集现场气样，注入便携式气相色谱仪，可在现场用外标法进行定性定量测定。

5.2 实验室监测方法

1,2-二溴乙烷的实验室监测方法见表17-4。

表17-4 1,2-二溴乙烷的实验室监测方法

监测方法	来源	类别
气相色谱法	《水和废水标准检验法》19版译文	水质
吸附管采样-热脱附/气相色谱-质谱法	《环境空气 挥发性有机物的测定 吸附管采样-热脱附/气相色谱-质谱法》(HJ 644—2013)	水质

续表

监测方法	来源	类别
顶空气相色谱法	《水质　挥发性卤代烃的测定　顶空气相色谱法》(HJ 620—2011)	环境空气
吸罐采样/气相色谱-质谱法	《环境空气　挥发性有机物的测定　吸罐采样/气相色谱-质谱法》(HJ 759—2015)	大气
顶空/气相色谱-质谱法	《土壤和沉积物　挥发性卤代烃的测定　顶空/气相色谱-质谱法》(HJ 736—2015)	土壤和沉积物
顶空/气相色谱法	《土壤和沉积物　挥发性有机物的测定　顶空/气相色谱法》(HJ 642—2013)	土壤和沉积物
吹扫捕集/气相色谱-质谱法	《土壤和沉积物　挥发性卤代烃的测定　吹扫捕集/气相色谱-质谱法》(HJ 735—2015)	土壤和沉积物
顶空/气相色谱-质谱法	《固体废物　挥发性有机物的测定　顶空/气相色谱-质谱法》(HJ 643—2013)	固体废物
顶空/气相色谱-质谱法	《固体废物　挥发性卤代烃的测定　顶空/气相色谱-质谱法》(HJ 643—2013)	固体废物
顶空-气相色谱法	《固体废物　挥发性有机物的测定　顶空-气相色谱法》(HJ 760—2015)	固体废物

6　应急处理处置方法

6.1　泄漏应急处理

(1) 应急行为　迅速撤离泄漏污染区人员至安全区，并进行隔离，严格限制出入。切断火源。

(2) 应急人员防护　建议应急处理人员戴自给正压式呼吸器，穿防毒服，从上风处进入现场。尽可能切断泄漏源。防止进入下水道、排洪沟等限制性空间。

(3) 环保措施　小量泄漏：用砂土、蛭石或其他惰性材料吸收。大量泄漏：构筑围堤或挖坑收容。用泡沫覆盖，降低蒸气灾害。

(4) 消除方法　用泡沫覆盖，降低蒸气灾害。喷雾状水或泡沫冷却和稀释蒸气，保护现场人员。用防爆泵转移至槽车或专用收集器内，回收或运至废物处理场所处置。

6.2　个体防护措施

(1) 工程控制　严加密闭，提供充分的局部排风和全面通风。

(2) 呼吸系统防护　空气中浓度超标时，应选择佩戴自吸过滤式防毒面具（半面罩）。

(3) 眼睛防护　戴安全防护眼镜。

(4) 身体防护　穿透气型防毒服。

(5) 手防护　戴防化学品手套。

(6) 其他　工作现场禁止吸烟、进食和饮水。工作完毕，沐浴更衣。单独存放被毒物污染的衣服，洗后备用。保持良好的卫生习惯。

6.3 急救措施

(1) 皮肤接触 脱去被污染的衣着，用肥皂水和清水彻底冲洗皮肤。就医。

(2) 眼睛接触 提起眼睑，用流动清水或生理盐水冲洗，就医。

(3) 吸入 迅速脱离现场至空气新鲜处。保持呼吸道通畅。如呼吸困难，给输氧。如呼吸停止，立即进行人工呼吸。就医。

(4) 食入 饮足量温水，催吐，就医。

(5) 灭火方法 消防人员必须佩戴防毒面具、穿全身消防服。灭火剂包括泡沫、干粉、二氧化碳、砂土。

6.4 应急医疗

(1) 诊断要点

① 有无明确化工物质接触史。

② 检测现场有毒气体浓度。

③ 患者临床表现。吸入高浓度蒸气会引起中枢神经麻痹，主要损害肝脏，其次是肾脏。本品经呼吸道和消化道吸收，经皮肤吸收的可能性不大。

(2) 处理原则 吸入中毒的治疗：急性吸入中毒主要采取一般急救措施和对症处理。迅速将患者移离现场，脱去被污染衣物，呼吸新鲜空气，根据病情需要给氧或人工呼吸，可注射中枢神经兴奋剂。眼和皮肤接触，立刻用流动清水或生理盐水冲洗。

(3) 预防措施 作业场所施行密闭操作，加强通风。操作人员必须经过专门培训，严格遵守操作规程。操作人员应佩戴自吸过滤式防毒面具（半面罩），戴安全防护眼镜，穿防毒物渗透工作服，戴橡胶耐油手套。使用防爆型的通风系统和设备。防止蒸气泄漏到工作场所空气中。避免与氧化剂、铝接触。搬运时要轻装轻卸，防止包装及容器损坏。配备相应品种和数量的消防器材及泄漏应急处理设备。对从事该项作业工人应定期进行体检。

7 储运注意事项

7.1 储存注意事项

储存于阴凉、通风的库房。远离火种、热源。保持容器密封。应与氧化剂、铝、食用化学品分开存放，切忌混储。配备相应品种和数量的消防器材。储区应备有泄漏应急处理设备和合适的收容材料。

7.2 运输信息

危险货物编号：61565。

UN 编号：1605。

包装类别：Ⅱ。

包装方法：小开口钢桶；螺纹口玻璃瓶、铁盖压口玻璃瓶、塑料瓶或金属桶（罐）外普通木箱；螺纹口玻璃瓶、塑料瓶或镀锡薄钢板桶（罐）外满底板花格箱、纤维板箱或胶合板箱。

运输注意事项：运输前应先检查包装容器是否完整、密封，运输过程中要确保容器不泄漏、不倒塌、不坠落、不损坏。严禁与酸类、氧化剂、食品及食品添加剂混运。运输时运输车辆应配备相应品种和数量的消防器材及泄漏应急处理设备。防曝晒、雨淋，防高温。公路运输时要按规定路线行驶。

7.3 废弃

(1) 废弃处置方法 根据国家和地方有关法规的要求处置。用焚烧法处置。与燃料混合后，再焚烧。焚烧炉排出的卤化氢通过酸洗涤器除去。

(2) 废弃注意事项 处置前应参阅国家和地方有关法规。废物储存参见“储存注意事项”。

8 参考文献

［1］ 美国公共卫生协会. 水和废水标准检验法［M］. 北京：中国建筑工业出版社，1985.

［2］ 江苏省环境监测中心. 突发性污染事故中危险品档案库［DB］.

［3］ 环境保护部. 国家污染物环境健康风险名录（化学第一分册）［M］. 北京：中国环境科学出版社，2011.

［4］ 北京化工研究院环境保护所/计算中心. 国际化学品安全卡（中文版）查询系统［DB］. 2016.

［5］ 邹晓春，吴礼康，徐小作，李红华. 工作场所空气中 1,2-二溴乙烷气相色谱测定方法研究［J］. 现代预防医学，2005，32（12）：1601-1604.

二乙二醇

1 名称、编号、分子式

二乙二醇又名二甘醇，外观为无色透明、无机械杂质的液体。通常由碳酸亚乙酯与甲醇作用而制得，是环氧乙烷水合制乙二醇时的副产品。二乙二醇基本信息见表 18-1。

表 18-1 二乙二醇基本信息

中文名称	二乙二醇
中文别名	二甘醇；2,2′-氧代二乙醇；二羟二乙醚；二乙二醇醚；一缩二乙二醇；防冻剂 DEG；二丙醇；双甘醇二(羟乙基)醚；二仲乙甘醇
英文名称	diethylene glycol
英文别名	2-(2-hydroxyethoxy)ethanol；2,2′-oxyethanol；2,2′-dihydroxyethyl ether；3-oxa-1,5-pentanediol；bis(beta-hydroxyethyl) ether；brecolane NDG
UN 号	2369
CAS 号	111-46-6
ICSC 号	0619
RTECS 号	ID5950000
分子式	$C_4H_{10}O_3$
分子量	106.12

2 理化性质

二乙二醇为无色透明、具有吸湿性的黏稠液体，有辛辣气味。是有吸水性的油状液体。无腐蚀性，易燃，低毒。二乙二醇理化性质一览表见表 18-2。

表 18-2 二乙二醇理化性质一览表

外观与性状	无色、无臭、透明、吸湿性的黏稠液体，有着辛辣的甜味
熔点/℃	−10.5
沸点/℃	245
相对密度(水=1)	1.118
相对蒸气密度(空气=1)	2.14
饱和蒸气压(20℃)/kPa	<0.0013

续表

燃烧热/(kJ/mol)	2380.2
临界温度/℃	476.85
临界压力/MPa	4.7
辛醇/水分配系数的对数值	0.25
闪点/℃	143
引燃温度/℃	228
爆炸上限(体积分数)/%	22
爆炸下限(体积分数)/%	0.7
溶解性	能与水、乙醇、乙二醇、丙酮、氯仿、糠醛等混溶。 与乙醚、四氯化碳、二硫化碳、直链脂肪烃、芳香烃等不混溶
化学性质	易燃,低毒。具有醇、醚的一般化学性质
稳定性	稳定

3 毒理学参数

(1) 急性毒性 LD_{50}：12565mg/kg（大鼠经口）；11890mg/kg（兔子经皮）。

(2) 亚急性和慢性毒性 人一次口服致死量估计为1mL/kg。服用二甘醇后约24h出现恶心、呕吐、腹痛、腹泻等肠胃道症状。

(3) 代谢 进入人体后，可通过人体代谢迅速排出，无明显蓄积性。长期给动物投药可发生膀胱草酸钙结石，所以二乙二醇代谢产生草酸。

(4) 中毒机理 属微毒类。可经皮吸收，对皮肤黏膜刺激小。与乙二醇相似，对中枢神经系统有抑制作用。能引起肾脏病理改变及尿路结石。

(5) 刺激性 兔子经皮：500mg，轻度刺激。兔子经眼：50mg，轻度刺激。人经皮：112mg/3d（间歇），轻度刺激。

(6) 致癌性 本品不是IARC规定的致癌物。用纯度为97%的DEG（不含乙烯乙二醇）进行108周的大鼠慢性致癌试验。试验组饮用DEG水溶液，浓度分别为1.25%和2.5%，对照组饮用自来水。试验结果发现，大鼠体重随饮水量的上升而有轻度下降，在尿中未检出草酸盐沉淀物。肉眼观察、组织病理、血清和尿样化验等结果与对照组无显著差别，未发现DEG有致癌和促癌作用。

(7) 危险特性 遇明火、高热可燃。

4 对环境的影响

4.1 主要用途

二乙二醇主要用作气体脱水剂和芳香烃萃取溶剂，也用作硝酸纤维素、树脂、油脂、印刷油墨等的溶剂，纺织品的软化剂、整理剂，以及从煤焦油中萃取香豆酮和茚等；用于制备增塑剂，也用作萃取剂、干燥剂、保温剂、柔软剂和溶剂等；还用作气相色谱固定液，适用于水溶液分析，选择性与聚乙二醇相似，用于分析含氧化合物（特别是醇）、苯胺、脂肪胺、吡啶及喹啉。

4.2 环境行为

(1) 残留与蓄积 容易残留于环境尤其是水环境，造成大量蓄积。

(2) 迁移转化 随水迁移，流动性大。

4.3 人体健康危害

(1) 暴露/侵入途径 吸入、食入、经皮吸收。

(2) 健康危害 口服引起恶心、呕吐、腹痛、腹泻及肝、肾损害，可致死。尸检发现主要损害肾脏、肝脏。

4.4 接触控制标准

前苏联 MAC（mg/m^3）：10。

二乙二醇生产及应用相关环境标准见表 18-3。

表 18-3 二乙二醇生产及应用相关环境标准

标准编号	限制要求	标准值
中国(TJ 36—1979)	车间空气中有害物质的最高容许浓度	$2mg/m^3$[皮]
中国(GB 16297—1996)	大气污染物综合排放标准	最高允许排放浓度：$22mg/m^3$；$26mg/m^3$ 最高允许排放速率：二级 0.77～16kg/h；0.91～19kg/h；三级 1.2～25kg/h；1.4～29kg/h 无组织排放监控浓度限值：$0.60mg/m^3$；$0.75mg/m^3$
中国(待颁布)	饮用水源中有害物质的最高容许浓度	2.0mg/L
中国(GB 11607—1989)	渔业水质标准	0.5mg/L
中国(GHZB 1—1999)	地表水环境质量标准(Ⅰ、Ⅱ、Ⅲ类水域特定值)	0.000058mg/L
中国(GB 8978—1996)	污水综合排放标准	一级：2.0mg/L 二级：5.0mg/L 三级：5.0mg/L
中国(TJ 36—1979)	居住区大气中有害物质的最高容许浓度	$0.05mg/m^3$(日均值)

5 环境监测方法

5.1 现场应急监测方法

现场应急监测可采用便携式气相色谱仪，不需要进行样品的预处理，直接对现场空气进行采样，采样时由内载气带入内部毛细管柱，采样时间一般为 10s。

5.2 实验室监测方法

二乙二醇的实验室监测方法见表 18-4。

表 18-4　二乙二醇的实验室监测方法

监测方法	来源	类别
纳氏试剂比色法	《化工企业空气中有害物质测定方法》，化学工业出版社	化工企业空气
纳氏试剂比色法	《水质分析大全》，张宏陶等编	水质
气相色谱法	《固体废弃物试验与分析评价手册》，中国环境监测总站等译	固体废物

6　应急处理处置方法

6.1　泄漏应急处理

（1）应急行为　迅速撤离泄漏污染区人员至安全区，并进行隔离，严格限制出入。切断火源。

（2）应急人员防护　建议应急处理人员戴自吸过滤式防毒面具（全面罩），穿防毒服。

（3）环保措施　尽可能切断泄漏源。防止流入下水道、排洪沟等限制性空间。

（4）消除方法　小量泄漏：用砂土、蛭石或其他惰性材料吸收。也可以用大量水冲洗，洗水稀释后放入废水系统。大量泄漏：构筑围堤或挖坑收容。用泵转移至槽车或专用收集器内，回收或运至废物处理场所处置。

6.2　个体防护措施

（1）工程控制　密闭操作，注意通风。操作人员必须经过专门培训，严格遵守操作规程。建议操作人员佩戴自吸过滤式防毒面具（半面罩），戴化学安全防护眼镜，穿防毒物渗透工作服，戴防化学品手套。远离火种、热源，工作场所严禁吸烟。使用防爆型的通风系统和设备。

（2）呼吸系统防护　空气中浓度超标时，建议佩戴自吸过滤式防毒面具（半面罩）。

（3）眼睛防护　空气中浓度较高时，佩戴化学安全防护眼镜。

（4）身体防护　穿防毒物渗透工作服。

（5）手防护　戴防化学品手套。

（6）其他　工作现场严禁吸烟。避免长期反复接触。定期体检。保持良好的卫生习惯。

6.3　急救措施

（1）皮肤接触　脱去污染的衣着，用大量流动清水冲洗。

（2）眼睛接触　立刻用大量清水冲洗 15min 以上。就医。

（3）吸入　脱离现场至空气新鲜处。如呼吸停止，施行人工呼吸。如呼吸困难，给输氧。就医。

（4）食入　给服 2 杯水，催吐。昏迷者禁食。就医。

（5）灭火方法　尽可能将容器从火场移至空旷处。喷水保持火场容器冷却，直至灭火结束。处在火场中的容器若已变色或从安全泄压装置中产生声音，必须马上撤离。用水喷射溢出液体，使其稀释成不燃性混合物，并用雾状水保护消防人员。

6.4 应急医疗

(1) 诊断要点 大多数病例在服上述药物后约24h发生胃肠道症状，如恶心、呕吐、腹痛、腹泻，致死者随之出现头痛、肾区叩痛、一时性多尿，然后少尿、嗜睡、面部轻度浮肿。部分患者有轻度黄疸。尿中有蛋白、管型，偶见白细胞。血非蛋白氮升至142.6mmol/L。有的病例肌酐升至8.6mmol/L。尸检发现主要损害在肾脏和肝脏。

(2) 处理原则 由于二甘醇中毒还没有特效解毒药，对于诊断及时的患者，可采用催吐、给予活性炭、洗胃等方法，尽量去除存在于胃肠道的二甘醇。据国外文献报道可使用醇脱氢酶抑制药，有可能阻止二甘醇氧化为毒性更大的草酸盐等。如经静脉注射醇脱氢酶抑制药4-甲基吡唑抢救服二甘醇自杀的一名妇女获得成功，此类药物可作候选药物。

另外，注射乙醇注射液，乙醇可与二甘醇竞争性地争夺醇脱氢酶，从而抑制进入到体内的二甘醇代谢为毒性更强的代谢产物；血液透析也是抢救二甘醇较为有效的治疗方法，但是在血液透析的同时，应注意维持乙醇的血清浓度在一定的水平。

(3) 预防措施 远离火种、热源，工作场所严禁吸烟。使用防爆型的通风系统和设备。防止蒸气泄漏到工作场所空气中。避免与氧化剂、酸类接触。搬运时轻装轻卸，防止包装破损。配备相应品种和数量的消防器材及泄漏应急处理设备。倒空的容器可能残留有害物。

7 储运注意事项

7.1 储存注意事项

储存于阴凉、通风的库房。远离火种、热源。应与氧化剂、酸类分开存放，切忌混储。配备相应品种和数量的消防器材。储区应备有泄漏应急处理设备和合适的收容材料。

7.2 运输信息

危险货物编号：61952。

UN编号：2369。

包装类别：Ⅲ。

包装方法：二乙二醇吸水性很强，应装于干燥、清洁的专用不锈钢、铝制或内壁喷铝的容器中，也可装于镀锌铁桶中，桶口应予密闭，防止碰撞。

运输注意事项：运输前应先检查包装容器是否完整、密封，运输过程中要确保容器不泄漏、不倒塌、不坠落、不损坏。严禁与氧化剂、酸类等混装混运。船运时，应与机舱、电源、火源等部位隔离。公路运输时要按规定路线行驶。

7.3 废弃

(1) 废弃处置方法 建议用焚烧法处置。

(2) 废弃注意事项 处置前应参阅国家和地方有关法规。

8 参考文献

[1] 环境保护部.国家污染物环境健康风险名录（化学第一分册）.北京：中国环境科学出版社，2009.

［2］ 张寿林，等.急性中毒诊断与急救［M］.北京：化学工业出版社，1996.

［3］《化工企业空气中有害物质测定方法》编写组.化工企业空气中有害物质测定方法［M］.北京：化学工业出版社，1983.

［4］ 张宏陶.水质分析大全［M］.重庆：科学技术文献出版社重庆分社，1989.

［5］ 中国环境监测总站.固体废弃物试验分析评价手册［M］.北京：中国环境科学出版社，1992.

［6］ 李军，吴美玲.二甘醇的综合利用进展［J］.精细石油化工，2009，26（6）：73-77.

［7］ 项翠琴，顾祖维.二乙二醇的毒性及其卫生标准［J］.毒理学杂志，1998，（4）：243-245.

［8］ 冯学鹏，王猛.二乙二醇产品质量分析［J］.数字化用户，2017，23（44）：259.

［9］ 刘浚卿，贾宝山.二乙二醇在醇酸树脂中的应用［J］.河南化工，1987，（4）：22-23.

［10］ 鸿.甘油的代用品二乙二醇［J］.浙江化工，1986，（4）：63.

［11］ 北京化工研究院环境保护所/计算中心.国际化学品安全卡（中文版）查询系统［DB］.2016.

镉及其化合物

1 名称、编号、分子式

镉和锌一同存在于自然界中。它是一种吸收中子的优良金属，制成棒条可在核反应堆内减缓链式裂变反应速率，而且在锌-镉电池中颇为有用。镉是作为副产品从锌矿石或硫镉矿中提炼出来的，大多用来保护其他金属免受腐蚀和锈损，如电镀钢、铁制品、铜、黄铜及其他合金。它的硫化物颜色鲜明，用来制成镉黄颜料。镉基本信息见表 19-1。

表 19-1 镉基本信息

中文名称	镉
中文别名	无
英文名称	cadmium
英文别名	colloidal cadmium
UN 号	2570
CAS 号	7440-43-9
ICSC 号	0020
RTECS 号	EU9800000
EC 编号	048-002-00-0
分子式	Cd
分子量	112.4

2 理化性质

镉是银白色有光泽的金属，密度为 $8650kg/m^3$。有韧性和延展性。镉在潮湿空气中缓慢氧化并失去金属光泽，加热时表面形成棕色的氧化物层，若加热至沸点以上，则会产生氧化镉烟雾。高温下镉与卤素反应激烈，形成卤化镉。也可与硫直接化合，生成硫化镉。镉可溶于酸，但不溶于碱。镉的氧化态为+1、+2。氧化镉和氢氧化镉的溶解度都很小，它们溶于酸，但不溶于碱。镉可形成多种配离子，如 $Cd(NH_3)$、Cd(CN)、CdCl 等。镉理化性质一览表见表 19-2。

表 19-2 镉理化性质一览表

外观与性状	呈银白色，略带淡蓝光泽，质软，富有延展性
熔点/℃	320.9
沸点/℃	765
相对密度(水=1)	8.64
饱和蒸气压(394℃)/kPa	0.13
自燃温度/℃	250(镉金属粉尘)
稳定性和反应活性	稳定
溶解性	不溶于水，溶于硝酸和硝酸铵，在稀硫酸和稀盐酸中溶解很慢

3 毒理学参数

(1) 急性毒性 以致死性浓度和时间的乘积（LCT 值）表示，氧化镉：小鼠 700mg·min/m^3，大鼠 500mg·min/m^3，豚鼠 3500mg·min/m^3，兔 2500mg·min/m^3，狗 4000mg·min/m^3，猴 1500mg·min/m^3。2 例死于镉中毒的病人的 LCT 值估计为 2500～2900mg·min/m^3。吸入毒性比经口大 60 倍，死因主要是肺炎和肺水肿。

(2) 亚急性和慢性毒性 大鼠吸入氧化镉 15～20mg/m^3，2h/d，历时 1～6 个月，见血红蛋白和红细胞数减少，白细胞增加，血清蛋白下降。给猫和大鼠喂饲不同浓度氧化镉食物，出现胰腺、肝脏和肾小管上皮损害。

(3) 代谢 镉进入人体后，可分布到全身各个器官，主要与富含半胱氨酸的胞浆蛋白相结合形成金属硫蛋白而存在。这种金属硫蛋白对镉在体内的分布、代谢起着重要的作用。吸收入血液的镉，主要与红细胞结合。肝脏和肾脏是体内储存镉的两大器官，两者所含的镉约占体内镉总量的 60%。据估计，40～60 岁的正常人，体内含镉总量约 30mg，其中 10mg 存于肾，4mg 存于肝，其余分布于肺、胰、甲状腺、睾丸、毛发等处。器官组织中镉的含量，可因地区、环境污染情况的不同而有很大差异，并随年龄的增加而增加。

镉排出很慢，在体内存留时间长，生物半衰期在 10 年以上。镉主要从粪、尿中排出，经口摄入者 80%以上经粪排出，20%随尿排出。

(4) 中毒机理 过量镉暴露可引起肾、肺、肝、骨、生殖效应及癌症。肝脏是镉急性中毒损伤的主要靶器官，镉作为过渡金属可通过 Fenton 反应将 H_2O_2 转变为羟自由基，作用于质膜，造成膜的脂质过氧化。同时，镉直接与抗氧化酶中的金属相互作用，抑制酶的活力，使自由基的清除受到影响。自由基作用于不饱和脂肪酸，加重了膜的脂质过氧化，因而镉中毒后丙二醛（MDA）的含量显著高于正常。脂质过氧化和自由基可造成细胞结构和功能的改变，使细胞损伤进一步加重，是镉中毒损伤的主要因素。在急性镉中毒的后期已有金属硫蛋白（MT）的合成，MT 与镉的亲和力升高，逐步增加细胞内结合镉的浓度，减小游离镉的浓度，使其不能作用于其他靶分子，从而减轻镉对抗氧化酶的抑制，加快自由基的清除，抑制脂质过氧化，丙二醛（MDA）含量下降非常显著，肝细胞膜上的自由基也逐步减少，最终减轻了镉对肝细胞的损伤。可见，MT 对中毒剂量的镉引起的肝脏损伤有保护作用。

镉对骨毒作用的机制可能是通过影响骨代谢完成的，骨代谢是一个复杂的体内平衡过程，钙、维生素D、胶原、骨细胞、甲状腺及甲状旁腺均参与其中。镉对钙代谢的直接影响是使尿钙排泄增加，肠钙吸收减少，骨细胞钙化，引起钙缺乏，导致骨质疏松。镉也可通过干扰维生素D代谢，间接引起肾损伤及钙吸收紊乱。镉能降低活化维生素D的肾α-羟化酶的活力，也在肾细胞中干扰PTH对此酶的启动，从而抑制维生素D的活性代谢产物刺激肠钙、骨钙的吸收。镉对骨作用的另一机制是干扰胶原代谢，即干扰正常钙化所必要的正常胶原结构。蛋白酶K（PKC）可引起钙代谢和胶原合成的改变。镉可能直接作用于PKC，也可能借助于Ca^{2+}的作用，间接启动PKC，抑制胶原合成。总之，镉通过对钙信使系统的作用，引起成骨过程及正常骨代谢的紊乱。

肾是镉在机体蓄积的主要器官之一，研究表明镉的主要毒性作用部位为近曲小管。镉慢性中毒可以导致肾小管功能障碍，肾小球滤过率下降，单独大剂量的急性染镉虽不能导致急性肾功能衰竭（ARF），但是一定剂量的镉负荷可以加重ARF时的损伤程度，能够引起近曲小管上皮细胞损伤。组织形态学超微结构表现为大量线粒体肿胀，胞质疏松，还出现空泡样变。这一组织形态学观察和细胞凋亡的现象非常相似。任香梅在研究镉对猪肾近曲小管上皮细胞LLC-PK_1的凋亡时发现，镉能够诱导猪肾近曲小管上皮细胞LLC-PK_1的凋亡，并且存在着明显的剂量效应。

镉可以破坏机体脑屏障，进入中枢神经系统，引起大脑的形态学改变，影响神经递质的含量和酶的活性。流行病学调查表明镉与某些神经系统疾病及儿童智力发育障碍等有关，还可以导致记忆力下降。刘利娟等研究认为镉的神经毒性和神经系统内的锌缺乏有关，缺锌影响了儿童神经系统的发育。另外，镉和钙具有相同的电荷，且具有极其相似的原子半径，故可以直接在质膜、线粒体膜、微粒体膜等钙储存的特殊位置上竞争性取代钙离子结合。

(5) 刺激性 对眼有刺激性。

(6) 生殖毒性 Oguz等发现，给妊娠期大鼠经口灌胃镉后，胎鼠肝组织出现退化现象，内质网和线粒体均产生了变化。Sen等将欧洲鲂鱼的卵暴露在10～10000μg/L不同浓度的镉溶液一定时间，观察卵的发育和孵化情况，发现10000μg/L、96h和10000μg/L、696h及1000μg/L、744h均能造成鱼卵全部死亡，暴露于10000μg/L和1000μg/L镉的鱼卵也存在畸变和发育异常。张亚辉等研究了镉对斑马鱼胚胎早期发育的毒性，确定了24h LC_{50}为94.56μmol/L和72h EC_{50}为29.28μmol/L，并观察到8μmol/L、72h可导致胚胎发育畸形，出现心包囊肿和尾部弯曲。

(7) 致癌性 国际学术界从1976年起就开始评估镉的致癌作用，1987年起镉被国际癌症研究机构（IARC）定为ⅡA级致癌物，1993年被修订为ⅠA级致癌物，即为人体的致癌毒物。镉可引起肺、前列腺和睾丸肿瘤。在试验动物身上，可引起皮下注射部位、肝、肾和血液系统的癌变。

(8) 危险特性 其粉体遇高热、明火能燃烧甚至爆炸。

4 对环境的影响

4.1 主要用途

镉主要用于制造电池、颜料、合金，也可以用于电镀，制成覆盖层，作为塑料制品中的稳定剂。

镉的氯化物被用于电镀、影印、棉布印花、染色工艺，并用于电子管的生产，可作为润滑剂，还可在含镉稳定剂和颜料的生产中作为化学媒介。镉的硫化物被用于电镀，也被用来生产荧光屏、电子管，在颜料、稳定剂以及其他镉化合物的生产中作为化学媒介，还可以被作为除菌剂和杀虫剂，并可作为韦斯顿电池中的电解液。镉的硝酸盐化合物可用作照相的感光乳剂，可以用来给玻璃和陶瓷上色，还被用于核反应堆的建造，还可以用来制造镉的氢氧化物用来生产碱性电池。镉的氧化物主要被用来制造镍-镉电池，也被用于电镀，还可以作为除虫剂。

4.2 环境行为

(1) 代谢和降解 镉在水溶液中趋向于同无机的和有机的配位体生成多种可溶的络合物。水体中主要的无机配位体是羟基、碳酸根、硫酸根、氯根以及氨。在天然水体中除了无机配位体外，还存在着或多或少的有机配位体，它们是由动植物体和微生物体的分解而产生的。主要是黄腐酸、氨基酸类，具有多苯环、多官能团结构。天然环境中由于有机物的不完全分解，经常能够产生出 H_2S 气体，在水体中生成 S^{2-}、HS^-，若与 Cd^{2+} 相遇，便迅速生成 CdS 沉淀。CdS 在环境中并不稳定，随着环境变迁转入氧化性条件，并有好氧微生物的作用时，有可能被氧化，生成可溶性硫酸盐。

(2) 残留蓄积 大量的研究工作表明，水体悬浮物和水底沉积物对镉表现出较强的亲和力，因此悬浮物和底质沉积物中含镉量很高，可占水体总含量的 90%以上。天然水体中的镉污染物大部分存在于固相。水生生物有很强的富镉能力。随水流迁移到土壤中的镉，可被土壤吸附。吸附的镉一般在 0～15cm 的土壤表层累积，15cm 以下含量显著减少。

(3) 迁移转化 镉在水体中的迁移能力取决于镉的存在形态和所处的环境化学条件，就其形态而言，迁移能力顺序如下：离子态＞络合态＞难溶悬浮态。就环境化学条件而论，酸性环境能使镉的难溶态溶解，络合态离解，因而以离子态存在的镉增多利于迁移。相反碱性条件下镉容易生成多种类型沉淀，影响镉的水流迁移。

4.3 人体健康危害

(1) 暴露/侵入途径 吸入、食入。

(2) 健康危害 吸入镉燃烧形成的氧化镉烟雾，可引起急性肺水肿和化学性肺炎。个别病例可伴有肝、肾损害。对眼有刺激性。用镀镉容器调制或储存酸性食物或饮料，食入后可引起急性中毒症状。有恶心、呕吐、腹痛、腹泻、大汗、虚脱，甚至抽搐、休克。长期吸入较高浓度镉引起职业性慢性镉中毒。临床表现有肺气肿、嗅觉丧失、牙釉黄色环、肾损害、骨软化症等。

人吸入时的急性中毒可产生肺损害，出现急性肺水肿和肺气肿，以及肾皮质坏死。在工业接触中，可见到的两种镉中毒是肺障碍病症和肾功能不良。在生产环境中大量吸入镉烟尘或蒸气会发生急性镉中毒，口有金属味，出现头痛、头晕、咳嗽、呼吸困难、恶寒、呕吐和腹泻等，并产生肺炎和肺水肿。长期摄入微量镉，通过器官组织的积蓄还会引起骨痛病，这种病曾在欧洲出现过，而日本神通川流域由于镉污染引起的骨痛病更是举世皆知的。在镉污染区镉中毒的诊断要点是：患者尿镉和血镉的浓度高，反映体内镉负荷高；患者有镉中毒的自觉症状和它觉症状，如全身性疼痛，由于病理性骨折而引起骨骼变形，身躯显著缩短；同时，也出现头痛、头晕、流涎、恶心、呕吐、呼吸受限、睡眠不安等症状。

4.4 接触控制标准

前苏联 MAC（mg/m^3）：0.05，0.01［班平均］。

TLVTN：ACGIH 0.01mg/m^3。

镉生产及应用相关环境标准见表 19-3。

表 19-3 镉生产及应用相关环境标准

标准编号	限制要求	标准值
中国(TJ 36—1979)	车间空气中有害物质的最高容许浓度	0.05mg/m^3
中国(GB 16297—1996)	大气污染物综合排放标准	最高允许排放浓度：1.0mg/m^3；0.85mg/m^3 最高允许排放速率：二级 0.060～2.5kg/h；0.050～2.1kg/h；三级 0.090～3.7kg/h；0.080～3.2kg/h 无组织排放监控浓度限值：0.040mg/m^3；0.050mg/m^3
中国(GB 5749—2006)	生活饮用水水质标准	0.01mg/L
中国(GB 5048—1992)	农田灌溉水质标准	0.005mg/L(水作、旱作、蔬菜)
中国(GB/T 14848—1993)	地下水质量标准	一类：0.0001mg/L 二类：0.001mg/L 三类：0.01mg/L 四类：0.01mg/L 五类：>0.01mg/L
中国(GB 11607—1989)	渔业水质标准	0.005mg/L
中国(GB 3097—1997)	海水水质标准	一类：0.001mg/L 二类：0.005mg/L 三类：0.010mg/L 四类：0.010mg/L
中国(GB 3838—2002)	地表水环境质量标准	一类：0.001mg/L 二类：0.005mg/L 三类：0.005mg/L 四类：0.005mg/L 五类：0.01mg/L
中国(GB 15618—1995)	土壤环境质量标准	一级：0.20mg/kg 二级：0.30～0.60mg/kg 三级：1.0mg/kg
中国(GWKB 3—2000)	生活垃圾焚烧污染控制标准	焚烧炉大气污染物排放限值 0.1mg/m^3(测定均值)
中国(GB 5058.3—1996)	固体废弃物浸出毒性鉴别标准值	0.3mg/L
中国(GB 8172—1987)	城镇垃圾农用控制标准	3mg/kg

5 环境监测方法

5.1 现场应急监测方法

现场应急监测可采用便携式分光光度法、便携式数字伏安仪（《突发性环境污染事故应急监测与处理处置技术》，万本太主编)。

5.2 实验室监测方法

镉的实验室监测方法见表19-4。

表19-4 镉的实验室监测方法

监测方法	来源	类别
原子吸收法	《水质 铜、锌、铅、镉的测定 原子吸收分光光度法》(GB 7475—1987)	水质
原子吸收法	《固体废物 铜、锌、铅、镉的测定 原子吸收分光光度法》(GB/T 15555.2—1995)	固体废物浸出液
石墨炉原子吸收法	《土壤质量 铅、镉的测定 石墨炉原子吸收分光光度法》(GB/T 17141—1997)	土壤
火焰原子吸收法	《土壤质量 铅、镉的测定 KI-MIBK萃取火焰原子吸收分光光度法》(GB/T 17140—1997)	土壤
原子吸收法	《城市生活垃圾 镉的测定 原子吸收分光光度法》(CJ/T 100—1999)	城市生活垃圾
原子吸收法	《空气和废气监测分析方法》,国家环境保护总局编	空气和废气
原子吸收法	《固体废弃物试验分析评价手册》,中国环境监测总站等译	固体废物

6 应急处理处置方法

6.1 泄漏应急处理

(1) 应急行为 隔离泄漏污染区，限制出入。切断火源。建议应急处理人员戴防尘面具(全面罩)，穿防毒服。用洁净的铲子收集于干燥、洁净、有盖的容器中。若大量泄漏，收集回收。

(2) 应急人员防护 建议应急处理人员戴防尘面具(全面罩)，穿防毒服。

(3) 环保措施 切断火源。戴好口罩和手套。用湿砂土混合后将污染物扫起倒至空旷地方深埋或收集后送回生产厂处理。污染地面用肥皂或洗涤剂刷洗，经稀释的污水放入废水系统。

(4) 消除方法 当水体受污染时，可采用加入Na_2CO_3、NaOH或石灰和Na_2S的方法使镉形成沉淀而从水中转入污泥中，将沉淀的污泥再做进一步的无害化处理。

6.2 个体防护措施

(1) 工程控制 一般不需特殊防护，但需防止烟尘危害。

(2) 呼吸系统防护 空气中粉尘浓度超标时，必须佩戴自吸过滤式防尘口罩。紧急事态抢救或撤离时，应该佩戴空气呼吸器。

(3) 眼睛防护 戴化学安全防护眼镜。

(4) 身体防护 穿防毒物渗透工作服。

(5) 手防护 戴橡胶手套。

6.3 急救措施

(1) 皮肤接触 脱去污染的衣着，用流动清水冲洗。

(2) 眼睛接触 立即翻开上下眼睑，用流动清水或生理盐水冲洗。就医。

(3) 吸入

① 迅速移离现场、保持安静、卧床休息，并给予氧气吸入。

② 保持呼吸道通畅，积极防治化学性肺炎和肺水肿，早期给予短程大剂量糖皮质激素，必要时给予1%二甲基硅油消泡气雾剂。

③ 为预防阻塞性毛细支气管炎，可酌情延长糖皮质激素使用时间。

④ 可给予依地酸二钠钙或巯基类络合剂进行驱镉治疗。

⑤ 严重者要重视全身支持疗法和其他对症治疗。

(4) 食入

① 立即用温水洗胃，卧床休息。

② 给予对症和支持治疗，如腹痛时可用阿托品，呕吐频繁时适当补液，既要积极防治休克，又要避免补液过多引起肺水肿。

(5) 灭火方法 灭火剂包括泡沫、二氧化碳、干粉、砂土。

6.4 应急医疗

(1) 诊断要点

① 慢性镉中毒。

a. 慢性轻度中毒。除尿镉增高外，可有头晕、乏力、嗅觉障碍、腰背及肢体痛等症状，实验室检查发现有以下任何一项改变时，可诊断为慢性轻度镉中毒：尿β2-微球蛋白含量（以肌酐中含量计）在9.6μmol/mol（1000μg/g）以上；尿视黄醇结合蛋白含量（以肌酐中含量计）在5.1μmol/mol（1000μg/g）以上。

诊断性驱镉试验，尿镉浓度≥3.86μmol/L（0.8mg/L、800μg/L）或4.82μmol/24h（1mg/24h、1000μg/24h）者，可诊断为轻度镉中毒。

b. 慢性重度中毒。除慢性轻度中毒的表现外，出现慢性肾功能不全，可伴有骨质疏松症、骨质软化症。

② 急性镉中毒。

a. 急性轻度中毒。短时间内吸入高浓度氧化镉烟尘，在数小时或1d后出现咳嗽、咳痰、胸闷等，两肺呼吸音粗糙，或可有散在的干、湿啰音，胸部X射线表现为肺纹理增多、增粗、延伸，符合急性气管-支气管炎或急性支气管周围炎。

b. 急性中度中毒。具有下列表现之一者：急性肺炎；急性间质性肺水肿。

c. 急性重度中毒。具有下列表现之一者：急性肺泡性肺水肿；急性呼吸窘迫综合征。

(2) 处理原则 慢性镉中毒对症支持治疗为主。

急性中毒应迅速脱离现场，保持安静及卧床休息。急救原则与内科相同，视病情需要早期给予短程大剂量糖皮质激素。

观察对象应予密切观察，每年复查一次。

慢性镉中毒应调离接触镉及其他有害作业。轻度中毒患者可从事其他工作；重度中毒患者应根据病情适当安排休息或全休。需要进行劳动能力鉴定者，按《劳动能力鉴定 职工工伤与职业病致残等级》（GB/T 16180—2014）处理。

急性镉中毒轻度中毒患者病情恢复后，一般休息1～2周即可工作。重度中毒患者休息时间可适当延长。

(3) 预防措施 对镉作业工人进行上岗前和定期健康检查，及时发现就业禁忌证和早期发现镉中毒病人及时治疗。密闭操作，局部排风。操作人员必须经过专门培训，严格遵守操作规程。建议操作人员佩戴头罩型电动送风过滤式防尘呼吸器，穿连衣式胶布防毒衣，戴橡胶手套。远离火种、热源，工作场所严禁吸烟。使用防爆型的通风系统和设备。

7 储运注意事项

7.1 储存注意事项

储存于阴凉、通风的库房。远离火种、热源。包装要求密封，不可与空气接触。应与氧化剂、酸类等分开存放，切忌混储。采用防爆型照明、通风设施。禁止使用易产生火花的机械设备和工具。储区应备有合适的材料收容泄漏物。

7.2 运输信息

危险货物编号：61504。

UN编号：2570。

包装类别：Z01。

包装方法：螺纹口玻璃瓶、铁盖压口玻璃瓶、塑料瓶或金属桶（罐）外木板箱；螺纹口玻璃瓶、塑料瓶、镀锡薄钢板桶（罐）外满底板花格箱；螺纹口玻璃瓶、塑料瓶或塑料袋再装入金属桶（罐）或塑料桶（罐）外木板箱。

运输注意事项：起运时包装要完整，装载应稳妥。运输过程中要确保容器不泄漏、不倒塌、不坠落、不损坏。严禁与氧化剂、酸类、食用化学品等混装混运。运输途中应防曝晒、雨淋，防高温。运输时运输车辆应配备相应品种和数量的消防器材及泄漏应急处理设备。装运本品的车辆排气管必须有阻火装置。中途停留时应远离火种、热源。车辆运输完毕应进行彻底清扫。铁路运输时要禁止溜放。

7.3 废弃

(1) 废弃处置方法 处置前应参阅国家和地方有关法规。若可能，回收使用。

(2) 废弃注意事项 处置前应参阅国家和地方有关法规。或与厂家或制造商联系，确定处置方法。废物储存参见“储存注意事项”。

8 参考文献

[1] 国家环境保护局有毒化学品管理办公室.化学品毒性、法规、环境数据手册[M].北京：中国环境科学出版社，1992.

[2] 周国泰.危险化学品安全技术全书[M].北京：化学工业出版社，1997.

[3] 万本太.突发性环境污染事故应急监测与处理处置技术[M].北京：中国环境科学出版社，1996.

［4］ 环境保护部.国家污染物环境健康风险名录（化学第一分册）［M］.北京：中国环境科学出版社，2011.
［5］ 卢伟.工作场所有害因素危害特性实用手册［M］.北京：化学工业出版社，2008.
［6］ 王林宏.危险化学品速查手册［M］.北京：中国纺织出版社，2007.
［7］ 国家环境保护总局空气和废气监测分析方法编委会.空气和废气监测分析方法［M］.第4版.北京：中国环境科学出版社，2003.
［8］ 中国环境监测总站.固体废弃物试验分析评价手册［M］.北京：中国环境科学出版社，1992.
［9］ 江苏省环境监测中心.突发性污染事故中危险品档案库［DB］.
［10］ 杜丽娜，余若祯，王海燕，等.重金属镉污染及其毒性研究进展［J］.环境与健康杂志，2013，30（2）：167-174.
［11］ 田宝珍.镉在天然水体中的环境化学行为［J］.环境工程学报，1982，（5）：64-68.
［12］ 冯源.重金属铅离子和镉离子在水环境中的行为研究［J］.环境与发展，2013，29（3）：87-93.

环 丙 烷

1 名称、编号、分子式

环丙烷是一种无色易燃气体，又称三亚甲基。用二氯丙烷与钠或锌作用可制得环丙烷。环丙烷基本信息见表 20-1。

表 20-1 环丙烷基本信息

中文名称	环丙烷
中文别名	三亚甲基
英文名称	cyclopropane
英文别名	liquefied;trimethylene
UN 号	1027
CAS 号	75-19-4
RTECS 号	GZ0690000
分子式	C_3H_6
分子量	42.08

2 理化性质

环丙烷为无色易燃气体，性质不稳定，易变为开链化合物，也易被浓硫酸吸收。加氢生成丙烷，与溴作用得 1,3-二溴丙烷，热解后则生成丙烯。易燃，与空气混合能形成爆炸性混合物，遇明火、高热极易燃烧爆炸。气体比空气密度大，能在较低处扩散到相当远的地方，遇火源会着火回燃。环丙烷理化性质一览表见表 20-2。

表 20-2 环丙烷理化性质一览表

外观与性状	无色液体，有石油醚的气味
熔点/℃	−126.6
沸点/℃	−33
相对密度(水=1)	0.72
相对蒸气密度(空气=1)	1.88
燃烧热/(kJ/mol)	2093

续表

临界温度/℃	124.7
临界压力/MPa	5.49
辛醇/水分配系数的对数值	1.72
闪点/℃	−94
引燃温度/℃	500
爆炸上限(体积分数)/%	10.4
爆炸下限(体积分数)/%	2.4
溶解性	微溶于水,易溶于乙醇、乙醚等多数有机溶剂
化学性质	易变为开链化合物,也易被浓硫酸吸收。加氢生成丙烷,与溴作用得1,3-二溴丙烷,热解后则生成丙烯。易燃,与空气混合能形成爆炸性混合物,遇明火、高热极易燃烧爆炸。气体比空气密度大,能在较低处扩散到相当远的地方,遇火源会着火回燃
稳定性	不稳定

3 毒理学参数

(1) 急性毒性 兔吸入280～350g/m^3,血压下降、死亡;兔吸入172～206g/m^3,麻醉作用。

(2) 中毒机理 麻醉作用,动物吸入超过一定浓度便会出现血压的下降,导致呼吸麻痹而死亡。

(3) 刺激性 石油醚的气味,轻微味道。

(4) 危险特性 易燃,与空气混合能形成爆炸性混合物,遇明火、高热极易燃烧爆炸。气体比空气密度大,能在较低处扩散到相当远的地方,遇火源会着火回燃。

4 对环境的影响

4.1 主要用途

用于有机合成,医药上可作麻醉剂。

4.2 环境行为

环丙烷代谢后变为开链化合物,也易被浓硫酸吸收。在环境中,加氢生成丙烷,与溴作用得1,3-二溴丙烷,热解后则生成丙烯。

4.3 人体健康危害

(1) 暴露/侵入途径 吸入。

(2) 健康危害 具有麻醉作用。动物吸入超过一定浓度时引起血压下降,导致呼吸麻痹而死亡。在工业生产和使用中,该品一般对人体无明显危害。国外首例报道过一青年因吸入环丙烷而死于一间仓库内。尸解见肺充血和出血性水肿,气管充血,并较早发生细胞自溶现象。

4.4 接触控制标准

环丙烷生产及应用相关环境标准见表 20-3。

表 20-3 环丙烷生产及应用相关环境标准

标准编号	限制要求	标准值
美国车间卫生标准	嗅觉阈浓度	400ppm

5 环境监测方法

5.1 现场应急监测方法

现场应急监测可采用便携式气相色谱仪，不需要进行样品的预处理，直接对现场空气进行采样，采样时由内载气带入内部毛细管柱，采样时间一般为 10s。

5.2 实验室监测方法

环丙烷的实验室监测方法见表 20-4。

表 20-4 环丙烷的实验室监测方法

监测方法	来源	类别
气相色谱法	《分析化学手册》(第四分册,色谱分析),化学工业出版社	气体

6 应急处理处置方法

6.1 泄漏应急处理

(1) 应急行为 迅速撤离泄漏污染区人员至上风处，并进行隔离，严格限制出入。切断火源。

(2) 应急人员防护 建议应急处理人员戴自给正压式呼吸器，穿防静电工作服。

(3) 环保措施 尽可能切断泄漏源。用工业覆盖层或吸附/吸收剂盖住泄漏点附近的下水道等地方，防止气体进入。

(4) 消除方法 合理通风，加速扩散。如无危险，就地燃烧，同时喷雾状水使周围冷却，以防其他可燃物着火。或将漏气的容器移至空旷处，注意通风。漏气容器要妥善处理，修复、检验后再用。

6.2 个体防护措施

(1) 工程控制 操作人员必须经过专门培训，严格遵守操作规程。熟练掌握操作技能，具备应急处置知识。操作应严加密闭。有局部排风设施和全面通风。在作业现场应提供安全淋浴和洗眼设备，安全喷淋洗眼器应在生产装置开车时进行校验。

(2) 呼吸系统防护 一般不需要特殊保护，高浓度接触时可佩戴自吸过滤式防毒面具

（半面罩）。

(3) 眼睛防护 必要时，戴化学安全防护眼镜。

(4) 身体防护 穿防静电工作服。

(5) 手防护 戴一般作业防护手套。

(6) 其他 工作现场严禁吸烟。避免长期反复接触。进入罐、限制性空间或其他高浓度区作业，必须有人监护。

6.3 急救措施

(1) 吸入 迅速脱离现场至空气新鲜处。保持呼吸道通畅。如呼吸困难，给输氧。如停止呼吸，立即进行人工呼吸，就医。

(2) 灭火方法 切断气源。若不能切断气源，则不允许熄灭泄漏处的火焰。喷水冷却容器，可能的话将容器从火场移至空旷处。

6.4 应急医疗

(1) 诊断要点 吸入蒸气后，有一定的麻醉作用。

(2) 处理原则 吸入中毒者迅速脱离现场至空气新鲜处。保持呼吸道通畅。如呼吸困难，给输氧。如停止呼吸，立即进行人工呼吸，就医。

(3) 预防措施 远离热源、火花、明火、热表面。禁止吸烟。避免与氧化剂、卤素接触。在传送过程中，钢瓶和容器必须接地和跨接，防止产生静电。搬运时要轻装轻卸，防止包装及容器损坏。配备相应品种和数量的消防器材及泄漏应急处理设备。

7 储运注意事项

7.1 储存注意事项

储存于阴凉、通风的库房。远离火种、热源。库温不宜超过30℃。应与氧化剂、卤素分开存放，切忌混储。采用防爆型照明、通风设施。禁止使用易产生火花的机械设备和工具。储区应备有泄漏应急处理设备。

7.2 运输信息

危险货物编号：21014。

UN 编号：1027。

包装类别：O52。

包装方法：钢制气瓶；安瓿瓶外普通木箱。

运输注意事项：采用钢瓶运输时必须戴好钢瓶上的安全帽。钢瓶一般平放，并应将瓶口朝同一方向，不可交叉；高度不得超过车辆的防护栏板，并用三角木垫卡牢，防止滚动。运输时运输车辆应配备相应品种和数量的消防器材。装运该物品的车辆排气管必须配备阻火装置，禁止使用易产生火花的机械设备或工具装卸。严禁与氧化剂、卤素等混装混运。夏季应早晚运输，防止日光曝晒。中途停留时应远离火种、热源。公路运输时要按照规定路线行驶，勿在居民区和人口稠密区停留。铁路运输时要禁止溜放。

7.3 废弃

(1) 废弃处置方法 用焚烧法处置。

(2) 注意事项 处置前应参阅国家和地方有关法规。

8 参考文献

[1] 环境保护部.国家污染物环境健康风险名录（化学第一分册）[M].北京：中国环境科学出版社，2009.

[2] 张寿林，等.急性中毒诊断与急救［M].北京：化学工业出版社，1996.

[3] 彭国治，王国顺.分析化学手册（第四分册）[M].北京：化学工业出版社，2000.

[4] 李晓冬，范雪娥，张桂英，等.环丙烷衍生物的简便合成［J].化学通报，2005，68（3）：209-213.

[5] 李秉擘，宁斌科，王月梅，等.一种环丙烷类化合物的合成［J].化工技术与开发，2016，45（10）：6-8.

[6] 袁冬燕.环丙烷和环丙烯类化合物的合成研究［D].天津：天津大学，2005.

[7] 刘飞鹏，王倩，毛建友，等.环丙烷类化合物的合成方法研究进展［J].化学试剂，2013，35（11）：987-990.

[8] 王科伟.环丙烷类化合物的合成及其在含氮杂环化合物合成中的应用［D].长春：东北师范大学，2009.

[9] 黄慧，陈庆华.多手性中心的螺-环丙烷类化合物的合成［J].中国科学，1999，29（2）：101-108.

[10] 北京化工研究院环境保护所/计算中心.国际化学品安全卡（中文版）查询系统［DB].2016.

环氧七氯

1 名称、编号、分子式

环氧七氯（heptachlor epoxide）又称环氧庚氯烷，主要用于防治地下害虫、棉花后期害虫和禾本科作物及牧草害虫等。环氧七氯基本信息见表 21-1。

表 21-1 环氧七氯基本信息

中文名称	环氧七氯
中文别名	环氧庚氯烷；1,4,5,6,7,8,8-七氯-2,3-环氧-3a,4,7,7a-四氢-4,7-亚甲基茚
英文名称	Heptachlor epoxide
英文别名	HCE;1,4,5,6,7,8,8-heptachloro-2,3-epoxy-3a,4,7,7a-tetrahydro-4,7-methanoindan
CAS 号	1024-57-3
RTECS 号	PB9450000
分子式	$C_7H_5C_{17}O$
分子量	389.40

2 理化性质

环氧七氯是一种白色晶体，化学性质较为稳定，微溶于水，但易溶于大多数有机溶剂。环氧七氯理化性质一览表见表 21-2。

表 21-2 环氧七氯理化性质一览表

外观与性状	白色晶体
熔点/℃	160～161.5
沸点(101325Pa)/℃	425.5
饱和蒸气压(25℃)/kPa	0.628×10^{-7}
闪点/℃	11
溶解性	微溶于水，溶于大多数有机溶剂
稳定性	稳定

3 毒理学参数

(1) 急性毒性 LD_{50}：15.0mg/kg（大鼠经口）；8.0mg/kg（小鼠颅内）。

(2) 代谢 环氧七氯可通过饮用水、牛奶和食物进入人体。虽然环氧七氯从20世纪80年代起已经被美国禁止使用，但现在仍能在土壤、水源中找到，会转化进入食物和牛奶，高含量的环氧七氯有可能会提高患Ⅱ型糖尿病的风险。长期接触七氯的动物的肝脏会产生肿瘤，暴露在环氧七氯的环境中的动物胎儿被发现神经系统和免疫功能受损。

(3) 中毒机理 环氧七氯是七氯进入机体后很快转化产生的，其毒性更大，并储存于脂肪中，主要影响中枢神经系统及肝脏等，引起肝损伤，致癌风险增加，还可使精子异常，而导致流产、死胎、新生儿缺陷。环氧七氯在组织中的相对含量随接触时间延长而增加。这种物质的毒性数据很少，但其迹象与七氯相似。

(4) 致癌性 该产品包含被IARC、ACGIH、EPA和NTP列为致癌物的组分，在动物研究中具有有限致癌性证据。该物质被IARC列为2A类人类致癌物，可能对人类致癌。

4 对环境的影响

4.1 主要用途

主要用于防治地下害虫、棉花后期害虫和禾本科作物及牧草害虫，如苜蓿象虫、棉铃象虫、蝼蛄、金针虫、稻大蚊等，还可防治蝗虫，与氯丹不同，其还可用于种子处理，但对甲虫和红蜘蛛没有活性。

4.2 环境行为

(1) 环境来源 主要来自七氯的降解。

(2) 迁移、扩散和转化 环氧七氯具有与七氯类似的毒性，且是更持久的难降解产物。七氯在土壤中是持久和相对稳定的。然而它缓慢地蒸发、氧化成具有类似毒性、更持久的难降解产物环氧七氯，然后被光合作用转换成七氯或者被土壤菌转换成低毒性的代谢物。环氧七氯是稳定的，能残留在水溶液中，也可以沉积于底泥中，并能被生物积累，因此同样应在水环境的各部分进行监测。在北极地区的空气、水和有机体中都能检测到七氯及其环氧化物。环氧七氯燃烧可分解为CO、CO_2、HCl。

4.3 人体健康危害

(1) 暴露/侵入途径 吸入、食入、经皮吸收。

(2) 健康危害 环氧七氯主要影响中枢神经系统及肝脏等，引起肝损伤，致癌风险增加，还可使精子异常，而导致流产、死胎、新生儿缺陷。环氧七氯在组织中的相对含量随接触时间延长而增加。这种物质的毒性数据很少，但其迹象与七氯相似。

4.4 接触控制标准

中国MAC（mg/m^3）：时间加权平均值，2ppm（经皮）。

前苏联MAC（mg/m^3）：0.5。

TLVTN：OSHA 2ppm，4.3mg/m^3；ACGIH 2ppm，4.3mg/m^3。

环氧七氯生产及应用相关环境标准见表21-3。

表 21-3　环氧七氯生产及应用相关环境标准

标准编号	限制要求	标准值
中国(GB 3838—2002)	集中式生活饮用水地表水源地特定项目标准限值	0.0002mg/L

5　环境监测方法

5.1　现场应急监测方法

现场应急监测可采用便携式色谱-质谱联用仪，通过一个带有温控软管的取样探头，以 0.2L/min 的速率直接抽取现场气体样品。

5.2　实验室监测方法

环氧七氯的实验室监测方法见表 21-4。

表 21-4　环氧七氯的实验室监测方法

监测方法	来源	类别
气相色谱法	《水质　六六六、滴滴涕、林丹、环氧七氯的测定　气相色谱法》(GB 7492—1987)	水质
气相色谱法	《出口肉及肉制品　出口肉及肉制品中七氯和环氧七氯残留量检验方法　气相色谱法》(SN 0663—1997)	肉及肉制品
气相色谱-质谱联用法	《化学分析计量》,陈世山等,2005	水果
气相色谱-质谱联用法	美国国家环保署方法(US EPA 525—1988)	固体废物
液液萃取气相色谱法	《生活饮用水卫生规范》,中华人民共和国卫生部,2001	水质

6　应急处理处置方法

6.1　泄漏应急处理

(1) 应急行为　隔离泄漏污染区，周围设警告标志。

(2) 应急人员防护　建议应急处理人员戴好防毒面具，穿化学防护服。

(3) 环保措施　如能确保安全，可采取措施防止进一步的泄漏或溢出。不要让产品进入下水道。一定要避免排放到周围环境中。

(4) 消除方法　不要直接接触泄漏物，用清洁的铲子收集于干燥、洁净、有盖的容器中做好标记，等待处理。也可以用不燃性分散剂制成的乳液刷洗，经稀释的洗水放入废水系统。如大量泄漏，收集回收或无害处理后废弃。

6.2　个体防护措施

(1) 工程控制　严加密闭，提供充分的局部排风。尽可能机械化、自动化。提供安全淋浴和洗眼设备。

(2) 呼吸系统防护　生产操作或农业使用时，建议佩戴防毒口罩。紧急事态抢救或逃生时，佩戴自给式呼吸器。

(3) 眼睛防护 戴化学安全防护眼镜。

(4) 身体防护 穿相应的防护服。

(5) 手防护 戴防护手套。

(6) 其他 工作现场禁止吸烟、进食和饮水。工作后，彻底清洗。工作服不要带到非作业场所，单独存放被毒物污染的衣服，洗后再用。注意个人清洁卫生。

6.3 急救措施

(1) 皮肤接触 立即脱去污染的衣物，用肥皂水及清水彻底冲洗。

(2) 眼睛接触 立即提起眼睑，用大量流动清水彻底冲洗。

(3) 吸入 迅速脱离现场至空气新鲜处，必要时进行人工呼吸，立刻就医。

(4) 食入 误服者给饮大量温水，催吐。可用温水或 1∶5000 高锰酸钾溶液彻底洗胃，并就医。

(5) 灭火方法 消防人员必须穿特殊防护服，在掩蔽处操作。

6.4 应急医疗

(1) 诊断要点 迹象与七氯相似，接触的工人可有皮肤轻度瘙痒及发红、头痛、恶心、食欲减退、脉搏稍慢、血压轻度下降等。

(2) 处理原则

① 迅速脱离中毒环境，脱去污染衣物。皮肤污染者可用肥皂水及清水冲洗。

② 吸入者迅速脱离现场至空气新鲜处，必要时进行人工呼吸，立刻就医。

③ 误服者给饮大量温水，催吐。可用温水或 1∶5000 高锰酸钾溶液彻底洗胃，并就医。

④ 其他对症处理和防治并发症治疗。

(3) 预防措施

① 在使用前获取特别指示。

② 在读懂所有安全防范措施之前切勿操作。

③ 操作后彻底清洁皮肤。

④ 使用本产品时不要进食、饮水或吸烟。

⑤ 避免释放到环境中。

⑥ 使用所需的个人防护设备。

7 储运注意事项

7.1 储存注意事项

储存于阴凉、通风的库房。保持容器密闭，不可与空气接触。建议的储存温度为 2～8℃。包装要求密封，不可与空气接触。应与氧化剂、酸类、碱类、食用化学品分开存放，切忌混储。不宜大量储存或久存。储区应备有泄漏应急处理设备和合适的收容材料。应严格执行极毒物品“五双”管理制度。

7.2 运输信息

危险货物编号：21039。

UN编号：2761。

包装类别：Ⅱ。

运输注意事项：铁路运输时应严格按照铁道部《危险货物运输规则》中的危险货物配装表进行配装。运输前应先检查包装容器是否完整、密封，运输过程中要确保容器不泄漏、不倒塌、不坠落、不损坏。严禁与酸类、氧化剂、食品及食品添加剂混运。运输途中应防曝晒、雨淋，防高温。

7.3 废弃

(1) 废弃处置方法 将剩余的和不可回收的溶液交给有许可证的公司处理。

与易燃溶剂相溶或者相混合，在备有燃烧后处理和洗刷作用的化学焚化炉中燃烧，受污染的容器和包装按未用产品处置。

(2) 废弃注意事项 处置前应参阅国家和地方有关法规。

8 参考文献

[1] 环境保护部.国家污染物环境健康风险名录（化学第一分册）[M].北京：中国环境科学出版社，2009.

[2] 中华人民共和国卫生部.生活饮用水卫生规范 [S].2001.

[3] 张寿林，等.急性中毒诊断与急救 [M].北京：化学工业出版社.1996.

[4] 蔡道基.农药环境毒理学研究 [M].北京：中国环境科学出版社，1999.

[5] 吕金刚，毕春娟，陈振楼，等.上海崇明岛农田土壤中有机氯农药残留特征 [J].环境科学，2011，32 (8)：2455-2461.

[6] 岳瑞生.《关于就某些持久性有机污染物采取国际行动的斯德哥尔摩公约》及其谈判背景 [J].世界环境，2001，(1)：2428.

[7] 毛潇萱，丁中原，马子龙，等.兰州周边地区土壤典型有机氯农药残留及生态风险 [J].环境化学，2013，32 (3)：466474.

[8] 柳敏，吴有方，方利江，等.河西走廊及兰州地区土壤中典型有机氯农药残留研究 [J].农业环境科学学报，2012，31 (2)：338-344.

[9] 肖春艳，郃超，赵同谦，等.降雨中有机氯农药土壤-水界面迁移过程的实验模拟 [J].环境化学，2012，31 (12)：1953-1959.

[10] 胡春华，周文斌，易纯，等.环鄱阳湖区蔬菜地土壤中有机氯农药分布特征及生态风险评价 [J].农业环境科学学报，2011，30 (3)：487-491.

[11] 北京化工研究院环境保护所/计算中心.国际化学品安全卡（中文版）查询系统 [DB].2016.

环戊烷

1 名称、编号、分子式

环戊烷是环烷烃的一种，又称五亚甲基，常温常压下为无色透明液体。环戊烷的制备方法有很多，但是由环戊二烯加氢的方法最有工业前景，一般包括双环戊二烯解聚和环戊二烯加氢两部分。环戊烷基本信息见表 22-1。

表 22-1 环戊烷基本信息

中文名称	环戊烷
中文别名	五亚甲基
英文名称	cyclopentane
英文别名	pentamethylene
UN 号	1146
CAS 号	287-92-3
ICSC 号	0353
RTECS 号	GY2390000
分子式	C_5H_{10}
分子量	70.08

2 理化性质

环戊烷在常温常压下为无色透明液体，有苯样气味，不溶于水，溶于乙醇、乙醚、苯、四氯化碳、丙酮等多数有机溶剂。能与强氧化剂剧烈反应。环戊烷理化性质一览表见表 22-2。

表 22-2 环戊烷理化性质一览表

外观与性状	无色透明液体，有苯样的气味
熔点/℃	−93.7
沸点/℃	49.3
相对密度(水=1)	0.75
相对蒸气密度(空气=1)	2.42

饱和蒸气压(20℃)/kPa	45
燃烧热/(kJ/mol)	3287.8
临界温度/℃	238.6
临界压力/MPa	4.52
辛醇/水分配系数的对数值	7
闪点/℃	−25
引燃温度/℃	361
爆炸上限(体积分数)/%	8.7
爆炸下限(体积分数)/%	1.1
溶解性	不溶于水,溶于乙醇、乙醚、苯、四氯化碳、丙酮等多数有机溶剂
化学性质	一定条件下蒸气与空气可形成爆炸性混合物
稳定性	稳定

3 毒理学参数

(1) 急性毒性 LD_{50}：11400mg/kg（大鼠经口）。LC_{50}：106g/m^3（大鼠吸入）。

(2) 代谢 影响脱脂功能，影响代谢。

(3) 中毒机理 低毒性，具有脱脂功能。

(4) 刺激性 散发苯味，较低刺激性。

(5) 致癌性 此产品中没有大于或等于0.1%含量的组分被IARC鉴别为可能的或肯定的人类致癌物。

(6) 危险特性 极易燃，其蒸气与空气可形成爆炸性混合物，遇明火、高热极易燃烧爆炸。与氧化剂接触发生强烈反应，甚至引起燃烧。在火场中，受热的容器有爆炸危险。其蒸气比空气密度大，能在较低处扩散到相当远的地方，遇火源会着火回燃。

4 对环境的影响

4.1 主要用途

用作溶剂、制取聚氨酯泡沫时的发泡剂（替代氟利昂）及色谱分析标准物质等。

4.2 环境行为

(1) 生物降解性 在土壤中很难生物降解，能够浸析地下水，能够很快蒸发。在水中很难生物降解，很容易蒸发，半衰期是1～10d。

(2) 非生物降解性 很容易发生化学反应产生羟基而降解，光解半衰期是1～10d。

4.3 人体健康危害

(1) 暴露/侵入途径 吸入、食入、经皮吸收。

(2) 健康危害 吸入后可引起头痛、头晕、定向力障碍、兴奋、倦睡、共济失调和麻醉作用。呼吸系统和心脏可受到影响。对眼有轻度刺激作用。口服致中枢神经系统抑制、黏膜出血和腹泻等。本品对皮肤有脱脂作用，引起皮肤干燥、发红等。

4.4 接触控制标准

PC-TWA (mg/m^3)：1720。

PC-STEL (mg/m^3)：2150。

前苏联 MAC (mg/m^3)：0.5。

环戊烷生产及应用相关环境标准见表22-3。

表22-3 环戊烷生产及应用相关环境标准

标准编号	限制要求	标准值
前苏联	车间空气中有害物质的最高容许浓度	$20mg/m^3$

5 环境监测方法

5.1 现场应急监测方法

现场应急监测可采用便携式气相色谱仪，不需要进行样品的预处理，直接对现场空气进行采样，采样时由内载气带入内部毛细管柱，采样时间一般为10s。

5.2 实验室监测方法

环戊烷的实验室监测方法见表22-4。

表22-4 环戊烷的实验室监测方法

监测方法	来源	类别
纳氏试剂比色法	《水质分析大全》,张宏陶等编	水质
气相色谱法	《固体废弃物试验与分析评价手册》,中国环境监测总站等译	固体废物

6 应急处理处置方法

6.1 泄漏应急处理

(1) 应急行为 迅速撤离泄漏污染区人员至安全区，并进行隔离，严格限制出入。切断火源。

(2) 应急人员防护 建议应急处理人员戴自吸过滤式防毒面具（全面罩），穿防静电工作服。

(3) 环保措施 尽可能切断泄漏源。防止流入下水道、排洪沟等限制性空间。

(4) 消除方法 小量泄漏：用活性炭或其他惰性材料吸收。也可以用不燃性分散剂制成的乳液刷洗，洗液稀释后放入废水系统。大量泄漏：构筑围堤或挖坑收容。用泡沫覆盖，降低蒸气灾害。用防爆泵转移至槽车或专用收集器内，回收或运至废物处理场所处置。

6.2 个体防护措施

(1) 工程控制 生产过程密闭，全面通风。提供安全淋浴和洗眼设备。

(2) 呼吸系统防护 空气中浓度超标时，佩戴自吸过滤式防毒面具（半面罩）。

(3) 眼睛防护 一般不需要特殊防护，高浓度接触时可戴化学安全防护眼镜。

(4) 身体防护 穿防静电工作服。

(5) 手防护 戴耐油橡胶手套。

(6) 其他 工作现场严禁吸烟。避免长期反复接触。

6.3 急救措施

(1) 皮肤接触 立即脱去污染的衣着，用肥皂水或清水彻底冲洗皮肤。

(2) 眼睛接触 立即提起眼睑，用大量流动清水或生理盐水冲洗。就医。

(3) 吸入 迅速脱离现场至空气新鲜处。保持呼吸道通畅。如呼吸困难，给输氧。如停止呼吸，立即进行人工呼吸，就医。

(4) 食入 饮足量温水，催吐。就医。

(5) 灭火方法 喷水冷却容器，可能的话将容器从火场移至空旷处。处在火场中的容器若已变色或从安全泄压装置中产生声音，必须马上撤离。

6.4 应急医疗

(1) 诊断要点 吸入后可引起头痛、头晕、定向力障碍、兴奋、倦睡、共济失调和麻醉作用。口服致中枢神经系统抑制、黏膜出血和腹泻等。接触本品对皮肤有脱脂作用，引起皮肤干燥、发红等。

(2) 处理原则

① 吸入中毒者迅速脱离现场至空气新鲜处。保持呼吸道通畅。如呼吸困难，给输氧。如停止呼吸，立即进行人工呼吸。

② 口服者饮足量温水，催吐。

③ 皮肤接触者立即脱去污染的衣着，用肥皂水或清水彻底冲洗皮肤。

④ 对症治疗。

(3) 预防措施 远离热源、火花、明火、热表面。禁止吸烟。使用防爆型、通风、照明设备。防止蒸气泄漏到工作场所空气中。避免与强氧化剂接触。灌装时应控制流速，且有接地装置，防止静电积聚。搬运时要轻轻装卸，防止包装及容器损坏。配备相应品种和数量的消防器材及泄漏应急处理设备。倒空的容器可能残留有害物。

7 储运注意事项

7.1 储存注意事项

储存于阴凉、通风的库房。远离火种、热源。库温不宜超过26℃。保持容器密封。应与氧化剂分开存放，切忌混储。采用防爆型照明、通风设施。禁止使用易产生火花的机械设备和工具。储区应备有泄漏应急处理设备和合适的收容材料。

7.2 运输信息

危险货物编号：31003。

UN 编号：1146。

包装类别：Ⅱ。

包装方法：安瓿瓶外普通木箱；螺纹口玻璃瓶、铁盖压口玻璃瓶、塑料瓶或金属桶（罐）外普通木箱。

运输注意事项：铁路运输时应严格按照铁道部《危险货物运输规则》中的危险货物配装表进行配装。运输时运输车辆应配备相应品种和数量的消防器材及泄漏应急处理设备。夏季最好早晚运输。运输时所用的槽（罐）车应有接地链，槽内可设孔隔板以减少振荡产生静电。严禁与氧化剂等混装混运。运输途中应防曝晒、雨淋，防高温。中途停留时应远离火种、热源、高温区。装运该物品的车辆排气管必须配备阻火装置，禁止使用易产生火花的机械设备和工具装卸。公路运输时要按规定路线行驶，勿在居民区和人口稠密区停留。铁路运输时要禁止溜放。严禁用木船、水泥船散装运输。

7.3 废弃

(1) 废弃处置方法 建议用焚烧法处置。

(2) 废弃注意事项 处置前应参阅国家和地方有关法规。

8 参考文献

[1] 环境保护部. 国家污染物环境健康风险名录（化学第一分册）[M]. 北京：中国环境科学出版社，2009.

[2] 中国环境监测总站. 固体废弃物试验分析评价手册 [M]. 北京：中国环境科学出版社，1992.

[3] 张宏陶. 水质分析大全 [M]. 重庆：科学技术文献出版社重庆分社，1989.

[4] 张寿林，等. 急性中毒诊断与急救 [M]. 北京：化学工业出版社，1996.

[5] 天津市固体废物及有毒化学品管理中心. 危险化学品环境数据手册 [M]. 天津：天津市固体废物及有毒化学品管理中心，2005：219-221.

[6] 段林海，蒋施，孙兆林，等. 环戊烷在 Silicalite-1 上吸附的热力学研究 [J]. 石油化工高等学校学报，2003，16（3）：6-8.

[7] 梁德青，郭开华，樊栓狮，等. 环戊烷水合物平衡数据 [J]. 化工学报，2001，52（9）：753-754.

[8] 张冬梅，傅建松. 环戊烷分离的流程模拟和优化 [J]. 石油化工，2005，34（1）：819-820.

[9] 徐泽辉，张文，黄海松. 由双环戊二烯制备环戊烷 [J]. 上海化工，2003，(6)：17-19.

[10] 华文. 中石化发明新的环戊烷制备方法 [J]. 聚氨酯信息，2002，(9)：8-9.

[11] 裴建国. 环戊烷生产工艺技术探讨 [J]. 化工设计通讯，2017，43（7）：118-119.

[12] 高月新，姚钰，金利新，等. 环戊烷的生产 [J]. 当代化工，2003，32（3）：158-160.

[13] 北京化工研究院环境保护所/计算中心. 国际化学品安全卡（中文版）查询系统 [DB]. 2016.

甲　　醚

1　名称、编号、分子式

甲醚为易燃气体，常称为二甲醚。二甲醚的生产方法有一步法和二步法。一步法是指由原料气一次合成二甲醚，二步法是由合成气合成甲醇，然后再脱水制取二甲醚。甲醚基本信息见表 23-1。

表 23-1　甲醚基本信息

中文名称	甲醚
中文别名	二甲醚;氧化二甲烷;木醚
英文名称	dimethylether
英文别名	methoxymethane;methyl ether
UN 号	1033
CAS 号	115-10-6
ICSC 号	0454
RTECS 号	PM4780000
分子式	CH_3OCH_3/C_2H_6O
分子量	46.08

2　理化性质

二甲醚是一种无色、具有轻微醚香味的气体，具有惰性，无致癌性，但有神经毒性。还具有优良的混溶性，能同大多数极性和非极性有机溶剂混溶。在 100mL 水中可溶解 3.700mL 二甲醚气体，且二甲醚易溶于汽油、四氯化碳、丙酮、氯苯和乙酸甲酯等多种有机溶剂，加入少量助剂后就可与水以任意比互溶。其燃烧时火焰略带亮光。甲醚理化性质一览表见表 23-2。

表 23-2　甲醚理化性质一览表

外观与性状	无色气体或压缩液体,具有轻微醚香味
熔点/℃	−141.5
沸点/℃	−23.6
相对密度(水=1)	0.61

续表

相对蒸气密度(空气=1)	1.6
饱和蒸气压(20℃)/kPa	533.2
燃烧热(kJ/mol)	1453
临界温度/℃	127
临界压力/MPa	5.33
辛醇/水分配系数的对数值	0.10
闪点/℃	−41
引燃温度/℃	350
爆炸上限(体积分数)/%	27.0
爆炸下限(体积分数)/%	3.4
溶解性	还具有优良的混溶性,能同大多数极性和非极性有机溶剂混溶
化学性质	甲醚具有甲基化反应性能。与一氧化碳反应生成乙酸或乙酸甲酯;与二氧化碳反应生成甲氧基乙酸;与氰化氢反应生成乙腈。可氯化成各种氯化衍生物。与空气混合能形成爆炸性混合物
稳定性	稳定

3 毒理学参数

(1) 急性毒性 LC_{50}：308000mg/m^3（大鼠吸入）；人吸入154.24g/m^3×30min，轻度麻醉。

(2) 亚急性和慢性毒性 小鼠吸入225.72g/m^3，麻醉浓度；猫吸入1658.85g/m^3，深度麻醉；人吸入154.24g/m^3×30min，轻度麻醉；人吸入940.50g/m^3，有极不愉快的感觉、有窒息感。

(3) 中毒机理 甲醚是弱麻醉剂，当空气中浓度较高时，极易通过呼吸道而侵入人体，使呼吸道出现刺激和麻醉作用，严重者甚至出现窒息。

(4) 致突变性 无明显致突变性。

(5) 生殖毒性 无明显生殖毒性。

(6) 致癌性 无明显致癌性。

(7) 危险特性 易燃气体。与空气混合能形成爆炸性混合物。接触热、火星、火焰或氧化剂易燃烧爆炸。接触空气或在光照条件下可生成具有潜在爆炸危险性的过氧化物。气体比空气密度大，能在较低处扩散到相当远的地方，遇火源会着火回燃。若遇高热，容器内压增大，有开裂和爆炸的危险。

4 对环境的影响

4.1 主要用途

主要用作有机合成的原料，也用作溶剂、气雾剂、制冷剂和麻醉剂等，民用复合乙醇及氟利昂气溶胶的代用品。在国外推广的燃料添加剂在制药、染料、农药工业中有许多独特的用途。二甲醚作为一种基本化工原料，由于其良好的易压缩、冷凝、气化特性，使得二甲醚在制药、燃料、农药等化学工业中有许多独特的用途。如高纯度的二甲醚可代替氟利昂用作气溶胶喷射剂和制冷剂，减少对大气环境的污染和臭氧层的破坏。由于其良好的水溶性、油溶性，使得其应用范围大大优于丙烷、丁烷等石油化学品。代替甲醇用作甲醛生产的新原料，可以明显降低甲醛生产成本，在大型甲醛装置中更显示出其优越性。作为民用燃料气其储运、燃烧安全性，预混气热值和理论燃烧温度等性能指标均优于石油液化气，可作为城市管道煤气的调峰气、液化气掺混气。也是柴油发动机的理想燃料，与甲醇燃料汽车相比，不存在汽车冷启动问题。它还是未来制取低碳烯烃的主要原料之一。

4.2 环境行为

二甲醚在空气中长期暴露不会形成过氧化物，能溶于水、甲醇和乙醇等溶剂，但不会腐蚀金属。它的毒性很低，半衰期较短，极易在对流层中降解为二氧化碳和水，在光化学反应中不会产生甲醛，对大气臭氧层无破坏作用和无温室效应，燃烧也几乎不产生任何污染环境的物质。

4.3 人体健康危害

(1) 暴露/侵入途径 吸入。

(2) 健康危害 对中枢神经系统有抑制作用，麻醉作用弱。吸入后可引起麻醉、窒息感。对皮肤有刺激性。

4.4 接触控制标准

中国 MAC（mg/m^3）：2。

TLV-C：$2mg/m^3$（AGGIH）。

甲醚生产及应用相关环境标准见表 23-3。

表 23-3 甲醚生产及应用相关环境标准

标准编号	限制要求	标准值
中国(TJ 36—1979)	工业企业设计卫生标准	$500mg/m^3$
欧盟(2002)	职业接触限值	1000ppm;$1920mg/m^3$(时间加权平均值)

5 环境监测方法

5.1 现场应急监测方法

现场应急监测可采用便携式气相色谱仪，不需要进行样品的预处理，直接对现场空气进行采样，采样时由内载气带入内部毛细管柱，采样时间一般为 10s。

5.2 实验室监测方法

甲醚的实验室监测方法见表 23-4。

表 23-4　甲醚的实验室监测方法

监测方法	来源	类别
气相色谱法	秦平. 毛细管柱气相色谱法测定液化石油气中二甲醚含量. 化学分析计量，2017，26(1)：92-95	空气

6　应急处理处置方法

6.1　泄漏应急处理

(1) 应急行为　迅速撤离泄漏污染区人员至上风处，并进行隔离，严格限制出入。切断火源。

(2) 应急人员防护　建议应急处理人员戴自给正压式呼吸器，穿消防防护服。尽可能切断泄漏源。

(3) 环保措施　用工业覆盖层或吸附/吸收剂盖住泄漏点附近的下水道等地方，防止气体进入。

(4) 消除方法　合理通风，加速扩散。喷雾状水稀释、溶解。构筑围堤或挖坑收容产生的大量废水。漏气容器要妥善处理，修复、检验后再用。

6.2　个体防护措施

(1) 工程控制　生产过程密闭，全面通风。

(2) 呼吸系统防护　一般不需要特殊防护，高浓度接触时可佩戴自吸过滤式防毒面具（半面罩）。

(3) 眼睛防护　一般不需要特殊防护，但建议特殊情况下，戴化学安全防护眼镜。

(4) 身体防护　穿防静电工作服。

(5) 手防护　戴一般作业防护手套。

(6) 其他　工作现场严禁吸烟。进入罐、限制性空间或其他高浓度区作业，必须有人监护。

6.3　急救措施

(1) 吸入　迅速脱离现场至空气新鲜处。保持呼吸道通畅。如呼吸困难，给输氧。如呼吸停止，立即进行人工呼吸。就医。

(2) 灭火方法　切断气源。若不能切断气源，则不允许熄灭泄漏处的火焰。喷水冷却容器，可能的话将容器从火场移至空旷处。

6.4　应急医疗

(1) 诊断要点　咳嗽（干咳或呛咳）、头晕、胸闷，甚至呼吸困难而出现口唇发绀、缺氧样窒息；皮肤刺痒、痛。对中枢神经系统有抑制作用，麻醉作用弱。对皮肤有刺激性。

(2) 处理原则

① 迅速脱离现场至空气新鲜处，给予温水清洗皮肤，保持呼吸道通畅。

② 应用镇咳剂，如磷酸可待因 15mg，每日 3 次。

③ 呼吸困难，给输氧。

④ 呼吸停止，立即进行人工呼吸。

⑤ 及时就医。

(3) 预防措施 远离火种、热源，工作场所严禁吸烟。使用防爆型的通风系统和设备。防止蒸气泄漏到工作场所空气中。避免与氧化剂、酸类、碱类、卤素接触。搬运时要轻装轻卸，防止包装及容器损坏。配备相应品种和数量的消防器材及泄漏应急处理设备。倒空的容器可能残留有害物。

7 储运注意事项

7.1 储存注意事项

储存于阴凉、通风的易燃气体专用库房。远离火种、热源。库温不宜超过 30℃。应与氧化剂、酸类、卤素分开存放，切忌混储。采用防爆型照明、通风设施。禁止使用易产生火花的机械设备和工具。储区应备有泄漏应急处理设备。

7.2 运输信息

危险货物编号：21040。

UN 编号：1033。

包装类别：O52。

包装方法：二甲醚（DME）具有与 LPG 相似的物性，国内法规中的高压气体安全法规仍适用。输送与储藏系统也与 LPG 相同。对金属无腐蚀，对运输船只、管材、储槽等的要求与 LPG 的无太大差别。

钢制气瓶；磨砂口玻璃瓶或螺纹口玻璃瓶外普通木箱；安瓿瓶外普通木箱。

运输注意事项：采用制瓶运输时必须戴好钢瓶上的安全帽。钢瓶一般平放，并应将瓶口朝同一方向，不可交叉；高度不得超过车辆的防护栏板，并用三角木垫卡牢，防止滚动。运输时运输车辆应配备相应品种和数量的消防器材。装运该物品的车辆排气管必须配备阻火装置，禁止使用易产生火花的机械设备和工具装卸。严禁与氧化剂、酸类、卤素、食用化学品等混装混运。夏季应早晚运输，防止日光曝晒。中途停留时应远离火种、热源。公路运输时要按规定路线行驶，禁止在居民区和人口稠密区停留。铁路运输时要禁止溜放。

7.3 废弃

(1) 废弃处置方法 建议用焚烧法处置。焚烧炉排出的气体要通过洗涤器除去。

(2) 废弃注意事项 处置前应参阅国家和地方有关法规。

8 参考文献

[1] 环境保护部.国家污染物环境健康风险名录（化学第一分册）[M].北京：中国环境科学出版社，2009.

[2] 张寿林，等.急性中毒诊断与急救 [M].北京：化学工业出版社，1996.

[3] 亢茂青，任兆鑫.二甲醚（DME）的制备及应用 [J].合成化学，1994，(4)：320-323.

[4] 杨晓刚，司芳，郭林，等. 二甲醚的生产现状及发展前景 [J]. 精细与专用化学品，2005，13（15）：5-7.

[5] 王铁军，常杰，祝京旭. 生物质合成燃料二甲醚的技术 [J]. 化工进展，2003，22（11）：1156-1159.

[6] 杨立新，徐红燕. 二甲醚生产技术及应用前景 [J]. 化工进展，2003，22（2）：204-207.

[7] 常雁红，韩怡卓，王心葵. 二甲醚的生产、应用及下游产品的开发 [J]. 天然气化工（C1 化学与化工），2000，25（3）：45-49.

[8] 黄震. 二甲醚-解决中国能源安全与环境保护之路 [C]. 上海：长三角清洁能源论坛论文专辑. 2005，37-39.

[9] 倪维斗，靳晖，李政，等. 二甲醚经济与中国的能源和环境 [J]. 节能与环保，2002,（6）：10-15.

[10] 黎汉生，王金福. 二甲醚应用研究的现状与展望 [J]. 石油化工，2003，32（4）：343-347.

[11] 侯昭胤，费金. 二甲醚的应用和生产工艺 [J]. 石油化工，1999，28（1）：59-62.

[12] 王铁军，常杰，祝京旭. 生物质合成燃料二甲醚的技术 [J]. 化工进展，2003，22（11）：1156-1159.

[13] 倪维斗，靳晖，李政，等. 二甲醚经济：解决中国能源与环境问题的重大关键 [J]. 煤化工，2003，31（4）：3-9.

[14] 北京化工研究院环境保护所/计算中心. 国际化学品安全卡（中文版）查询系统 [DB]. 2016.

邻苯二甲酸二丁酯

1 名称、编号、分子式

邻苯二甲酸二丁酯又称邻酞酸二丁酯或二丁脂，为无色透明油状液体，邻苯二甲酸二丁酯（DBP）与邻苯二甲酸二辛酯（DOP）、邻苯二甲酸二异丁酯（DIBP）为三种最常见增塑剂，是塑料、合成橡胶和人造革等的常用增塑剂。它由邻苯二甲酸酐和正丁醇加热酯化制得。邻苯二甲酸二丁酯基本信息见表 24-1。

表 24-1　邻苯二甲酸二丁酯基本信息

中文名称	邻苯二甲酸二丁酯
中文别名	酞酸二丁酯；二丁脂；邻苯二甲酸二丁脂；邻酞酸二丁酯；苯二甲酸正丁酯；二丁基酞酸酯；酞酸二正丁酯；二丁基邻苯二甲酸盐；邻苯二甲酸盐；苯二甲酸二正丁酯；邻苯二甲酸二正丁酯；1,2-苯二甲酸二丁基酯；驱蚊叮
英文名称	dibutyl phthalate
英文别名	DBP; butyl phthalate; di-*n*-butyl phthalate; phthalic acid di-*n*-butyl ester; benzene-1,2-dicarboxylic acid di-*n*-butylester
UN 号	3082
CAS 号	84-74-2
ICSC 号	0036
RTECS 号	TI0875000
EC 编号	607-318-00-4
分子式	$C_{16}H_{22}O_4/C_6H_4(COOC_4H_9)_2$
分子量	278.3

2 理化性质

邻苯二甲酸二丁酯为无色、无臭、油状液体。水中溶解度为 0.04%（25℃），可与乙醇混溶，溶于乙醚、苯和其他有机溶剂，爆炸极限为空气中从 0.5%（235℃）到大约 2.5%（体积分数）。用作环氧树脂、白乳胶、丁腈橡胶胶黏剂和氯丁橡胶密封胶等的增塑剂、驱虫剂和涂料溶剂。邻苯二甲酸二丁酯理化性质一览表见表 24-2。

表 24-2 邻苯二甲酸二丁酯理化性质一览表

外观与性状	无色、无臭、油状液体
熔点/℃	−35
沸点/℃	340
相对密度(水=1)	1.05
相对蒸气密度(空气=1)	9.58
饱和蒸气压/kPa	0.15
辛醇/水分配系数的对数值	4.72
闪点/℃	157
引燃温度/℃	402
爆炸下限(体积分数)/%	0.5
溶解性	水中溶解度为0.04%(25℃),可与乙醇混溶,溶于乙醚、苯和其他有机溶剂
化学性质	用作环氧树脂、白乳胶、丁腈橡胶胶黏剂和氯丁橡胶密封胶等的增塑剂、驱虫剂和涂料溶剂
稳定性	稳定

3 毒理学参数

(1) 急性毒性 LD_{50}：12000μg/kg（大鼠经口）；5282μg/kg（小鼠经口）。LC_{50}：7900μg/m^3（大鼠吸入）；2100μg/m^3（小鼠吸入）。

(2) 亚急性和慢性毒性 大鼠经口1.25%（喂饲），部分动物第1周死亡，无组织病变发生；人经口10g，恶心、头晕、流泪、畏光、结膜炎。

(3) 代谢

① 生物分解。在接种物中包括污水、土壤及天然水体，在摇荡的烧瓶中所做的生物分解试验发现28d后68%～99%的DBP消失，80.6%～99%转变成二氧化碳。而迟滞期平均为4.5d。利用活性污泥处理有60%～70%可被移除。

② 生物浓缩。DBP在鱼体内4h内即被迅速代谢，由鲶鱼排泄出的残渣中75%为单丁基邻苯二甲酸酯。美国牡蛎、虾和米诺鱼的对数生物浓度指数值分别为1.5、1.22及1.07。在波兰港湾两处所取的底泥样本测定DBP的生物浓缩期分别为0.59～1.1d及0.14～0.25d。

(4) 中毒机理 本品也和其他酞酸酯一样，能引起中枢神经和周围神经系统的功能性变化，然后进一步引起它们组织上的改变。有趋肝性。可引起轻度致敏作用。具有中等程度的蓄积作用和轻度刺激作用。

(5) 危险特性 与空气混合，遇高热、明火可爆。

4 对环境的影响

4.1 主要用途

该品为增塑剂。对多种树脂具有很强溶解力。主要用于聚氯乙烯加工，可赋予制品良好的柔软性。由于其相对价廉且加工性好，在国内使用非常广泛，几乎与 DOP 相当。但挥发性和水抽出性较大，因此制品耐久性差，应逐步限制其使用。该品是硝酸纤维素的优良增塑剂，凝胶能力强。用于硝酸纤维素涂料，有很好的软化作用。稳定性、耐挠曲性、黏着性和防水性皆优。此外，该品还可用作聚乙酸乙烯、醇酸树脂、乙基纤维素以及氯丁橡胶的增塑剂，还可用于制造涂料、黏结剂、人造革、印刷油墨、安全玻璃、赛璐珞、染料、杀虫剂、香料溶剂、织物润滑剂等。

4.2 环境行为

(1) 代谢和降解

① 生物分解。在接种物中包括污水、土壤及天然水体，在摇荡的烧瓶中所做的生物分解试验发现 28d 后 68%～99%的 DBP 消失，80.6%～99%转变成二氧化碳。而迟滞期平均为 4.5d。利用活性污泥处理有 60%～70%可被移除。

② 生物浓缩。DBP 在鱼体内 4h 内即被迅速代谢，由鲶鱼排泄出的残渣中 75%为单丁基邻苯二甲酸酯。美国牡蛎、虾和米诺鱼的对数生物浓度指数值分别为 1.5、1.22 及 1.07。在波兰港湾两处所取的底泥样本测定 DBP 的生物浓缩期分别为 0.59～1.1d 及 0.14～0.25d。

(2) 残留与蓄积 对邻苯二甲酸酯类来说，水解作用、挥发作用和光解作用都不是它们的重要反应过程。据估计，邻苯二甲酸酯类的水解半衰期从邻苯二甲酸二乙基酯的 3.2 年到邻苯二甲酸-2-乙基己基酯的 2000 年不等。由于其较低的蒸气压，它们的挥发损失是很小的，或者几乎没有挥发损失。尽管目前尚没有见到有关邻苯二甲酸酯类光解作用的报道，但根据其在紫外线、可见光范围内没有光谱吸收这一现象可以推断，它们是很难进行光化学反应的。试验研究表明，生物对邻苯二甲酸酯类有富集作用，研究发现水生生物体内有明显的该类化合物的残留物。

(3) 迁移转化 本品可燃，遇明火、高温、强氧化剂有发生火灾的危险。流动、搅动会产生静电。燃烧时，该物质发生分解生成苯二甲酸酐（参考 ICSC0315）有毒和刺激性烟雾与气体。主要的产物为 1-丁烯、丁醇及邻苯二甲酸酐，而邻苯二甲酸酐是极具刺激性及过敏性物质。

4.3 人体健康危害

(1) 暴露/侵入途径 可通过胃肠道、呼吸道和皮肤吸收而进入机体。

(2) 健康危害 对人，最敏感的人可嗅到的阈浓度为 0.00026mg/L。本品对眼的光感反射作用的阈浓度为 0.00016mg/L，而对大脑生物电活动的阈浓度为 0.00011～0.00012mg/L。生产增塑剂的工人可患多发性神经炎、脊髓神经炎及脑多发神经炎。

本品可经完整皮肤吸收少量。皮肤及眼黏膜一次接触本品后，并不引起刺激作用，而反复接触则可见到严重的刺激。根据某些试验资料，它可引起轻度的致敏作用。

对动物，小白鼠吸入 2h 气雾剂的 LD_{50} 为 25mg/L。中毒期间可见对眼黏膜及上呼吸道黏膜的强烈刺激，呼吸困难，共济失调，后肢麻痹；部分动物呈现浅表的麻醉，阵挛性惊厥。

4.4 接触控制标准

中国 MAC（mg/m^3）：2.5。

前苏联 MAC（mg/m^3）：0.5。

TLVTN：ACGIH $5mg/m^3$。

邻苯二甲酸二丁酯生产及应用相关环境标准见表24-3。

表24-3 邻苯二甲酸二丁酯生产及应用相关环境标准

标准编号	限制要求	标准值
前苏联(1975)	车间卫生标准	$0.5mg/m^3$
前苏联(1975)	居民区大气中有害物最大允许浓度	$0.1mg/m^3$(最大值)
中国(GB 3838—2002)	地面水环境质量标准	0.003mg/L
中国(GB 8978—1996)	污水综合排放标准	一级:0.2mg/L 二级:0.4mg/L 三级:2.0mg/L

5 环境监测方法

5.1 现场应急监测方法

现场应急监测可采用气体检测管法、便携式气相色谱法、水质检测管法、快速检测管法(《突发性环境污染事故应急监测与处理处置技术》，万本太主编)、气体速测管(德国德尔格公司产品)。

5.2 实验室监测方法

邻苯二甲酸二丁酯的实验室监测方法见表24-4。

表24-4 邻苯二甲酸二丁酯的实验室监测方法

监测方法	来源	类别
高效液相色谱法	《作业场所空气中邻苯二甲酸二丁酯和邻苯二甲酸二辛酯的高效液相色谱测定方法》(WS/T 149—1999)	空气
气相色谱法	《固体废弃物试验分析评价手册》,中国环境监测总站等译	固体废物
气相色谱法	《城市和工业废水中有机化合物分析》,王克欧等译	废水
色谱-质谱法	《水和废水标准检验法》19版译文,江苏省环境监测中心	水质

6 应急处理处置方法

6.1 泄漏应急处理

(1) 应急行为 迅速撤离泄漏污染区人员至安全区，并进行隔离，严格限制出入。切断火源。建议应急处理人员戴自给正压式呼吸器，穿防毒服。尽可能切断泄漏源。防止流入下水道、排洪沟等限制性空间。小量泄漏：用砂土、蛭石或其他惰性材料吸收。也可以用不燃性分散剂制成的乳液刷洗，洗液稀释后放入废水系统。大量泄漏：构筑围堤或挖坑收容。用泵转移至槽车或专用收集器内，回收或运至废物处理场所处置。

(2) 应急人员防护 饮足量温水，催吐。洗胃，导泻。就医。

（3）环保措施 防止流入下水道、排洪沟等限制性空间。

（4）消除方法 用砂土、蛭石或其他惰性材料吸收。也可以用不燃性分散剂制成的乳液刷洗，洗液稀释后放入废水系统。

6.2 个体防护措施

（1）工程控制 生产过程密闭，加强通风。

（2）呼吸系统防护 空气中浓度超标时，必须佩戴自吸过滤式防毒面具（半面罩）。紧急事态抢救或撤离时，应该佩戴空气呼吸器。

（3）眼睛防护 戴化学安全防护眼镜。

（4）身体防护 穿防毒物渗透工作服。

（5）手防护 戴橡胶耐油手套。

（6）其他 工作现场禁止吸烟、进食和饮水。工作完毕，淋浴更衣。

6.3 急救措施

（1）皮肤接触 脱去污染的衣着，用大量流动清水冲洗。

（2）眼睛接触 提起眼睑，用流动清水或生理盐水冲洗。就医。

（3）吸入 迅速脱离现场至空气新鲜处。保持呼吸道通畅。如呼吸困难，给输氧。如呼吸停止，立即进行人工呼吸。就医。

（4）食入 饮足量温水，催吐。洗胃，导泻。就医。

（5）灭火方法 小火时，以干式化学药剂、二氧化碳、喷水雾或标准泡沫灭火。大火时，喷水雾或泡沫灭火。确保安全无虞后再将容器移出火场。千万不要以高压水柱将泄漏之物冲散。在泄漏区附近挖沟以后再处理。

6.4 应急医疗

（1）诊断要点 吸入或误食者可出现恶心、呕吐、头晕、流泪、畏光及结膜炎等刺激症状。

（2）处理原则

① 吸入者脱离现场至空气新鲜处。

② 皮肤接触者脱去污染衣着，用流动清水冲洗皮肤。

③ 误食者大量饮水、催吐、洗胃。

④ 眼睛接触者提起眼睑，用流动清水或生理盐水冲洗眼部，并对症处理。

（3）预防措施 工作现场加强通风，严禁烟火。操作工人穿戴清洁完好的防护用具（最好使用丁基橡胶、氯丁橡胶、腈基橡胶或合成橡胶制作），戴防化镜，选择适当呼吸器。在空气中有高浓度本品时，要戴工业用 A 型防毒面罩，而存在气雾时加用过滤器。采用过滤式 A 型防毒面罩。合成和应用本品时，特别是加热本品或含有本品的塑料时，要密封以防止蒸气和气雾外逸。对呼吸系统、肠胃系统进行定期检查。

7 储运注意事项

7.1 储存注意事项

储存于阴凉、通风的库房。远离火种、热源。应与氧化剂、酸类分开存放，切忌混储。

配备相应品种和数量的消防器材。储区应备有泄漏应急处理设备和合适的收容材料。

7.2 运输信息

危险货物编号：28109。

UN 编号：3082。

包装类别：Z01。

运输注意事项：运输前应先检查包装容器是否完整、密封，运输过程中要确保容器不泄漏、不倒塌、不坠落、不损坏。严禁与氧化剂、酸类、食用化学品等混装混运。运输车船必须彻底清洗、消毒，否则不得装运其他物品。船运时，配装位置应远离卧室、厨房，并与机舱、电源、火源等部位隔离。公路运输时要按规定路线行驶。

7.3 废弃

(1) 废弃处置方法 焚烧法。

(2) 废弃注意事项 根据国家和地方有关法规的要求处置。或与厂商、制造商联系，确定处置方法。

8 参考文献

[1] 董华模.化学物的毒性及其环境保护参数手册 [M].北京：人民卫生出版社，1988.

[2] 国家环境保护局有毒化学品管理办公室.化学品毒性、法规、环境数据手册 [M].北京：中国环境科学出版社，1992.

[3] 周国泰.危险化学品安全技术全书 [M].北京：化学工业出版社，1997.

[4] 环境保护部.国家污染物环境健康风险名录（化学第一分册） [M].北京：中国环境科学出版社，2011.

[5] 卢伟.工作场所有害因素危害特性实用手册 [M].北京：化学工业出版社，2008.

[6] 万本太.突发性环境污染事故应急监测与处理处置技术 [M].北京：中国环境科学出版社，1996.

[7] 詹姆斯 E 朗博顿，詹姆斯 J 利希滕伯格.城市和工业废水中有机化合物分析 [M].王克欧等译.北京：学术期刊出版社，1989.

[8] 中国环境监测总站.固体废弃物试验分析评价手册 [M].北京：中国环境科学出版社，1992.

[9] 黄国兰，孙红文，高娟，等.邻苯二甲酸二丁酯对大型蚤（Daphnia magna）的毒性作用研究 [J].环境化学，1998，(5)：428-433.

[10] 佚名.邻苯二甲酸二丁酯 [J].化学工业与工程技术，1997，(2)：41.

[11] 张蕴晖，林玲，阚海东，等.邻苯二甲酸二丁酯的人群综合暴露评估 [J].中国环境科学，2007，27 (5)：651-656.

邻苯二甲酸二甲酯

1 名称、编号、分子式

邻苯二甲酸二甲酯为无色透明微黄色油状液体，稍有芳香味，是一种对多种树脂都有很强溶解力的增塑剂，主要是用苯酐与甲醇进行酯化反应制得。邻苯二甲酸二甲酯基本信息见表 25-1。

表 25-1 邻苯二甲酸二甲酯基本信息

中文名称	邻苯二甲酸二甲酯
中文别名	避蚊酯；驱蚊油；酞酸二甲酯；1,2-苯二甲酸二甲酯；避蚊油；邻酞酸二甲酯；增塑剂 DMP；对羟基苯甲酸庚酯；避蚊剂；驱蚊酯；邻苯二酸二甲酯；夫尔明；宫殿油 M；溶威油；酸二甲酯
英文名称	dimethyl phthalate
英文别名	1,2-benzenedicarboxylic acid dimethyl ester；avolin(R)；dimethyl1,2-benzendicarboxylate；dimethyl 1,2-benzenedicarboxylate；dimethyl-*o*-phthalate；DMP；DMP(R)；fermine；methyl phthalate；mipax；1,2-benzendicarboxylicacid,dimethylester；1,2-dimethyl phthalate
CAS 号	131-11-3
ICSC 号	0261
RTECS 号	TI1575000
分子式	$C_6H_4(COOCH_3)_2/C_{10}H_{10}O_4$
分子量	194.2

2 理化性质

邻苯二甲酸二甲酯是一种无色、无臭、耐晒的油状液体。在水中的溶解度不大，而在类脂中的溶解度相对较高，对光敏感，不宜长期见光，本品应保存于阴凉、干燥和通风处，以防物理变质。长期暴露于本品之下可导致体内组织蓄积，从而抑制中枢神经系统。邻苯二甲酸二甲酯遇强酸、强碱、硝酸盐和强氧化剂易发生分解。邻苯二甲酸二甲酯理化性质一览表见表 25-2。

表 25-2 邻苯二甲酸二甲酯理化性质一览表

外观与性状	无色、无臭、耐晒的油状液体
熔点/℃	0～2
沸点/℃	282
相对密度(25℃)(水＝1)	1.19
相对蒸气密度(空气＝1)	6.69

续表

饱和蒸气压(100.3℃)/kPa	0.13
燃烧热/(kJ/mol)	4680.3
辛醇/水分配系数的对数值	1.47～2.12
闪点/℃	146
引燃温度/℃	555
爆炸上限(体积分数)/%	8.03
爆炸下限(体积分数)/%	0.94
溶解性	不溶于水,溶于普通溶剂
化学性质	遇明火、高温、强氧化剂可燃,燃烧排放刺激烟雾。邻苯二甲酸二甲酯受热降解生成一氧化碳和二氧化碳。邻苯二甲酸二甲酯遇强酸、强碱、硝酸盐和强氧化剂易发生分解
稳定性	在实验室正常的条件下,本品的丙酮、二甲基亚砜、乙醇(95%)和水溶液在24h内稳定。耐光稳定

3 毒理学参数

(1) 急性毒性 半数致死剂量 LD_{50}：大鼠经口 6900mg/kg；小鼠经口 7200mg/kg；兔经口 4400mg/kg；猫吸入 9300mg/m^3×6.5h 致死。半数致死浓度 LC_{50}：大鼠吸入 5490μg/m^3；小鼠吸入 4350 μg/m^3。

(2) 亚急性和慢性毒性 大鼠经口 4%～8%（喂饲）对生长有轻微影响，8%食料组还伴有慢性肾影响。

(3) 刺激性：家兔经眼：119mg，引起刺激。

(4) 致癌性 一般认为本品不是致癌物质。

(5) 危险特性 遇高热、明火或与氧化剂接触，有引起燃烧的危险。

4 对环境的影响

4.1 主要用途

邻苯二甲酸二甲酯是一种对多种树脂都有很强溶解力的增塑剂，能与多种纤维素树脂、橡胶、乙烯基树脂相容，有良好的成膜性、黏着性和防水性。常与邻苯二甲酸二乙酯配合用于醋酸纤维素的薄膜、清漆、透明纸和模塑粉等制作中。少量用于硝基纤维素的制作中。也可用作丁腈橡胶的增塑剂。本品还可用作驱蚊油（原油）、聚氟乙烯涂料、过氧化甲乙酮以及 DDT 的溶剂。

4.2 环境行为

对邻苯二甲酸酯类来说，水解作用、挥发作用和光解作用都不是它们的重要反应过程。据估计邻苯二甲酸酯类的水解半衰期从邻苯二甲酸二乙基酯的 3.2 年到邻苯二甲酸-2-乙基己基酯的 2000 年不等。由于其较低的蒸气压，它们的挥发损失是很小的，或者几乎没有挥发损失。尽管目前尚没有见到有关邻苯二甲酸酯类光解作用的报道，但根据其在紫外线、可见光范围内没有光谱吸收这一现象可以推断，它们是很难进行光化学反应的。试验研究表明，生物对邻苯二甲酸酯类有富集作用，这一结论被现场研究的结果所证实，因为发现水生生物体内有明显的该类化合物的残留物。

遇高热、明火或与氧化剂接触，有引起燃烧的危险。

4.3 人体健康危害

(1) 暴露/侵入途径 邻苯二甲酸二甲酯可通过胃肠道、呼吸道和皮肤吸收而进入机体。

(2) 健康危害 当大于美国 TLV 值后可引起：麻醉，会抑制神经中枢、产生易睡或昏迷等。给家兔皮肤涂抹本品并不引起刺激，但能被吸收。一次涂敷的，LD_{50}>10mL/kg；多次涂敷（经 90d）的，LD_{50}>4mL/kg。滴入人眼可引起化学性灼伤。大剂量可引起麻醉作用。误服可引起胃肠道刺激，中枢神经系统抑制、麻痹，血压降低。人接触可能会引起多发性神经炎。

对人，有因内服而发生本品急性中毒的记载。从事酞酸酯类增塑剂生产的工人，可患有多发性神经炎。

4.4 接触控制标准

前苏联 MAC（mg/m^3）：0.1。

TLVTN：ACGIH 5mg/m^3。

5 环境监测方法

5.1 现场应急监测方法

现场应急监测可采用便携式气相色谱-质谱联用仪法、气体速测管（德国德尔格公司产品）。

5.2 实验室监测方法

邻苯二甲酸二甲酯的实验室监测方法见表 25-3。

表 25-3 邻苯二甲酸二甲酯的实验室监测方法

监测方法	来源	类别
气相色谱法	《固体废弃物试验分析评价手册》，中国环境监测总站等译	固体废物
气相色谱法	《城市和工业废水中有机化合物分析》，王克欧等译	废水
色谱-质谱法	《水和废水标准检验法》19 版译文，江苏省环境监测中心	水质

注：空气中，样品用活性炭管收集，再用气液色谱法测定。

6 应急处理处置方法

6.1 泄漏应急处理

(1) 应急行为 迅速撤离泄漏污染区人员至安全区，并进行隔离，严格限制出入。切断火源。

(2) 应急人员防护 建议应急处理人员戴自给正压式呼吸器，穿防毒服。

(3) 环保措施 尽可能切断泄漏源。防止流入下水道、排洪沟等限制性空间。

(4) 消除方法 小量泄漏：用砂土、蛭石或其他惰性材料吸收。也可以用不燃性分散剂制成的乳液刷洗，洗液稀释后放入废水系统。大量泄漏：构筑围堤或挖坑收容。用泵转移至槽车或专用收集器内，回收或运至废物处理场所处置。

6.2 个体防护措施

(1) 工程控制 提供良好的自然通风条件。

(2) 呼吸系统防护 空气中浓度较高时，应该佩戴过滤式防毒面具（半面罩）。紧急事态抢救或逃生时，建议佩戴空气呼吸器。

(3) 眼睛防护 空气中浓度较高时，佩戴化学安全防护眼镜。

(4) 身体防护 穿防毒物渗透工作服。

(5) 手防护 戴防化学品手套。

(6) 其他 工作现场严禁吸烟。保持良好的卫生习惯。

6.3 急救措施

(1) 皮肤接触 脱去污染的衣服，用流动清水冲洗。

(2) 眼睛接触 立即翻开上下眼睑，用流动清水冲洗。

(3) 吸入 脱离现场至空气新鲜处。呼吸困难时，给输氧。呼吸停止时，立即进行人工呼吸。

(4) 食入 给饮足量温水，催吐，并就医。

(5) 灭火方法 尽可能将容器从火场移至空旷处。喷水保持火场容器冷却，直至灭火结束。处在火场中的容器若已变色或从安全泄压装置中产生声音，必须马上撤离。灭火剂包括雾状水、泡沫、干粉、二氧化碳、砂土。

6.4 应急医疗

(1) 诊断要点 吸入邻苯二甲酸二甲酯对呼吸道有刺激，口服本品口腔有灼烧感，可致呕吐、腹泻。邻苯二甲酸二甲酯在水中的溶解度不大，而在类脂中的溶解度相对较高，长期暴露于本品之下可导致体内组织蓄积，从而抑制中枢神经系统。

(2) 处理原则 施药时若沾染皮肤、眼睛，可用清水多次冲洗，误服本剂，应立即催吐、洗胃（忌用温水洗胃），若有抽搐现象，可用0.1%苯巴比妥钠肌注。补充维生素B族和维生素C等，及时求医，对症治疗。

(3) 预防措施 提供良好的自然通风条件。一般不需防护，但特殊情况下，佩戴防毒面具。必要时戴安全防护眼镜，穿工作服，手一般不需特殊防护。在空气中有高浓度本品时，要戴工业用A型防毒面罩，而存在气雾时则加用过滤器。采用过滤式A型防毒面罩。合成和应用本品时，特别是加热本品或含有本品的塑料时，要密封以防止蒸气和气雾外逸。工作现场严禁吸烟。保持良好的卫生习惯。

7 储运注意事项

7.1 储存注意事项

储存于阴凉、通风的库房。远离火种、热源。应与氧化剂分开存放，切忌混储。配备相应品种和数量的消防器材。储区应备有泄漏应急处理设备和合适的收容材料。

7.2 运输信息

危险货物编号：52079。

UN 编号：3082。

包装类别：Z01。

运输注意事项：运输前应先检查包装容器是否完整、密封，运输过程中要确保容器不泄漏、不倒塌、不坠落、不损坏。严禁与氧化剂等混装混运。船运时，应与机舱、电源、火源等部位隔离。公路运输时要按规定路线行驶。

7.3 废弃

(1) 废弃处置方法 建议用焚烧法处置。

(2) 废弃注意事项 处置前应参阅国家和地方有关法规。废物储存参见“储存注意事项”。

8 参考文献

[1] 董华模.化学物的毒性及其环境保护参数手册[M].北京：人民卫生出版社，1988.

[2] 国家环境保护局有毒化学品管理办公室.化学品毒性、法规、环境数据手册[M].北京：中国环境科学出版社，1992.

[3] 周国泰.危险化学品安全技术全书[M].北京：化学工业出版社，1997.

[4] 环境保护部.国家污染物环境健康风险名录（化学第一分册）[M].北京：中国环境科学出版社，2011.

[5] 王林宏，许明.危险化学品速查手册[M].北京：中国纺织出版社，2007.

[6] 中国环境监测总站.固体废弃物试验分析评价手册[M].北京：中国环境科学出版社，1992.

[7] 詹姆斯 E 朗博顿，詹姆斯 J 利希滕伯格.城市和工业废水中有机化合物分析[M].王克欧等译.北京：学术期刊出版社，1989.

[8] 李家贵，朱万仁，周洪静.邻苯二甲酸二甲酯的催化合成[J].应用化工，2006，35（2）：122-124.

[9] 北京化工研究院环境保护所/计算中心.国际化学品安全卡（中文版）查询系统[DB].2016.

乐　果

1　名称、编号、分子式

乐果为常用农药的一种。工业品通常是浅黄棕色的乳剂。工业上生产乐果的方法主要有氯乙酰甲胺法、后胺解法。后一种方法是在氯乙酰甲胺法之后发展起来的，此法副反应少，产品纯度可达 90%以上。乐果基本信息见表 26-1。

表 26-1　乐果基本信息

中文名称	乐果
中文别名	乐戈;*O*,*O*-二甲基-*S*-(*N*-甲基氨基甲酰甲基)二硫代磷酸酯
英文名称	dimethoate
英文别名	*O*,*O*-dimethyl methylcarbamoylmethyl phosphorodithioate;dimethoate E. C. (40%);dimethoate powder (1.5%);rogor
UN 号	2783
CAS 号	60-51-5
ICSC 号	0741
RTECS 号	TE1750000
EC 编号	015-051-00-4
分子式	$C_5H_{12}NO_3PS_2$
分子量	229.12

2　理化性质

乐果纯品为白色针状结晶，具有樟脑气味，在水中溶解度为 39g/L（室温）。易被植物吸收并输导至全株。在酸性溶液中较稳定，在碱性溶液中迅速水解，故不能与碱性农药混用。与强氧化剂接触可发生化学反应。乐果理化性质一览表见表 26-2。

表 26-2　乐果理化性质一览表

外观与性状	无色结晶,具有樟脑气味,工业品通常是浅黄棕色的乳剂
熔点/℃	51～52
沸点(1.3Pa)/℃	86

续表

相对密度(水=1)	1.28
闪点/℃	130～132
饱和蒸气压(25℃)/kPa	1.13×10^{3}
挥发度(30℃)/(mg/m^3)	0.364
稳定性和反应活性	在水溶液中稳定,但遇碱液时容易水解,加热转化为甲硫基异构体。对日光稳定
危险标记	14(有毒品)
溶解性	微溶于水,可溶于大多数有机溶剂,如醇类、酮类、醚类、酯类、苯、甲苯等

3 毒理学参数

(1) 急性毒性 LD_{50}：240～336mg/kg（大鼠经口，雌），180～325mg/kg（大鼠经口，雄），350～400mg/kg（豚鼠经口），300mg/kg（兔经口），750mg/kg（兔经皮），人经口30mg/kg，致死剂量。乐果经皮吸收缓慢，大鼠24h涂布的经皮 LD_{50} 为700～1150mg/kg。

(2) 亚急性和慢性毒性 人经口2.5mg/d（相当于0.04mg/kg），经4周未出现ChE抑制及中毒症状。

(3) 代谢 乐果经皮吸收极慢，以苯作溶剂的乐果原油或乳剂经皮吸收相当迅速。不纯的工业品乐果较纯品毒性高，因其中含有乐果的水解产物起了增毒作用。该品吸收后在人、畜体内大部分通过肝脏内的酰胺酶使之水解为无毒的乐果酸，代谢物在2～3d内随尿排出体外。同时，也有一部分该品被氧化成抑制胆碱酯酶活性能力更强的氧化乐果，后者再分解成无毒的磷酸二甲酯而被解毒。

(4) 中毒机理 吸收后一部分该品被氧化成抑制胆碱酯酶活性能力更强的氧化乐果，抑制体内胆碱酯酶活性，造成神经生理功能紊乱。据报道，乐果对ChE的抑制是不可逆的。

(5) 刺激性 家兔经眼：5mg（24h），重度刺激。家兔经皮：500mg（24h），中度刺激。

(6) 致癌性 大鼠经口最低中毒剂量（TDL_0）：256mg/(kg·周)（间歇），致癌，肝肿瘤、血液系统肿瘤。

(7) 生殖毒性 大鼠经口最低中毒剂量（TDL_0）：120mg/kg（孕6～15d），致仔鼠肌肉、骨骼发育异常。

(8) 致突变性 Ames试验5μg/皿；姐妹染色单体交换（人淋巴细胞）2mg/kg。微核试验：小鼠经口103mg/kg，24h。

(9) 危险特性 遇明火、高热可燃。受热分解，放出磷、硫的氧化物等毒性气体。与强氧化剂接触可发生化学反应。

4 对环境的影响

4.1 主要用途

除作为内吸剂外，也有较强的触杀作用。杀虫谱较广，可用于防治蔬菜、果树、茶、桑、棉、油料作物、粮食作物的多种具刺吸口器和咀嚼口器的害虫和叶螨。一般亩用有效成分30～40g。对蚜虫药效更高，亩用有效成分15～20g即可。对蔬菜和豆类等的潜叶蝇有特效，特效期10d左右。主要剂型为40%乳油，也有超低量油剂和可溶性粉剂。毒性较低，在牛体内较快地被谷胱甘肽转移酶和羧基酰胺酶降解为无毒的去甲基乐果和乐果酸，故可用于防治家畜体内外寄生虫。

乐果在植物体内外和昆虫体内均可被迅速氧化成氧化乐果而增加毒效。工厂生产的氧化乐果称为氧乐果（40%乳油），防治对象和应用范围与乐果相同。但因其毒效高，在温度较低时药效也好，用药量可比乐果少约1/3。对乐果产生耐药性的棉蚜，直接用氧乐果防治仍有良好药效，特别在早春防治花椒、石榴和木槿上的越冬棉蚜药效更好。

4.2 环境行为

（1）代谢和降解 乐果在环境中很容易分解，高温和碱性条件都会加速其分解。在潮湿的空气中能相当快地发生光化学分解，生成水解和氧化产物。它易溶于水，其水溶液在光照良好的情况下也发生水解和氧化，乐果的第一个氧化产物氧乐果比乐果本身对温血动物的毒性更高，而进一步转化的产物则对动物低毒。乐果在pH值较高时水解更迅速，其水解50%的时间在70℃和pH值为3时为19.9h，而在pH值为7和9时只需8.5h和0.8h。土壤中的微生物也能促使乐果较快分解，根据前苏联提供的资料，在普通土壤中，乐果14d的分解率为77%。在γ射线照射过的土壤中的分解率为20%，消毒过的土壤只有18%。

（2）残留与蓄积 乐果具有一定的内吸性，在不同的植物上的半衰期差异较大。用40%的乐果乳剂5次喷洒苹果（每公顷2kg），1d后苹果中乐果的残留量为1mg/kg，10d后为0.6mg/kg，而30d后为0.3mg/kg。有资料表明，在喷洒乐果后的75d内，苹果中含量为0.03～0.07mg/kg，95d后为0.01mg/kg，直到120d后才找不到其在苹果中的残留，但也有报道说37d后就找不到乐果。

用0.1%和0.15%的乐果溶液（每公顷700L）喷洒葡萄，经过29d后未发现有乐果残留，在柑橘上喷洒0.2%的乐果溶液（每公顷1250L），24d后也未发现果实中有残留。

有报道乐果在动物体内有低的残留。向绵羊胃中灌入浓度为40%的乐果乳剂（37.5～250mg/kg），在开始的几天里羊肉中乐果的含量为0.01～0.1mg/kg，以后减少到0.0001mg/kg，并且在25d中都保持这个水平，对羊肉进行热处理后，乐果在肉中的含量虽有所降低，但未完全消失。

在土壤中，乐果能较快地被土壤中的微生物分解，作为碳、氮和磷的来源，乐果的半衰期为122d，但在土壤中的残留仅4d。

（3）迁移转化 由于乐果具有较高的挥发性，很容易挥发进入大气。乐果在平均温度为25℃、年降水量为1500mm的土壤中，每年向大气蒸发0.2～0.3kg。在向土壤深层迁移时，虽然它在水中溶解度很高，但迁移速度不快，每年移动小于20cm，这主要是土壤微粒及有机质对乐果的吸附性能较强之故。

在潮湿的空气中，乐果会很快通过光化学途径降解。臭氧有氧化分解乐果的作用，但在水中可产生有毒副产物。乐果的水溶液非常稳定，水解缓慢，也难以被光降解。在水体表层中，pH=7的情况下乐果的半衰期为68d，pH=9时为4.4d。乐果的降解主要在土壤中进行，由土壤微生物主导，报道的半衰期为2.4～11d。很多因素可能影响乐果在土壤中的积累和降解，如土壤类型、微生物的数目和种类、环境温度、pH值、使用量以及挥发的程度等。乐果的重黏土中的持久性比轻质土中长。在 pH 值为 4.2 时，杀虫剂可以存留约 19d；在 pH 值为 11 时，它可以在 20h 内被降解。

植物可快速吸收和分解乐果，这个过程可发生在植物表面或植物体内。乐果在不同植物中的半衰期为 2～5d。乐果完全消失的时间随植物种类和气候条件而异，一般需要 15～30d，在植物体中的分解速度随着温度的升高而增加。

4.3 人体健康危害

(1) 暴露/侵入途径 乐果侵入机体的主要途径有吸入、食入、经皮吸收。职业人员在制造、应用乐果的时候可能会导致乐果通过呼吸道和皮肤进入体内。一次调查发现，温室里施用农药后通过呼吸道和皮肤的暴露分别是 0.034mg/h 和 30mg/h。而喷施农药的操作人员的手是受影响最大的部位，占整个身体暴露的 62%～92%。

(2) 健康危害 抑制体内胆碱酯酶活性，造成神经生理功能紊乱。大量误食出现典型急性有机磷中毒症状。表现有头痛、头昏、乏力、食欲不振、恶心、呕吐、腹泻、流涎、瞳孔缩小、呼吸道分泌物增多、多汗、肌束震颤等。重度中毒者出现肺水肿、昏迷、呼吸麻痹、脑水肿。血胆碱酯酶活性降低。本品毒性较低，经皮肤吸收缓慢，职业中毒不多见。喷洒果树引起的急性中毒多属轻度。大量误服出现典型急性有机磷中毒症状。表现为头昏、头痛、乏力、恶心、腹泻、流涎等。

4.4 接触控制标准

中国 MAC (mg/m^3)：1 [皮]。

前苏联 MAC (mg/m^3)：0.5。

乐果生产及应用相关环境标准见表 26-3。

表 26-3 乐果生产及应用相关环境标准

标准编号	限制要求	标准值
中国(GB 11607—1989)	渔业水质标准	0.1mg/L
中国(GB 3838—2002)	集中式生活饮用水地表水源地特定项目标准限值	0.08mg/L
中国(CJ/T 206—2005)	城市供水水质标准	0.02mg/L
中国(GB 8978—1996)	污水综合排放标准	一级:不得检出 二级:1.0mg/L 三级:2.0mg/L
中国(GB 2763—2005)	食品中农药最大残留限量	稻谷:0.05mg/kg 小麦:0.05mg/kg 大豆:0.05mg/kg 叶菜类蔬菜:1mg/kg 甘蓝类蔬菜:1mg/kg 果菜类蔬菜:0.5mg/kg 豆类蔬菜:0.5mg/kg 茎类蔬菜:0.5mg/kg 梨果类水果:1mg/kg 核果类、柑橘类水果:2mg/kg 食用植物油:0.05mg/kg

5 环境监测方法

5.1 现场应急监测方法

现场应急监测可采用植物酯酶法、底物法和直接进水样气相色谱法。

5.2 实验室监测方法

乐果的实验室监测方法见表26-4。

表26-4 乐果的实验室监测方法

监测方法	来源	类别
溶剂解吸-气相色谱法	《工作场所有害物质监测方法》,徐伯洪、闫慧芳主编	空气
盐酸萘乙二胺分光光度法		空气
气相色谱法	《水质 有机磷农药的测定 气相色谱法》(GB 13192—1991)	水质
气相色谱法	《食品中有机磷农药残留量的测定方法》(GB/T 5009.20—1996)	食品
盐酸萘乙二胺比色法	《空气中有害物质的测定方法》(第二版),杭士平主编	空气

6 应急处理处置方法

6.1 泄漏应急处理

(1) 应急行为 隔离泄漏污染区，限制出入。切断火源。

(2) 应急人员防护 建议应急处理人员戴自给正压式呼吸器，穿防毒服。不要直接接触泄漏物。

(3) 环保措施 不要直接接触泄漏物。小量泄漏：用砂土或其他不燃材料吸附或吸收。大量泄漏：收集运至废物处理场所处置。

(4) 消除方法 收集运至废物处理场所处置。

6.2 个体防护措施

(1) 工程控制 严加密闭，局部排风，提供安全淋浴和洗眼设备。

(2) 呼吸系统防护 生产操作或农业使用时，佩戴自吸过滤式防尘口罩或自吸过滤式防毒面具（半面罩）。紧急事态抢救或撤离时，应该佩戴空气呼吸器。

(3) 眼睛防护 戴安全防护眼镜。

(4) 身体防护 穿聚乙烯防毒服。

(5) 手防护 戴氯丁橡胶手套。

(6) 其他防护 工作现场禁止吸烟、进食和饮水。工作完毕，淋浴更衣。单独存放被毒物污染的衣服，洗后备用。注意个人清洁卫生。

6.3 急救措施

(1) 皮肤接触 立即脱去被污染的衣着，用肥皂水及流动清水彻底冲洗污染的皮肤、头发、指甲等。就医。

(2) 眼睛接触 提起眼睑，用流动清水或生理盐水冲洗。就医。

(3) 吸入 迅速脱离现场至空气新鲜处。保持呼吸道通畅。如呼吸困难，给予输氧。如呼吸停止，立即进行人工呼吸。就医。

(4) 食入 饮足量温水，催吐。用清水或2%～5%碳酸氢钠溶液洗胃。就医。

(5) 灭火方法 消防人员必须佩戴防毒面具、穿全身消防服，在上风向灭火。灭火剂包括抗溶性泡沫、干粉、砂土。

6.4 应急医疗

(1) 诊断要点

① 潜伏期长。有时可在口服2～4h后出现昏迷。

② 病程长。由于乐果在体内排泄缓慢、容易重复吸收及血胆碱酯酶活性恢复期长等因素。

③ 易反复。该品中毒后较其他有机磷品种中毒的复发率明显增高。急性中毒3～5d后，在病情已基本缓解的情况下会突发反跳，造成猝死。

④ 具有胆碱能神经过度兴奋的一系列表现。

⑤ 少数患者急性中毒后1～4d出现中间期肌无力综合征，严重者因呼吸肌麻痹而出现呼吸困难，甚至死亡。

⑥ 中毒性心肌损害发生率较高。由于乐果及其杂质蓄积于心肌，易引起心肌病变及心律失常，这是死亡的主要原因之一。

⑦ 部分患者于急性中毒后出现迟发性周围神经病。

⑧ 血液胆碱酯酶活性降低。

(2) 处理原则

① 口服中毒应用碱性溶液或清水反复彻底洗胃，忌用高锰酸钾溶液。皮肤污染者及时用肥皂水反复清洗。

② 解毒治疗以阿托品类药物为主，对中、重度中毒患者应迅速阿托品化后继续给予维持量3～5d。肟类复能剂效果不理想，早期可适当少量应用。

③ 为防止病情反复，在治疗中密切观察病情，如意识状态、瞳孔、出汗、呼吸、心率、血压及肺部情况；加强心脏监护，保护心肌，防止猝死。急性中毒症状消失后，继续观察一周，不宜过早下床活动。

④ 出现呼吸肌麻痹时，应立即进行气管插管或气管切开、机械通气。

⑤ 市售乐果乳剂含5%苯，因此急性乐果中毒也常伴有苯的作用，应给予注意及相应治疗。

⑥ 对症与支持治疗。

(3) 预防措施 与一般的有机磷农药相同。如果手或其他部分皮肤被污染时，及时用肥皂充分洗去，可不致发生中毒。虽然乐果的挥发度很低，但生产或使用时仍需防止蒸气或气溶胶吸入。

7 储运注意事项

7.1 储存注意事项

储放于阴凉、通风仓间内。远离火种、热源。防止阳光直射。保持容器密封。应与食用化学品、氧化剂、碱类等分开存放。不可混储混运。配备相应品种和数量的消防器材。储区应备有合适的材料收容泄漏物。

7.2 运输信息

危险货物编号：61875。

UN 编号：3018。

包装类别：Ⅲ。

包装标识：14。

包装方法：小开口钢桶；螺纹口玻璃瓶、铁盖压口玻璃瓶、塑料瓶或金属桶（罐）外木板箱；螺纹口玻璃瓶、塑料瓶、复合塑料瓶、铅瓶外钙塑箱；螺纹口玻璃瓶、塑料瓶、镀锡薄钢板桶外竹箱、柳条箱。

运输注意事项：运输前应先检查包装容器是否完整、密封，运输过程中要确保容器不泄漏、不倒塌、不坠落、不损坏。严禁与酸类、氧化剂、食品及食品添加剂混运。运输途中应防曝晒、雨淋，防高温。轻装轻卸，防止包装及容器损坏。分装和搬运作业要注意个人防护。

7.3 废弃

(1) 废弃处置方法 处置前应参阅国家和地方有关法规。大量的乐果应该在高温下进行焚烧，焚烧炉排出的气体要通过洗涤器除去。废弃物应该埋在被批准了的垃圾场里，或者埋在不会引起地面和地下水污染的地方。在埋之前，废弃物需要用无水碳酸钠和富含有机物质的土壤混合物中和。

(2) 废弃注意事项 处置前应参阅国家和地方有关法规。或与厂家或制造商联系，确定处置方法。废物储存参见“储存注意事项”。

8 参考文献

[1] 董华模.化学物的毒性及其环境保护参数手册［M］.北京：人民卫生出版社，1988.

[2] 国家环境保护局有毒化学品管理办公室.化学品毒性、法规、环境数据手册［M］.北京：中国环境科学出版社，1992.

[3] 周国泰.危险化学品安全技术全书［M］.北京：化学工业出版社，1997.

[4] 胡望钧.常见有毒化学品环境事故应急处置技术与监测方法［M］.北京：中国环境科学出版社，1993.

[5] 张冀强，李崖.有毒化学品的健康与安全指南［M］.北京：中国科学技术出版社，1991.

[6] 天津市固体废物及有毒化学品管理中心.危险化学品环境数据手册［M］.天津：天津市固体废物及有毒化学品管理中心，2005.

[7] 环境保护部.国家污染物环境健康风险名录（化学第一分册）［M］.北京：中国环境科学出版社，2011.

[8] 徐伯洪，闫慧芳.工作场所有害物质监测方法［M］.北京：中国人民公安大学出版社，2003.

[9] 杭士平.空气中有害物质的测定方法［M］.北京：人民卫生出版社，1986.

[10] 江苏省环境监测中心.突发性污染事故中危险品档案库［DB］.

［11］ 韩承辉，谷巍，王乃岩，等.快速测定水中有机磷农药方法的研究［J］.环境化学，2000，19（2）：187-189.

［12］ 孙运光，周志俊，胡云平，等.乐果亚急性染毒诱导大鼠耐受以及对大鼠脑组织M受体的影响［J］.环境与职业医学，2003，20（3）：154-158.

［13］ 黄雅，李政一，赵博生.有机磷农药乐果降解的研究现状与进展［J］.环境科学与管理，2009，34（4）：20-24.

［14］ 北京化工研究院环境保护所/计算中心.国际化学品安全卡（中文版）查询系统［DB］.2016.

六六六

1 名称、编号、分子式

六六六，成分是六氯环己烷，是环己烷每个碳原子上的一个氢原子被氯原子取代形成的饱和化合物。六六六对昆虫有触杀、熏杀和胃毒作用，工业生产中，六氯苯主要由苯或低级氯苯直接氯化制得。六六六基本信息见表 27-1。

表 27-1 六六六基本信息

中文名称	六六六
中文别名	林丹;γ-1,2,3,4,5,6-六氯环己烷;γ-六六六;六氯环己烷;六氯化苯;六六粉
英文名称	hexachlorocyclohexane
英文别名	lindane;gamma-1,2,3,4,5,6-hexachlorocyclohexane;gamma-BHC;gamma-HCH;BHC
UN 号	2761
CAS 号	58-89-9
ICSC 号	0053
RTECS 号	GV4900000
EC 编号	602-043-00-6
分子式	$C_6H_6Cl_6$
分子量	290.8

2 理化性质

六六六为白色或淡黄色粉状或块状晶体，有刺激性臭味。有 8 种异构体，其中以 γ 体的杀虫力最强。微溶于氯仿和苯。不随水蒸气挥发。遇明火、高热可燃。其粉体与空气可形成爆炸性混合物，当达到一定浓度时，遇火星会发生爆炸。遇高热分解释出高毒烟气。六六六理化性质一览表见表 27-2。

表 27-2 六六六理化性质一览表

外观与性状	纯品为无色细针状或小片状晶体,工业品为淡黄色或淡棕色晶体
熔点/℃	α 体:159～160 β 体:309～310 γ 体:112～113 δ 体:138～139

续表

沸点/℃	111.8～112.8
相对密度(19℃)(水=1)	1.891
相对蒸气密度(空气=1)	1
饱和蒸气压(20℃)/kPa	1.25×10^{-6}
燃烧热/(kJ/mol)	2131.1
辛醇/水分配系数的对数值	3.61～3.72
闪点/℃	242.22
溶解性	甲体(α体)不溶于水,溶于苯和氯仿;乙体(β体)的溶解性同甲体;丙体(γ体)在室温水中的溶解度为10ppm,微溶于石油,溶于丙酮、芳香烃和氯代烃
化学性质	遇碱易分解,释放出氯化氢。性质较不稳定,挥发性较大,残效较短,碱性下被破坏
稳定性	六六六在高温和日光下不易分解,对酸稳定而极易被碱破坏

3 毒理学参数

(1) 急性毒性 LD_{50}：180mg/kg，1次，儿童经口，发现的最低致死剂量；50mg/kg，1次，兔经皮；60mg/kg，1次，兔经口；88mg/kg，1次，大鼠经口；500mg/kg，1次，大鼠经皮。

(2) 慢性毒性 六六六慢性中毒表现为神经衰弱症，头晕、头痛、头重，食欲不振，恶心、噩梦、失眠，肢体酸痛；多发性神经炎症状，四肢感觉障碍，松弛性麻痹，吞咽困难，视力调节麻痹；对肝、肾功能损害，心脏营养障碍，贫血、白细胞增多，淋巴细胞减少等血液病变；皮肤出现接触性皮炎，表现为红斑、丘疹并有刺激、疼痛，出现水疱。

(3) 代谢 六六六在植物、昆虫、微生物及动物体内可代谢生成多种产物，这些都作为硫和葡萄糖醛酸的共轭物而被排泄。在一般情况下，有机氯农药中的六六六在土壤中消失时间需6.5年。在所有情况下，六六六代谢的最初产物都是五氯环乙烯，它以几种异构体的形式被分离出来。在温血动物体内生成的酚类以酸式硫酸盐或葡萄糖苷酸的形式随尿及粪便排出体外。在微生物影响下也能生成酚类。在动物（大鼠）体内，可生成二氯苯酚、三氯苯酚和四氯苯酚等各种异构体。在昆虫体内，六六六及五氯环已烯首先与氨基酸的硫氢基发生反应，生成环已烷系、环已烯系和芳香系的衍生物，苯硫酚和它们的衍生物是这些反应的最终产物。

(4) 中毒机理 是中等毒杀虫剂。主要损害中枢神经系统的运动中枢、小脑、肝和肾。吸收后在体内部分储存于脂肪中，部分经生物转化后排出。本品在体内的代谢过程可能较活跃，故排泄快、蓄积少。60%以无机代谢物形式由尿中排出，40%以有机代谢物形式排出。

中毒机理一般认为是进入血液循环中有机氯分子（氯代烃）与基质中氧活性原子作用而发生去氯的链式反应，产生不稳定的含氧化合物，后者缓慢分解，形成新的活化中心，强烈作用于周围组织，引起严重的病理变化。主要累及神经系统、肝、肾及心脏。其对神经系统毒害作用的主要部位为大脑运动中枢及小脑，使其兴奋性增高，同时伴有大脑皮质及植物神经功能紊乱，也可累及脊髓神经。对肝、肾、心脏等器官，则可促使发生营养不良性病变。

对皮肤及黏膜也有刺激作用。

六六六急性毒性较小，各异构体毒性相比较，以 γ-六六六最大。六六六进入机体后主要蓄积于中枢神经和脂肪组织中，刺激大脑及小脑，还能通过皮层影响植物神经系统及周围神经，在脏器中影响细胞氧化磷酸化作用，使脏器营养失调，发生变性坏死。能诱导肝细胞微粒体氧化酶，影响内分泌活动，抑制 ATP 酶。

(5) 致突变性 对 γ-六六六致突变性研究报告证明，无明显的致突变性。

(6) 致癌性 80mg/kg，52 周，小鼠经口，致癌。六六六异构体的慢性毒性与在啮齿动物中观察到的致癌作用有关，影响最强烈的是 α-六六六，研究证明 α-六六六具有很高的致癌性。γ-六六六对小鼠是一种较弱的致肿瘤剂，而对大鼠迄今尚未证实。

(7) 水生生物毒性 LC_{50}：0.58mg/L，96h，白鲢；0.63mg/L，96h，金鱼；0.31mg/L，48h，鲤鱼。

(8) 鸟的毒性 LD_{50}：100mg/kg，1 次，鸟经口，发现的最低致死剂量；120mg/kg，1 次，白喉鹑经口。

(9) 危险特性 遇明火、高热可燃。其粉体与空气可形成爆炸性混合物，当达到一定浓度时，遇火星会发生爆炸。遇高热分解释出高毒烟气。

4 对环境的影响

4.1 主要用途

六六六是一种有机氯杀虫剂，也是广谱杀虫剂，具有胃毒、触杀和熏蒸三种作用方式。效力强而持久，属高残留农药品种。用以防治蝗虫、稻螟虫、小麦吸浆虫等农业害虫和蚊、蝇、臭虫等卫生害虫。但由于近年来害虫耐药性不断增强，残留污染严重，现已禁止使用。六六六也可用于生产花炮，做焰火色剂，还可用作五氯酚及五氯酚钠的原料等。

4.2 环境行为

(1) 代谢和降解 六六六在植物、昆虫、微生物及动物体内可代谢生成多种产物，这些都作为硫和葡萄糖醛酸的共轭物而被排泄。

在所有情况下，六六六代谢的最初产物都是五氯环乙烯，它以几种异构体的形式被分离出来。在温血动物体内生成的酚类以酸式硫酸盐或葡萄糖苷酸的形式随尿及粪便排出体外。在微生物影响下也能生成酚类，但它们在土壤中还要进一步分解而使分子整个被破坏。在动物（大鼠）体内，可生成二氯苯酚、三氯苯酚和四氯苯酚等各种异构体。

在昆虫体内，六六六及五氯环己烯首先与氨基酸的硫氢基发生反应，生成环己烷系、环己烯系和芳香系的衍生物，苯硫酚和它们的衍生物是这些反应的最终产物。

农药在环境中的分解，是通过生物学和化学两种途径进行的，农药的生物学分解是农药消失的重要原因。环境中的六六六在微生物的作用下会发生降解，一般认为六六六生物降解在厌氧条件下比有氧条件下进行更快。不少微生物可分解六六六，如梭状芽孢杆菌、假单孢菌等。有机氯农药的化学性分解是在各种理化因素作用下进行的，这些理化因素包括阳光、碱性环境、空气、湿度等，其中阳光对有机氯农药的分解有重要作用。在一般情况下，有机氯农药中的六六六在土壤中消失时间需 6 年半。

(2) 残留与蓄积 环境中的六六六可以通过食物链而发生生物富集作用。从日本对水稻的农药含量调查发现，水稻与一般水生植物有着共同性质，都具有富集作用。在稻草中六六六的残留量较高，有其种植土壤含量的4～6倍，豆类对γ-六六六的吸收率特别高，其含量为土壤残留量的数十倍之多。六六六在环境和生态系中的污染已远及南极的企鹅、北极格陵兰的冰块和2000m以上高山顶的积雪。

调查表明，六六六主要蓄积在人体脂肪内，存留最久的是β-六六六，它的蓄积作用最强。例如，在口服后可持续排泄6个月，而γ-六六六在1～2周内即可排尽。

(3) 迁移转化 六六六和其他有机氯农药一样，进入环境以后，在各种物理、化学和生物学因素的作用下，最终逐渐导致消失。而农药在环境中的最终消失是通过扩散、分解和生物富集途径进行的。

六六六在环境中的扩散，有溶解、悬浮、挥发、沉降和渗透等几种形式。研究表明，在25℃时，α-六六六在水中的溶解度为1630μg/L，β-六六六为700μg/L，γ-六六六为7900μg/L，δ-六六六为21300μg/L。进入水环境中的农药可被水中的悬浮物（包括泥土、有机颗粒及浮游生物等）吸附；进入水体和土壤表面的农药也可通过挥发而进入地面表层的大气中，而空气中的颗粒物或呈气态的农药又可随气流中的尘埃飘流携带到一定距离，沉降于底质环境中；土壤中的农药也可通过渗透的形式从土壤上层渗透到土壤下层，进而污染地下水。

4.3 人体健康危害

(1) 暴露/侵入途径 主要包括食物摄入、呼吸及皮肤吸收。

(2) 健康危害 人体中毒时，对神经系统主要表现为头痛、头晕、多汗、无力、震颤、上下肢呈癫痫状抽搐、站立不稳、运动失调、意识迟钝，甚至昏迷，并可因呼吸中枢抑制而发生呼吸衰竭。对消化系统会产生流涎、恶心、呕吐、上腹不适、疼痛及腹泻等症状。呼吸及循环系统可以造成咽、喉、鼻黏膜因吸入农药而充血，喉部有异物感，吐出泡沫痰、带血丝、呼吸困难、肺部有水肿，脸色苍白，血压下降，体温上升，心律不齐，心动过速，甚至心室颤动。对皮肤、眼部刺激症状，有皮肤潮红、丘疹、水疱、皮炎，甚至糜烂有渗出、发生过敏性皮炎；眼部有流泪、眼睑痉挛和剧烈疼痛。六六六的一般毒性作用为神经及实质脏器毒物，大剂量可造成中枢神经及某些实质脏器，特别是肝脏与肾脏的严重损害。六六六可通过胃肠道、呼吸道和皮肤吸收而进入机体。

4.4 接触控制标准

中国MAC（mg/m^3）：0.05。

六六六生产及应用相关环境标准见表27-3。

表27-3 六六六生产及应用相关环境标准

标准编号	限制要求	标准值
中国(GB 5749—2006)	生活饮用水卫生标准	5μg/L
中国(GB 15618—1995)	土壤环境质量标准	一级:0.05mg/kg 二级:0.50mg/kg 三级:1.0mg/kg
中国(GB 3838—2002)	地表水环境质量标准	0.05mg/L

续表

标准编号	限制要求	标准值
中国(GB/T 14848—1993)	地下水质量标准	Ⅰ类:0.005μg/L Ⅱ类:0.05μg/L Ⅲ类:5.0μg/L Ⅳ类:5.0μg/L Ⅴ类:>5.0μg/L
中国(GB 3097—1997)	海水水质标准	Ⅰ类:0.001mg/L Ⅱ类:0.002mg/L Ⅲ类:0.003mg/L Ⅳ类:0.005mg/L
中国(GB 11607—1989)	渔业水质标准	0.002mg/L
联合国规划署(1974)	保护水生生物淡水中农药的最大允许浓度	0.02μg/L
中国(GB 2763—2005)	食品卫生标准	粮食:0.05mg/kg 蔬菜、水果:0.05mg/kg 水产品:0.1mg/kg
中国(CJ 3020—1993)	生活饮用水水源水质标准	5μg/L

5 环境监测方法

5.1 现场应急监测方法

现场应急监测可采用直接进水样气相色谱法。

5.2 实验室监测方法

六六六的实验室监测方法见表 27-4。

表 27-4 六六六的实验室监测方法

监测方法	来源	类别
气相色谱法	《水质 六六六、滴滴涕的测定 气相色谱法》(GB 7492—1987)	水质
气相色谱法	《土壤质量 六六六和滴滴涕的测定 气相色谱法》(GB/T 14550—1993)	土壤
硝酸银比浊法	《空气中有害物质的测定方法》(第二版),杭士平主编	空气
气相色谱法	《固体废弃物试验分析评价手册》,中国环境监测总站等译	固体废物
气相色谱法	《食品中有机氯农药多组分残留量的测定》(GB/T 5009.19—2008)	食品

6 应急处理处置方法

6.1 泄漏应急处理

(1) 应急行为 隔离泄漏污染区，周围设警告标志，切断火源。应急处理人员戴好防毒面具，穿一般消防防护服。用清洁的铲子收集于干燥、洁净、有盖的容器中，运至废物处理场所。如大量泄漏，收集回收或无害处理后废弃。

(2) 应急人员防护 应急处理人员戴好防毒面具，穿一般消防防护服。

(3) 环保措施 用砂土混合，扫起倒至空旷地方深埋。被污染的地面撒上石灰用水冲洗，经稀释的污水放入废水系统。

(4) 消除方法 小量泄漏：避免扬尘，小心扫起，置于袋中转移至安全场所。大量泄漏：收集回收或运至废物处理场所处置。用含5%～10%的氯化铜、氯化铁、氯化锌的活性炭（或5%～10%氯化铝的活性炭）作催化剂，400～500℃下使六六六破坏热分解。

6.2 个体防护措施

(1) 工程控制 密闭操作，局部排风。防止粉尘释放到车间空气中。操作人员必须经过专门培训，严格遵守操作规程。建议操作人员佩戴自吸过滤式防尘口罩，戴化学安全防护眼镜，穿防毒物渗透工作服，戴乳胶手套。远离火种、热源，工作场所严禁吸烟。使用防爆型的通风系统和设备。避免产生粉尘。避免与氧化剂、碱类接触。配备相应品种和数量的消防器材及泄漏应急处理设备。倒空的容器可能残留有害物。

(2) 呼吸系统防护 可能接触其粉尘时，应该佩戴防毒口罩。紧急事态抢救或撤离时，建议佩戴自给式呼吸器。

(3) 眼睛防护 必要时戴化学安全防护眼镜。

(4) 身体防护 穿工作服。

(5) 手防护 戴防化学品手套。

(6) 其他 工作现场禁止吸烟、进食和饮水。工作后，彻底清洗。及时换洗工作服。

6.3 急救措施

(1) 皮肤接触 应用肥皂水清洗，在患处涂敷氢化可的松软膏。

(2) 眼睛接触 用2%盐酸普鲁卡因点滴。

(3) 吸入 呼吸困难者，要给氧气，注射安钠咖、尼可刹米、山梗茶碱等。有抽搐者，可肌注副醛，成人用量每次3～5mL，儿童0.1mg/kg，要滴注10%葡萄糖溶液，以加速毒物排泄。

(4) 食入 误服六六六中毒，要立即催吐，先饮盐水，再内服1%硫酸铜或注射阿扑吗啡催吐，用2%碳酸氢钠或生理盐水洗胃，再注入20～30g硫酸镁导泻。注意禁止使用油类洗胃剂，以免促进农药吸收。

(5) 灭火方法 雾状水、泡沫、二氧化碳、干粉、砂土。

6.4 应急医疗

(1) 诊断要点

① 诊断标准。目前尚无单独的六六六中毒诊断标准。

② 诊断要点。对神经系统主要表现为头痛、头晕、多汗、无力、震颤、上下肢呈癫痫状抽搐、站立不稳、运动失调、意识迟钝，甚至昏迷，并可因呼吸中枢抑制而导致呼吸衰竭。对消化系统会产生流涎、恶心、呕吐、上腹不适、疼痛及腹泻等症状。呼吸及循环系统可以造成咽、喉、鼻黏膜因吸入农药而充血，喉部有异物感，吐出泡沫痰、带血丝、呼吸困难、肺部有水肿，脸色苍白，血压下降，体温上升，心律不齐，心动过速，甚至心室颤动。对皮肤、眼部刺激症状，有皮肤潮红、丘疹、水疱、皮炎，甚至糜烂有渗出、发生过敏性皮炎；眼部有流泪、眼睑痉挛和剧烈疼痛。六六六的一般毒性作用为神经及实质脏器毒物，大

剂量可造成中枢神经及某些实质脏器，特别是肝脏与肾脏的严重损害。

(2) 处理原则

① 吸入中毒者应立即脱离现场。呼吸新鲜空气。皮肤接触，立即用肥皂水彻底清洗，在患处涂敷氢化可的松软膏。口服者，立即用2%碳酸氢钠溶液洗胃和给予轻泻剂，忌用油类泻剂。眼部污染者，宜用2%碳酸氢钠溶液冲洗。

② 对症与支持疗法。对惊厥抽搐者使用安定、苯巴比妥、水合氯醛等，保持呼吸道通畅，缺氧时给予吸氧。

③ 保护重要脏器，主要为脑、心、肝、肾，防止呼吸衰竭。可使用维生素C、维生素B族、能量合剂、糖皮质激素等。忌用肾上腺素及其他交感神经兴奋剂，以免诱发室颤。

(3) 预防措施 本品毒性是氯苯中最低的，但对黏膜有刺激作用，能引起皮肤炎症，损害肝、甲状腺等。应避免与皮肤接触，防止由口鼻吸入，操作人员宜戴口罩及橡胶手套。

7 储运注意事项

7.1 储存注意事项

不能与食用原料、日用品混装。防潮、防高温、防雨淋，寒冬季节要注意保持温度在结晶点以上，以防冻裂容器及变质。储存于阴凉、通风的库房中，专人保管。

7.2 运输信息

危险货物编号：61127。

UN 编号：2761。

包装类别：Ⅱ。

包装方法：塑料袋或两层牛皮纸袋外全开口或中开口钢桶；两层塑料袋或一层塑料袋外麻袋、塑料编织袋、乳胶布袋；塑料袋或两层牛皮纸袋外普通木箱；螺纹口玻璃瓶、塑料瓶、复合塑料瓶或铝瓶外普通木箱；塑料瓶、两层塑料袋或两层牛皮纸袋（内或外套以塑料袋）外瓦楞纸箱。

运输注意事项：铁路运输时包装所用的麻袋、塑料编织袋、复合塑料编织袋的强度应符合国家标准要求。铁路运输时，可以使用钙塑瓦楞箱作外包装。但必须包装试验合格，并经铁路局批准。运输前应先检查包装容器是否完整、密封，运输过程中要确保容器不泄漏、不倒塌、不坠落、不损坏。严禁与酸类、氧化剂、食品及食品添加剂混运。运输时运输车辆应配备相应品种和数量的消防器材及泄漏应急处理设备。运输途中应防曝晒、雨淋，防高温。公路运输时要按规定路线行驶，勿在居民区和人口稠密区停留。

7.3 废弃

(1) 废弃处置方法 废弃物处置方法是：用含5%～10%的氯化铜、氯化铁、氯化锌的活性炭（或5%～10%氯化铝的活性炭）作催化剂，400～500℃下使六六六破坏热分解。

IRPTC 建议的废弃物处置方法是：沾有少量六六六容器可按 FAO 关于农场中废农药及其容器处置指南进行处理，大量六六六的废弃物建议用焚烧法处理。

(2) 废弃注意事项 处置前应参阅国家和地方有关法规。废物储存参见“储存注意事项”。

8 参考文献

[1] 董华模. 化学物的毒性及其环境保护参数手册 [M]. 北京：人民卫生出版社，1988.

[2] 国家环境保护局有毒化学品管理办公室. 化学品毒性、法规、环境数据手册 [M]. 北京：中国环境科学出版社，1992.

[3] 周国泰. 危险化学品安全技术全书 [M]. 北京：化学工业出版社，1997.

[4] 胡望钧. 常见有毒化学品环境事故应急处置技术与监测方法 [M]. 北京：中国环境科学出版社，1993.

[5] 卢伟. 工作场所有害因素危害特性实用手册 [M]. 北京：化学工业出版社，2008.

[6] 天津市固体废物及有毒化学品管理中心. 危险化学品环境数据手册 [M]. 天津：天津市固体废物及有毒化学品管理中心，2005.

[7] 杭士平. 空气中有害物质的测定方法 [M]. 北京：人民卫生出版社，1986.

[8] 中国环境监测总站. 固体废弃物试验分析评价手册 [M]. 北京：中国环境科学出版社，1992.

[9] 环境保护部. 国家污染物环境健康风险名录（化学第一分册） [M]. 北京：中国环境科学出版社，2011.

[10] 江苏省环境监测中心. 突发性污染事故中危险品档案库 [DB].

[11] 刘相梅，彭平安，盛国英，等. 六六六在自然界中的环境行为及研究动向 [J]. 农业环境与发展，2001，18 (2)：38-40.

[12] 张水铭，马杏法，安琼. 六六六在土壤中持留和降解 [J]. 土壤学报，1988，25 (1)：81-88.

[13] 张水铭，安琼，顾宗濂，等. 六六六在土壤中的降解 [J]. 环境科学，1982，25 (3)：3-5.

[14] 北京化工研究院环境保护所/计算中心. 国际化学品安全卡（中文版）查询系统 [DB]. 2016

[15] 王箴. 化工辞典 [M]. 第 4 版. 北京：化学工业出版社，2000.

[16] 黄勤. 黄幸纾. 工业品六氯环己烷对小鼠睾丸和精子 LDH-X 的影响 [J]. 中国药理学与毒理学杂志，1987，(1)：13.

氯　　苯

1　名称、编号、分子式

氯苯为无色液体，第一次世界大战期间主要用于生产军用炸药所需的苦味酸。1940—1960年间，大量用于生产滴滴涕（DDT）杀虫剂。1960年后，DDT逐渐被高效低残毒的其他农药所取代，氯苯的需求量日趋下降。主要用作乙基纤维素和许多树脂的溶剂，生产多种其他苯系中间体，如硝基氯苯等。生产方法由苯氯化而得，其工艺分为气相法和液相法两种。氯苯基本信息见表28-1。

表28-1　氯苯基本信息

中文名称	氯苯
中文别名	苯基氯;氯代苯;氯化苯;一氯代苯
英文名称	chlorobenzene
英文别名	chlorobenzene;MCB;mono chloro benzene;benzene,chloride (1∶1);phenyl chloride
UN号	1134
CAS号	108-90-7
ICSC号	0642
RTECS号	CZ0175000
EC编号	602-033-00-1
分子式	C_6H_5Cl
分子量	112.6

2　理化性质

氯苯为无色透明液体，具有不愉快的苦杏仁味。不溶于水，溶于乙醇、乙醚、氯仿、二硫化碳、苯等多数有机溶剂。易燃，遇明火、高热或与氧化剂接触，有引起燃烧爆炸的危险。与过氯酸银、二甲亚砜反应剧烈。氯苯理化性质一览表见表28-2。

表28-2　氯苯理化性质一览表

外观与性状	无色透明易挥发液体,有杏仁气味
熔点/℃	−45.6
沸点/℃	131.7

续表

相对密度(水=1)	1.106
相对蒸气密度(空气=1)	3.9
饱和蒸气压(20℃)/kPa	1.33
临界温度/℃	359.2
临界压力/MPa	4.52
辛醇/水分配系数的对数值	2.84
闪点/℃	28
引燃温度/℃	590
爆炸上限(体积分数)/%	1.3
爆炸下限(体积分数)/%	9.6
溶解性	不溶于水,溶于乙醇、乙醚、氯仿、二硫化碳、苯等多数有机溶剂
化学性质	易燃,遇明火、高热或与氧化剂接触,有引起燃烧爆炸的危险。与过氯酸银、二甲亚砜反应剧烈
稳定性	稳定

3 毒理学参数

(1) 急性毒性 LD_{50}：2290mg/kg（大鼠经口）；1445mg/kg（小鼠经口）。

(2) 亚急性和慢性毒性 动物亚急性毒性反应有肺、肝、肾病理组织学改变。

(3) 代谢 进入体内后，约27%氯苯以原形从呼气中排出，余下的参加体内代谢，在尿中出现的有25%为葡萄糖苷酸，27%为硫酸酚酯，20%为巯基尿酸。在体内有蓄积性。

(4) 中毒机理 氯苯的中毒机理主要是对中枢神经系统具有抑制作用和麻醉作用。大剂量可造成试验动物肝、肾病变。当浓度增高或接触时间延长时，肝脏损害可进展为坏死和实质性变性。此外，尚有轻度局部刺激作用。

在分子水平上，一般认为氯苯类化合物对生物的伤害机理主要表现在以下三个方面：进入细胞内的氯苯类化合物能与蛋白质或DNA共价结合，导致生物大分子构象的改变，破坏酶的活性中心，造成酶活性的下降或丧失，从而干扰细胞的正常代谢过程；氯苯类化合物能诱导生物体内产生大量的活性氧自由基和过氧化物，并通过其损伤主要的生物大分子，尤其是引起膜脂过氧化，使膜透性改变；氯苯能引起生物体内DNA的损伤，进而引发机体的毒害效应。

(5) 致突变性 酿酒酵母：1000ppm。小鼠腹腔注射：225mg/kg×24h。小鼠淋巴细胞：70mg/L。小鼠腹腔注射：1mg/kg；小鼠淋巴细胞：100mg/L。仓鼠卵巢：300mg/L。

(6) 致癌性 大鼠口服：61800mg/kg×2年（间歇）。

(7) 生殖毒性 大鼠吸入：75ppm×6h，雌性受孕6～15d后，肌肉骨骼系统发育异常。大鼠吸入：210ppm×6h，雌性受孕6～15d后，肝胆系统发育异常。兔吸入：590ppm×6h，雌性受孕6～18d后，植入后死亡率增加。兔吸入：10ppm×6h，雌性受孕6～18d后，肌肉骨骼系统发育异常。

(8) 危险特性 易燃，遇明火、高热或与氧化剂接触，有引起燃烧爆炸的危险。与过氯酸银、二甲亚砜反应剧烈。燃烧（分解）产物包括一氧化碳、二氧化碳、氯化物。

4 对环境的影响

4.1 主要用途

氯苯用苯氯化制取，氯苯的化学性质不活泼，仅在特殊情况下才能被取代。氯苯可作为溶剂，常用于合成苯酚、硝基氯苯、二硝基氯苯、二硝基苯酚和苦味酸等。另外，氯苯还可用于合成染料、农药原料以及医药、炸药、橡胶助剂、涂料、快干墨水及干洗剂等。

4.2 环境行为

(1) 迁移、扩散 氯苯对环境有严重危害，对水体、土壤和大气可造成污染。由于氯苯具有很强的挥发作用，通常在水和土壤中的氯苯会很快地挥发到空气中，因此水和土壤中的氯苯会很快降低到很低的水平。氯苯在沙、土中的生物分解性很慢，甚至会经过沥滤而渗入地下水。若存在于有机的土壤中，它会被生物分解形成矿物质。氯苯在空气中的光解速度在20h之内会降低一半，在水中的氯苯蒸发的半衰期约4.5h（在缓和的风中），在温暖的地方半衰期会较短。在河水中的半衰期为75d。因此，受氯苯污染的水和土壤能较快地得到恢复。

(2) 转化 在空气中会转化形成氯酚，氯苯和氢氧基的反应是比较占优势的，估计半衰期是9d。在污染的空气中和一氧化氮反应是比较快的，而且会产生氯基硝基苯和氯基硝基酚。光分解会比较慢，会产生氯基联苯。

4.3 人体健康危害

(1) 暴露/侵入途径 吸入、食入以及皮肤接触等。

(2) 健康危害 对中枢神经系统有麻醉作用。对皮肤及黏膜有刺激性。急性中毒可出现：接触高浓度可以引起麻醉症状，甚至昏迷。脱离现场，积极救治后，可以较快恢复，但是数日后仍有头痛、头晕、无力、食欲减退等症状。液体对皮肤有轻度刺激作用，但是反复接触，则起红斑或轻度表浅性坏死。慢性中毒可出现：常有眼痛、流泪、结膜充血；早期有头痛、失眠、记忆力减退等神经衰弱症状；重则引起中毒性肝炎，个别可以发生肾脏损害。

4.4 接触控制标准

中国MAC（mg/m^3）：50。

前苏联MAC（mg/m^3）：100/50（分子代表一次最高容许浓度值，分母代表平均最高容许浓度值）。

OSHA：75ppm，350mg/m^3。

ACGIH：10ppm，46mg/m^3。

氯苯生产及应用相关环境标准见表28-3。

表 28-3　氯苯生产及应用相关环境标准

标准编号	限制要求	标准值
中国(GBZ 2—2002)	职业接触限值	时间加权平均允许浓度(TWA):50mg/m^3 短时间接触允许浓度(STEL):100mg/m^3
中国(GB 16297—1996)	大气污染物综合排放标准	现有污染源最高允许排放浓度:85mg/m^3 新污染源最高允许排放浓度:60mg/m^3
中国(GB 8978—1996)	污水综合排放标准	一级:0.2mg/L 二级:0.4mg/L 三级:1.0mg/L
中国(GB 3838—2002)	地表水环境质量标准	0.3mg/L

5　环境监测方法

5.1　现场应急监测方法

现场应急监测可采用气体检测管法；直接进水样气相色谱法、快速检测管法、便携式气相色谱法（《突发性环境污染事故应急监测与处理处置技术》，万本太主编）、气体速测管(北京劳保所产品、德国德尔格公司产品)。

5.2　实验室监测方法

氯苯的实验室监测方法见表 27-4。

表 27-4　氯苯的实验室监测方法

监测方法	来源	类别
气相色谱法	《固定污染源排气中氯乙烯的测定　气相色谱法》(HJ/T 34—1999)	固定污染源排气
溶剂解吸气相色谱法	《作业场所空气中氯苯的溶剂解吸气相色谱测定方法》(WS/T 137—1999)	作业场所空气
扩散法采样溶剂解吸气相色谱法	《作业场所空气中氯苯的扩散法采样溶剂解吸气相色谱测定方法》(WS T 157—1999)	作业场所空气
气相色谱法	《水质分析大全》,张宏陶等主编	水质
气相色谱法	《固体废弃物试验与分析评价手册》,中国环境监测总站等译	固体废物
吡啶-碱比色法	《空气中有害物质的测定方法》(第二版),杭士平主编	空气
色谱/质谱法	美国 EPA524.2 方法①	水质

①EPA524.2（4.1 版）是为配合实施美国国家饮用水的 EPA 标准而制定的，该方法采用吹脱捕集装置，用 GC/MS 检测低浓度的被分析物质。在实际监测中，优先执行我国国家标准。

6　应急处理处置方法

6.1　泄漏应急处理

(1) 应急行为　迅速撤离泄漏污染区人员至上风处，并进行隔离，严格限制出入，切断火源。

(2) 应急人员防护 戴自给正压式呼吸器，穿消防防护服。

(3) 环保措施 尽可能切断泄漏源，防止进入下水道、排洪沟等限制性空间。小量泄漏：用活性炭或其他惰性材料吸收。也可用不燃性分散剂制成的乳液刷洗，洗液稀释后放入废水系统。大量泄漏：构筑围堤或挖坑收容；用泡沫覆盖，降低蒸气损害。

(4) 消除方法 用防爆泵转移至槽车或专用收集器内，回收或运至废物处理场所处置。

6.2 个体防护措施

(1) 工程控制 密闭操作，局部排风。提供安全淋浴和洗眼设备。

(2) 呼吸系统防护 空气中浓度超标时，佩戴自吸过滤式防毒面具（半面罩）。紧急事态抢救或撤离时，应该佩戴空气呼吸器或氧气呼吸器。

(3) 眼睛防护 一般不需要特殊防护，高浓度接触时可戴化学安全防护眼镜。

(4) 身体防护 穿防毒物渗透工作服。

(5) 手防护 戴橡胶手套。

(6) 其他 工作现场严禁吸烟。工作完毕，淋浴更衣。注意个人清洁卫生。

6.3 急救措施

(1) 皮肤接触 脱去被污染的衣着，用肥皂水和清水彻底冲洗皮肤。

(2) 眼睛接触 提起眼睑，用流动清水或生理盐水冲洗，就医。

(3) 吸入 迅速脱离现场至空气新鲜处。保持呼吸道通畅。如呼吸困难，给输氧。如呼吸停止，立即进行人工呼吸。就医。

(4) 食入 饮足量温水，催吐，就医。

(5) 灭火方法 喷水冷却容器，可能的话将容器从火场移至空旷处。灭火剂包括雾状水、泡沫、干粉、二氧化碳、砂土。

6.4 应急医疗

(1) 诊断要点 主要对中枢神经系统具有抑制作用和麻醉作用。

① 高浓度吸入主要是眼和上呼吸道刺激症状，恶心、口干、嘴唇麻木及中枢神经麻痹症状。

② 有皮肤、黏膜刺激作用。

③ 对血液系统及造血器官的损害较苯为轻。

(2) 处理原则 中毒急救基本处理原则如下。

① 不管吸入性、接触性或食入性中毒的伤害，均可先给予100%氧气。

② 若意识不清，则将患者置于复苏姿势，不可喂食及催吐。

③ 若无呼吸、心跳停止，立即施予心肺复苏术（CPR）。

④ 若患者有自发性呕吐，让患者向前倾或仰躺时头部侧倾，以降低吸入呕吐物造成呼吸道阻塞的危险。

⑤ 若患者已摄取或吸入物质，不要使用口对口人工呼吸。

⑥ 搬移或隔离受污染的衣服或鞋子，若已接触到物质，立即用流动的水冲洗皮肤及眼睛至少20min。

(3) 预防措施 密闭操作，局部排风。操作人员必须经过专门培训，严格遵守操作规程。建议操作人员佩戴自吸过滤式防毒面具（半面罩），戴化学安全防护眼镜，穿防毒物渗透工作服，戴橡胶耐油手套。远离火种、热源，工作场所严禁吸烟。使用防爆型的通风系统和设备。防止蒸气泄漏到工作场所空气中。避免与氧化剂接触。灌装时应控制流速，且有接地装置，防止静电积聚。搬运时要轻装轻卸，防止包装及容器损坏。配备相应品种和数量的消防器材及泄漏应急处理设备。倒空的容器可能残留有害物。

7 储运注意事项

7.1 储存注意事项

储存于阴凉、通风的库房。远离火种、热源。库温不宜超过30℃。保持容器密封。应与氧化剂分开存放，切忌混储。采用防爆型照明、通风设施。禁止使用易产生火花的机械设备和工具。储区应备有泄漏应急处理设备和合适的收容材料。

7.2 运输信息

危险货物编号：33546。

UN编号：1134。

包装标识：7。

包装类别：Ⅲ。

包装方法：小开口钢桶；螺纹口玻璃瓶、铁盖压口玻璃瓶、塑料瓶或金属桶（罐）外木板箱；塑料瓶、镀锡钢板桶外满底板花格箱。

运输注意事项：本品铁路运输时限使用钢制企业自备罐车装运，装运前需报有关部门批准。运输时运输车辆应配备相应品种和数量的消防器材及泄漏应急处理设备。夏季最好早晚运输。运输时所用的槽（罐）车应有接地链，槽内可设孔隔板以减少振荡产生静电。严禁与氧化剂、食用化学品等混装混运。运输途中应防曝晒、雨淋，防高温。中途停留时应远离火种、热源、高温区。装运该物品的车辆排气管必须配备阻火装置，禁止使用易产生火花的机械设备和工具装卸。公路运输时要按规定路线行驶，勿在居民区和人口稠密区停留。铁路运输时要禁止溜放。严禁用木船、水泥船散装运输。

7.3 废弃

(1) 废弃处置方法 用焚烧法处置。溶于易燃溶剂或与燃料混合后，再焚烧。焚烧炉排出的气体要经过洗涤器除去。

(2) 废弃注意事项 此物质是易燃性和毒性液体，处置时工程控制应运转及善用个人防护设备；工作人员应受适当有关物质的危险性及安全使用法的训练。除去所有发火源并远离热及不兼容物。工作区应有“禁止抽烟”标志。液体会累积电荷，考虑额外的设计以增加电导性。如所有桶槽、转装容器和管线都要接地，接地时必须接触到裸金属，输送操作中，应降低流速，增加操作时间，增加液体留在管线中的时间或低温操作。当调配的操作不是在密闭系统进行时，确保调配的容器和接收的输送设备和容器要等电位连接。空的桶槽、容器和管线可能仍有具危害性的残留物，未清理前不得从事任何焊接、切割、钻孔或进行其他热的工作。桶槽或储存容器可充填惰性气体以减少火灾和爆炸的危险。作业场所使用不产生火花的通风系统，设备应为防爆型。保持走道和出口畅通无阻。储存区和大量操作的区域，考虑安装溢漏和火灾侦测系统及适当的自动消防系统或足够且可用的紧急处理装备。作业避免产生雾滴或蒸气，在通风良好的指定区内操作并采取最小使用量，操作区与储存区分开。必要时穿戴适当的个人防护设备以避免与此化学品或受污染的设备接触。不要与不兼容物一起使用（如强氧化剂），以免增加火灾和爆炸的危险。使用兼容物质制成的储存容器，分装时小心不要喷洒出来。不要以空气或惰性气体将液体自容器中加压而输送出来。

8 参考文献

[1] 董华模. 化学物的毒性及其环境保护参数手册 [M]. 北京：人民卫生出版社，1988.

[2] 国家环境保护局有毒化学品管理办公室. 化学品毒性、法规、环境数据手册 [M]. 北京：中国环境科学出版社，1992.

[3] 周国泰. 危险化学品安全技术全书 [M]. 北京：化学工业出版社，1997.

[4] 万本太. 突发性环境污染事故应急监测与处理处置技术 [M]. 北京：中国环境科学出版社，1996.

[5] 张宏陶. 水质分析大全 [M]. 重庆：科学技术文献出版社重庆分社，1989.

[6] 中国环境监测总站. 固体废弃物试验分析评价手册 [M]. 北京：中国环境科学出版社，1992.

[7] 杭士平. 空气中有害物质的测定方法 [M]. 北京：人民卫生出版社，1986.

[8] 卢伟. 工作场所有害因素危害特性实用手册 [M]. 北京：化学工业出版社，2008.

[9] 环境保护部. 国家污染物环境健康风险名录（化学第一分册） [M]. 北京：中国环境科学出版社，2011.

[10] 天津市固体废物及有毒化学品管理中心. 危险化学品环境数据手册 [M]. 天津：天津市固体废物及有毒化学品管理中心，2005.

[11] 江苏省环境监测中心. 突发性污染事故中危险品档案库 [DB].

[12] 胡枭，胡永梅，樊耀波，等. 土壤中氯苯类化合物的迁移行为 [J]. 环境科学，2000，1（6）：32-36.

[13] 孙建如. 氯化苯生产的清洁工艺改造 [J]. 中国氯碱，2011，(2)：45-46.

[14] 北京化工研究院环境保护所/计算中心. 国际化学品安全卡（中文版）查询系统 [DB]. 2016.

六氯苯

1 名称、编号、分子式

六氯苯在常温下为无色的晶状固体，是一种选择性的有机氯抗真菌剂。工业生产中，六氯苯主要由苯或低级氯苯直接氯化制得。六氯苯基本信息见表 29-1。

表 29-1 六氯苯基本信息

中文名称	六氯苯
中文别名	灭黑穗药;全氯苯;六氯代苯
英文名称	hexachlorobenzene
英文别名	perchlorobenzene;HCB;pentachlorophenylchloride;phenylperchliryl
UN 号	2729
CAS 号	118-74-1
ICSC 号	0895
RTECS 号	DA2975000
EC 编号	602-065-00-6
分子式	C_6Cl_6
分子量	284.78

2 理化性质

纯品为无色细针状或小片状晶体，工业品为淡黄色或淡棕色晶体。受高热分解放出有毒的腐蚀性烟气。燃烧（分解）产物为一氧化碳、二氧化碳、氯化氢。在 65℃以上与 *N*,*N*-二甲基甲酰胺（DMF）接触会起激烈反应。六氯苯理化性质一览表见表 29-2。

表 29-2 六氯苯理化性质一览表

外观与性状	纯品为无色细针状或小片状晶体,工业品为淡黄色或淡棕色晶体
熔点/℃	226
沸点/℃	323～326
相对密度(水=1)	2.44
相对蒸气密度(空气=1)	9.8

续表

饱和蒸气压(114.4℃)/kPa	0.13
辛醇/水分配系数的对数值	6.41
闪点/℃	242
溶解性	不溶于水,溶于乙醚、氯仿等多数有机溶剂
化学性质	与氧化剂、*N*,*N*-二甲基甲酰胺不能配伍
稳定性	稳定

3 毒理学参数

(1) 急性毒性 LD_{50}：3500mg/kg（大鼠经口）；4000mg/kg（小鼠经口）。

(2) 亚急性和慢性毒性 动物亚急性和慢性毒性反应有神经毒性症状，肝、肾重量增加，尿中粪卟啉排泄增加等。

(3) 代谢 在血中 HCB 为 1.1～953ng/mL 的 HCB 暴露人群，其尿中 100%检出五氯酚（简称 PCP），为 0.59～13.9ng/24h，除 PCP 外经体内代谢还产生五氯苯硫酚（简称 PCBT），而且与 HCB 有显著的相关，血中每增加 1ng/mL 的 HCB，相应在尿中增加 2.12ng/24h，PCP 与 HCB 相关关系仅对男性有统计意义，每增加 1ng/mL 的 HCB，相应在尿中可增加 PCP 0.63ng/24h。此外动物试验表明，鱼油可加快 HCB 在体内的代谢。

(4) 中毒机理 长期或反复接触六氯苯（HCB）可能对肝或神经系统有影响，导致器官功能损伤和皮肤损害。该物质可能是人类致癌物。动物试验表明，该物质可能对人类生殖造成毒性影响。

六氯苯对生殖系统健康影响的有关研究报道一再增多，有研究曾探讨过 HCB 在人精液中的浓度与不育之间的关系，从 156 名因不育而就诊的病人取得 176 份精液，结果发现正常活精子病人中 HCB 浓度高于精子有病理性发现的病人，而正常活精子病人 42.5%的妻子没有发现器质性病变或内分泌性不孕（自发性不孕）。另外发现正常或自发性不孕组合的 HCB 浓度显著高于精子有病理性症状的患者，而男子正常活精子，女性器质性或内分泌性不孕中，HCB 水平与精子有病理症状的相近。而且未发现 HCB 浓度与精子的动力参数及密度之间相关。

在乳腺癌病人的乳房脂肪中的包括 HCB 的有机氯比非乳腺癌高。手术 43 名乳腺癌病人和 35 名非乳腺癌病人的病例对照研究表明，绝经后的妇女乳房 HCB 含量高，对使用雌激素肿瘤阳性危险度为 7.1（95%CI 为 1.1～4.5）。白血病病人的骨髓 HCB 含量比脂肪高 20%～30%。HCB 是否引起乳腺癌缺乏流行病学资料，HCB 自食物摄入产生致癌性，已发现 HCB 类物质在人类乳腺癌中扮演重要角色，HCB 这些广泛存在的污染物能在恶性乳腺癌妇女乳腺中发现，经对年龄校正后比较发现，良性肿瘤妇女乳腺中 HCB 浓度比恶性肿瘤低。

另外，HCB 对血清中 T4 及游离 T4 浓度有影响，如接触 HCB 则发现血清中 T4 及游离 T4 浓度明显低于对照，故有可能降低甲状腺机能，其他雌二醇、孕酮以及 T3 均无明显的变化。1955—1959 年 Turkey HCB 污染谷物事故出现 600 例卟啉血症，主要机制为影响亚铁血红蛋白合成，而导致亚铁血红蛋白的前驱物卟啉在血和尿中增多。

暴露于含有较高浓度 HCB 的有机氯化物污染空气的人群，其甲状腺癌、软组织肉瘤和脑癌显著增加。

(5) 致癌性 IARC 致癌性评论：人为可疑性反应，动物为阳性反应。

(6) 致突变性 DNA 损伤：鼠伤寒沙门菌 20μmol/L。微粒体致突变：制酒酵母菌 100ppm。

(7) 生殖毒性 大鼠经口最低中毒剂量（TDL_0）：40mg/kg（孕后 10～13d 用药），对胎鼠肌肉骨骼系统有影响。小鼠经口最低中毒剂量（TDL_0）：1g/kg，有胚胎毒性，对泌尿生殖系统有影响。

(8) 危险特性 不易燃烧。受高热分解产生有毒腐蚀性烟气。

4 对环境的影响

4.1 主要用途

六氯苯（HCB）已被广泛地用作杀真菌剂，以保护洋葱、小麦和高粱的种子。HCB 也被用作一种溶剂，以及生产合成橡胶、聚氯乙烯（PVC）塑料、烟火、军火、木材防腐剂和染料中作为制造中间体或者添加剂。HCB 还在许多氯代溶剂和农药生产以及其他氯化工艺中以副产品形式产生。在许多农药中都以杂质形式出现。HCB 也会从城市垃圾燃烧过程中释放出来。

4.2 环境行为

六氯苯（HCB）存在于水中含量很低，淡水中浓度一般低于 1.0ng/L，但如有污染源，淡水中 HCB 浓度会明显升高，海水中 HCB 浓度一般低于 0.1ng/L，如此低的浓度，很难发现其对海洋生物有毒性作用。但有报道，海洋鱼肝中 HCB 水平超过人类安全摄入量；在污染较严重地区如 Louisana 监测井中采得的油水混合物中发现 HCB 达 9.5×10^6ng/L，井附近水域 HCB 达 28ng/L；而在 Michigan 水中底层沉积物中测得 HCB 为 6.0×10^6ng/L。水体中 HCB 浓度起主要作用的是水体底泥及水中生物的富集及生物放大作用和生物的食物链。如果假定饮用水中 HCB 水平为 0.1～2ng/L，每人每日摄入 1.4L 水，一个 64kg 的正常人每日摄入 2.2×10^{-6}～4.4×10^{-5}mg/kg，而总摄入量估计每人每日 4×10^{-4}～3×10^{-3}mg/kg，饮水仅有 1%。底泥中 HCB 浓度较高，而且随着时间推移，底泥中 HCB 水平会有明显的增高，但生物体脂肪组织中 HCB 含量不一定高。

HCB 在水中的光化作用缓慢，氧化及生物转化作用轻微，HCB 易被吸附于土壤及沉积层，但很快蒸发到空气中，此时光化作用对 HCB 降解起决定作用。

空气中六氯苯主要来源于污染，电化厂的周围空气中含有高浓度六氯苯，生产聚氯乙烯（perchloroethylen）、三氯乙烯（trichlorethylene）和四氯化碳（carbon tetrachloride）的工厂周围六氯苯含量均较高，尤其是生产五氯硝基苯（pentachloronitrobenzene）的工厂周围六氯苯含量更高，在化工厂周围区域内空气中六氯苯含量为 0.0001mg/cm^3 至 0.63mg/m^3。有些化工厂有害废物堆放场所空气中也检出六氯苯，市政废物焚烧场的空气中含有六氯苯、多氯联苯等。但环境中低浓度的暴露报道不多。

由于六氯苯在环境中属于难分解物质，因而水、土壤、空气的污染都归属到土壤中，化工厂内土壤的含量均大于 100mg/g，一些化工厂废弃物 HCB 含量比较高，达 6×10^{-3}mg/g。

六氯苯在环境中属于难分解物质，不易燃烧。受高热分解产生氯化物的有毒腐蚀性烟气。在与酸或碱接触下，非常稳定。在65℃以上与N,N-二甲基甲酰胺（DMF）接触会起激烈反应。

4.3 人体健康危害

(1) 暴露/侵入途径 吸入、食入和经皮吸收。

(2) 健康危害 中毒时能影响肝脏、中枢神经系统和心血管系统。用本品拌种时引起眼刺激、烧灼感、口鼻发干、疲乏、头痛、恶心等。可致皮肤溃疡。接触者尿和粪中有大量紫质排出。

4.4 接触控制标准

前苏联MAC（mg/m^3）：0.9。

TLVTN：ACGIH 0.025mg/m^3 [皮]。

六氯苯生产及应用相关环境标准见表29-3。

表29-3 六氯苯生产及应用相关环境标准

标准编号	限制要求	标准值
前苏联	车间空气中有害物质的最高允许浓度	0.9mg/m^3
前苏联(1977)	居民区大气中有害物最大允许浓度	0.03mg/m^3(最大值,昼夜均值)
中国(GB 3838—2002)	地表水环境质量标准	0.05mg/L

5 环境监测方法

5.1 现场应急监测方法

现场应急监测可采用气质联用仪测定（固相萃取-气质联用法检测饮用水源中六氯苯，李大伟等）。

5.2 实验室监测方法

六氯苯的实验室监测方法见表29-4。

表29-4 六氯苯的实验室监测方法

监测方法	来源	类别
气相色谱法	《水和废水监测分析方法》(第四版),国家环境保护总局编	水质
气相色谱法	《固体废弃物试验分析评价手册》,中国环境监测总站等译	固体废物

6 应急处理处置方法

6.1 泄漏应急处理

(1) 应急行为 隔离泄漏污染区，限制出入。切断火源。

(2) 应急人员防护 戴好防毒面具，穿一般消防防护服。

(3) 环保措施 不要直接接触泄漏物。

(4) 消除方法 小量泄漏：用洁净的铲子收集于干燥、洁净、有盖的容器中。大量泄漏：收集回收或运至废物处理场所处置。

6.2 个体防护措施

(1) 工程控制 密闭操作，局部排风。

(2) 呼吸系统防护 可能接触其粉尘时，应该佩戴防毒口罩。紧急事态抢救或撤离时，建议佩戴自给式呼吸器。

(3) 眼睛防护 必要时戴化学安全防护眼镜。

(4) 防护服 穿工作服。

(5) 手防护 戴防化学品手套。

(6) 其他 工作现场禁止吸烟、进食和饮水。工作后，彻底清洗。及时换洗工作服。注意个人清洁卫生。

6.3 急救措施

(1) 皮肤接触 脱去污染的衣着，用大量清水彻底冲洗。

(2) 眼睛接触 立即翻开上下眼睑，用流动清水或生理盐水冲洗。就医。

(3) 吸入 迅速脱离现场至空气新鲜处。保持呼吸道通畅。呼吸困难时，给输氧。呼吸停止时，立即进行人工呼吸。就医。

(4) 食入 给饮足量温水，催吐。就医。

(5) 灭火方法 雾状水、泡沫、二氧化碳、干粉、砂土。

6.4 应急医疗

(1) 诊断要点 中毒时能影响肝脏、中枢神经系统和心血管系统。用本品拌种时引起眼刺激、烧灼感、口鼻发干、疲乏、头痛、恶心等。可致皮肤溃疡。接触者尿和粪中有大量紫质排出。

(2) 处理原则 不管吸入性、接触性或食入性中毒的伤害，均可先给予100%氧气。若意识不清，则将患者置于复苏姿势，不可喂食，也不可催吐。若无呼吸、心跳停止，立即施予心肺复苏术（CPR）。若患者有自发性呕吐，让患者向前倾或仰躺时头部侧倾，以降低吸入呕吐物造成呼吸道阻塞的危险。若皮肤或眼睛接触到，应立即以大量清水或肥皂水冲洗患部。就医。

(3) 预防措施 密闭操作，局部排风。操作人员必须经过专门培训，严格遵守操作规程。建议操作人员佩戴自吸过滤式防尘口罩，戴化学安全防护眼镜，穿连衣式胶布防毒衣，戴氯丁橡胶手套。远离火种、热源，工作场所严禁吸烟。使用防爆型的通风系统和设备。避免产生粉尘。避免与氧化剂接触。搬运时要轻装轻卸，防止包装及容器损坏。配备相应品种和数量的消防器材及泄漏应急处理设备。倒空的容器可能残留有害物。

7 储运注意事项

7.1 储存注意事项

储存于阴凉、通风的库房。远离火种、热源。包装密封。应与氧化剂、食用化学品分开存放，切忌混储。配备相应品种和数量的消防器材。储区应备有合适的材料收容泄漏物。

7.2 运输信息

危险货物编号：61876。

UN 编号：2729。

包装标识：14。

包装类别：Ⅲ。

包装方法：塑料袋或两层牛皮纸袋外全开口或中开口钢桶；两层塑料袋或一层塑料袋外麻袋、塑料编织袋、乳胶布袋；塑料袋外复合塑料编织袋（聚丙烯三合一袋、聚乙烯三合一袋、聚丙烯二合一袋、聚乙烯二合一袋）；塑料袋或两层牛皮纸袋外普通木箱；螺纹口玻璃瓶、塑料瓶、复合塑料瓶或铝瓶外普通木箱；塑料瓶、两层塑料袋或两层牛皮纸袋（内或外套以塑料袋）外瓦楞纸箱。

运输注意事项：铁路运输时应严格按照铁道部《危险货物运输规则》中的危险货物配装表进行配装。运输前应先检查包装容器是否完整、密封，运输过程中要确保容器不泄漏、不倒塌、不坠落、不损坏。严禁与酸类、氧化剂、食品及食品添加剂混运。运输途中应防曝晒、雨淋，防高温。

7.3 废弃

(1) 废弃处置方法 目前处置方法包括焚烧法、深井灌注法和填埋法。最有效的方法是焚烧法。

(2) 废弃注意事项 处置前应参阅国家和地方有关法规。或与厂商或制造商联系，确定处置方法。

8 参考文献

[1] 董华模. 化学物的毒性及其环境保护参数手册 [M]. 北京：人民卫生出版社，1988.

[2] 国家环境保护局有毒化学品管理办公室. 化学品毒性、法规、环境数据手册 [M]. 北京：中国环境科学出版社，1992.

[3] 周国泰. 危险化学品安全技术全书 [M]. 北京：化学工业出版社，1997.

[4] 魏复盛. 水和废水监测分析方法 [M]. 第 4 版. 北京：中国环境科学出版社，2002.

[5] 中国环境监测总站. 固体废弃物试验分析评价手册 [M]. 北京：中国环境科学出版社，1992.

[6] 天津市固体废物及有毒化学品管理中心. 危险化学品环境数据手册 [M]. 天津：天津市固体废物及有毒化学品管理中心，2005.

[7] 环境保护部. 国家污染物环境健康风险名录（化学第一分册）[M]. 北京：中国环境科学出版社，2011.

[8] 江苏省环境监测中心. 突发性污染事故中危险品档案库 [DB].

[9] 李大伟，郭栋，谢磊. 固相萃取-气质联用法检测饮用水源中六氯苯 [J]. 广东化工，2017，44 (7)：232，234.

[10] 陈晓东，吕永生，朱惠刚. 六氯苯与健康危害 [J]. 中国公共卫生，2000，16 (9)：849-851.

［11］ 吴荣芳，解清杰，黄卫红，等.六氯苯的环境危害及其污染控制［J］.化学与生物工程，2006，23（8）：7-10.

［12］ 陈晓东，吕永生，朱惠刚.环境六氯苯及其健康危害研究进展［J］.江苏卫生保健，1999，（2）：75-76.

［13］ 北京化工研究院环境保护所/计算中心.国际化学品安全卡（中文版）查询系统［DB］.2016.

2-氯乙醇

1 名称、编号、分子式

2-氯乙醇又称氯乙醇，氯乙醇有多种制备方法。环氧乙烷与盐酸反应，是实验室制备氯乙醇的最方便方法。实际上，乙二醇与二氯化硫反应得到氯乙醇，也是实验室制备氯乙醇的方法之一。如果环氧乙烷与无水氯化氢在氯化铁和磷酸二氢钠存在下反应，则无副产乙二醇生成，适用于制造高纯度氯乙醇。氯乙醇的工业生产方法基本上还是 1991 年 Gomberg 提出的方法，将乙烯和氯同时通入水中，氯与水反应生成次氯酸，次氯酸与乙烯加成即得氯乙醇。2-氯乙醇基本信息见表 30-1。

表 30-1　2-氯乙醇基本信息

中文名称	2-氯乙醇
中文别名	氯乙醇
英文名称	2-chloroethylalcohol
英文别名	ethylene chlorohydrin
UN 号	1135
CAS 号	107-07-3
ICSC 号	0236
RTECS 号	KK0875000
EC 编号	603-028-00-7
分子式	C_2H_5ClO
分子量	80.5

2 理化性质

2-氯乙醇的蒸气与空气可形成爆炸性混合物，遇明火、高热能引起燃烧爆炸。与氧化剂可发生反应。高热时能分解出剧毒的光气。遇水或水蒸气反应放热并产生有毒的腐蚀性气体。其蒸气比空气密度大，能在较低处扩散到相当远的地方，遇火源会着火回燃。若遇高热，容器内压增大，有开裂和爆炸的危险。2-氯乙醇理化性质一览表见表 30-2。

表 30-2　2-氯乙醇理化性质一览表

外观与性状	无色或淡黄色液体，微具醚香味
熔点/℃	−63
沸点/℃	129
相对密度(水=1)	1.20
相对蒸气密度(空气=1)	2.78
饱和蒸气压(30.3℃)/kPa	1.33
闪点/℃	60
引燃温度/℃	425
爆炸上限(体积分数)/%	15.9
爆炸下限(体积分数)/%	4.9
溶解性	溶于水、酸、乙醚
稳定性	稳定

3　毒理学参数

(1) 急性毒性　LD_{50}：71mg/kg（大鼠经口）；67mg/kg（兔经皮）。LC_{50}：290mg/m^3（大鼠吸入）；小鼠吸入 4.5g/m^3×0.5h，死亡；人吸入 1.0g/m^3×2h，恶心、疲乏，5h 后紫绀，9h 后死于呼吸衰竭；人经皮 72mg/kg，死亡。

(2) 亚急性和慢性毒性　大鼠吸入 10mg/m^3×4 个月，血液胆固醇、β-脂蛋白、抗坌宁酯酶活性增高；大鼠吸入 10mg/m^3×4h/d×4 个月，体重减轻，肺充血，肝糖原减少，肝细胞坏死；大鼠腹腔 32mg/(kg·d)×3 个月，体重减轻，部分大鼠死亡。

(3) 致畸性　小鼠孕后 6～16d 经口给予最低中毒剂量（TDL_0）1100mg/kg，致肝胆管系统发育畸形。

(4) 致突变性　大鼠吸入 1mg/m^3×4h/d×4 个月，骨髓细胞染色体畸变；大鼠吸入 10mg/m^3×4h/d×4 个月，骨髓细胞染色体畸变，染色体断裂。微生物致突变：鼠伤寒沙门菌 20μmol/皿。DNA 修复：大肠杆菌 10μmol/皿。性染色体缺失和不分离：构巢曲霉 74500μmol/L。

(5) 危险特性　遇高热、明火或与氧化剂接触，有引起燃烧的危险。受热或遇水分解放热，放出有毒的腐蚀性烟气。

4　对环境的影响

4.1　主要用途

氯乙醇是重要的有机溶剂和有机合成原料。以前氯乙醇的最大用途是生产环氧乙烷，现在绝大部分氯醇法环氧乙烷装置已被直接氧化法所取代。现在氯乙醇的主要用途是作聚硫橡胶的原料以及染料、农药、医药的中间体。氯乙醇与硫化钠反应可得硫代二甘醇，是纺织品的印染溶剂，也是还原染料，还可用于合成聚二氯乙烯的增塑剂。氯乙醇衍生物 β,β'-二氯二乙基醚是合成芥子气毒气的原料，也是精制润滑油的萃取溶剂，也用作土壤杀菌剂。氯乙醇可合成二氯乙基缩甲醛，是生产聚硫弹性体的原料之一。氯乙醇与乙炔反应可生成氯乙基乙烯基醚，是生成聚丙烯弹性体的原料。氯乙醇用60%硝酸氧化能以90%收率生成氯乙酸，用于合成染料、氨基乙酸、丙二酸酯、羟基乙酸、肾上腺素、2,4-二氯苯氧基乙酸、乐果、羧甲基纤维素、费洛那尔安眠药、氯乙酰胺、碘乙酰胺、*N*-甲基氨基乙酸钠。在医药工业中，氯乙醇用于磷酸哌嗪、呋喃唑酮、四咪唑、驱蛔灵和普鲁卡因等的生产，在农药生产中用作杀虫剂1059的原料。由氯乙醇经氨化、氯化可得2-氯乙胺盐酸盐，这是一种药物中间体，用于制造驱虫净。

4.2 环境行为

(1) 代谢和降解 2-氯乙醇在肝内，经辅酶Ⅰ的作用代谢为氯乙醛，而后者可能是中毒的因素。认为氯乙醇在体内大量吸收后，经肝门系统，在肝内转化为*S*-羟基甲基谷胱甘肽而解毒，导致肝肾谷胱甘肽酶量的减少，氯乙醇中毒引起的中毒性肝炎和类脂代谢变化，血液胆固醇、卵磷脂、β-脂蛋白增加，肝脂肪变性和充血，说明肝脏是氯乙醇的靶器官。

(2) 残留与蓄积 氯乙醇可经呼吸道、消化道和皮肤进入机体而引起中毒，氯乙醇对皮肤的毒性作用是对氯原子加强醇分子的亲脂性，因而增加蛋白质的变性和脂质溶解的特性。氯乙醇可迅速通过皮肤进入体内，而对皮肤则无刺激作用。中毒动物表现鼻感有刺激、共济失调、抽搐、虚脱、色素形成和脂肪变性，肾皮质髓质交接处有大量出血，肾曲管细胞完全分解，肺的出血和萎缩。由此可见氯乙醇最终残留于肾、肺、肝等器官。

4.3 人体健康危害

(1) 暴露/侵入途径 吸入、食入、经皮吸收。

(2) 健康危害 高浓度蒸气对眼、上呼吸道有刺激性。高浓度吸入，出现头痛、头晕、嗜睡、恶心、呕吐，继而乏力、呼吸困难、紫绀、共济失调、抽搐、昏迷。重者发生脑和肺水肿。皮肤接触，可出现皮肤红斑，可经皮肤吸收引起中毒。慢性影响有头痛、乏力、胃纳减退、血压降低和消瘦等。

4.4 接触控制标准

中国MAC（mg/m^3）：2。

前苏联MAC（mg/m^3）：0.5。

美国TLVTN：OSHA 5ppm，16.5mg/m^3［皮］；ACGIH 3.3mg/m^3。

5 环境监测方法

5.1 现场应急监测方法

现场应急监测可采用便携式气相色谱-光离子检测器法，用专用注射器采集现场气样，注入便携式气相色谱仪，可在现场用外标法进行定性定量测定。

5.2 实验室监测方法

2-氯乙醇的实验室监测方法见表30-3。

表30-3 2-氯乙醇的实验室监测方法

监测方法	来源	类别
变色酸比色法	《空气中有害物质的测定方法》(第二版),杭士平主编	大气
溶剂解吸-气相色谱法	《工作场所空气有毒物质测定 第88部分:氯乙醇和1,3-二氯丙醇》(GBZ/T 300.88—2017)	工作场所空气
气相色谱法	《固体废弃物试验与分析评价手册》,中国环境监测总站等译	固体废物

6 应急处理处置方法

6.1 泄漏应急处理

(1) 应急行为 迅速撤离泄漏污染区人员至安全处，并进行隔离，尽可能切断泄漏源。

(2) 应急人员防护 建议应急处理人员戴自给式呼吸器，穿化学防护服。不要直接接触泄漏物，在确保安全情况下堵漏。

(3) 环保措施 喷雾状水，减少蒸发。用砂土或其他不燃性吸附剂混合吸收，收集运至废物处理场所处置。也可以用大量水冲洗，经稀释的洗液放入废水系统。如大量泄漏，利用围堤收容，然后收集、转移、回收或无害处理后废弃。

(4) 消除方法 用泡沫覆盖，降低蒸气灾害。喷雾状水或泡沫冷却和稀释蒸气、保护现场人员。用防爆泵转移至槽车或专用收集器内，回收或运至废物处理场所处置。

6.2 个体防护措施

(1) 工程控制 严加密闭，提供充分的局部排风和全面通风。

(2) 呼吸系统防护 空气中浓度超标时，应该佩戴直接式防毒面具（半面罩）。紧急事态抢救或撤离时，佩戴空气呼吸器。

(3) 眼睛防护 戴安全防护眼镜。

(4) 身体防护 穿防毒物渗透工作服。

(5) 手防护 戴防化学品手套。

(6) 其他 工作现场禁止吸烟、进食和饮水。工作完毕必须尽快脱掉污染衣物，洗净后才可再穿戴或丢弃，且必须告知洗衣人员污染物的危害性。淋浴更衣。注意个人清洁卫生。处理此物后，必须彻底洗手，维持作业环境清洁。

6.3 急救措施

(1) 皮肤接触 脱去污染的衣物，用肥皂水和清水彻底冲洗皮肤。

(2) 眼睛接触 提起眼睑，用流动清水或生理盐水冲洗，立即就医。

(3) 吸入 迅速脱离现场至空气新鲜处。保持呼吸道通畅。如果呼吸困难，给输氧。若呼吸停止，立即进行人工呼吸，并就医。

(4) 食入 饮足量温水，催吐，立即就医。

(5) 灭火方法 雾状水、泡沫、二氧化碳、砂土。

6.4 应急医疗

(1) 诊断要点 急性中毒主要表现为恶心、呕吐、多汗、视力障碍、血压下降、血尿和两手强直性痉挛，因呼吸衰竭而死亡，尸检肝细胞的水肿、肿胀和空泡形成，肝血管的坏死和充血，肾小管浊肿变性及腔内明显肿胀。皮肤接触氯乙醇，若不及时清洗，约 4mL 即可致死。

(2) 处理原则 可静脉滴注 10%～20%葡萄糖液及维生素 C 等。

(3) 预防措施 为预防职业中毒，应注意以下几点。

① 大力推广《职业病防治法》，加大职业安全的监督检查力度，督促企业自觉遵守国家的法律法规；建立完善的危险化学品管理制度，加强对有毒原材料的管理，生产原材料供应商应明确原材料的成分，对于有毒原材料企业应明确标注；改良设备工艺，建立有效的防护措施。

② 企业应严格遵守《职业病防治法》，对存在职业病危害因素的工作场所，应按规定采取有效的防护措施使之符合职业卫生要求，防止在高气温条件下作业；接触有害、有毒物品时，应加强个人防护，佩戴乳胶手套，避免沾染皮肤、眼睛和衣物，佩戴防毒口罩并及时更换；避免穿着工作服和未洗手情况下饮食、休息；避免长时间连续加班；如出现接触中毒反应立即脱离现场，及时就医。

7 储运注意事项

7.1 储存注意事项

储存于阴凉、干燥、通风良好的库房。远离火种、热源。保持容器密封。应与氧化剂、碱类、食用化学品分开存放，切忌混储。采用防爆型照明、通风设施。禁止使用易产生火花的机械设备和工具。储区应备有泄漏应急处理设备和合适的收容材料。

7.2 运输信息

危险货物编号：61583。

包装类别：Ⅰ。

危险类别：第 6.1 类毒害品。

包装方法：小开口钢瓶；安瓿瓶外普通木箱；螺纹口玻璃瓶、铁盖压口玻璃瓶、塑料瓶或金属桶外普通木箱。

运输注意事项：运输前应检查包装容器是否完整、密封，运输过程中要确保容器不泄漏、不倒塌、不坠落、不损坏。严禁与酸类、氧化剂、食品及食品添加剂混运。运输时运输车辆应配备泄漏应急处理设备。运输途中应防曝晒、雨淋，防高温。公路运输时应按规定路线行驶。

7.3 废弃

(1) 废弃处置方法 根据国家和地方有关法规的要求处置。用控制焚烧法处置。剩余化学品应留在原装容器中，不得与其他废弃物混合。

(2) 废弃注意事项 处置前应参阅国家和地方有关法规。废物储存参见“储存注意事项”。

8 参考文献

[1] 环境保护部. 国家污染物环境健康风险名录（化学第一分册）[M]. 北京：中国环境科学出版社，2009.

[2] 天津市固体废物及有毒化学品管理中心. 危险化学品环境数据手册 [M]. 天津：天津市固体废物及有毒化学品管理中心，2005：195-197.

[3] 万本太. 突发性环境污染事故应急监测与处理处置技术 [M]. 北京：中国环境科学出版社，1996.

[4] 胡望钧. 常见有毒化学品环境事故应急处置技术与监测方法 [M]. 北京：中国环境科学出版社，1993.

[5] 俞志明. 新编危险物品安全手册 [M]. 北京：化学工业出版社，2001.

[6] 杭士平. 空气中有害物质的测定方法 [M]. 第 2 版. 北京：人民卫生出版社，1986.

[7] 中国环境监测总站. 固体废弃物试验分析评价手册 [M]. 北京：中国环境科学出版社，1992.

[8] 北京化工研究院环境保护所/计算中心. 国际化学品安全卡（中文版）查询系统 [DB]. 2016.

1,2,4-三氯苯

1 名称、编号、分子式

1,2,4-三氯苯属危险化学品。本品对眼、上呼吸道、黏膜、皮肤有刺激作用。另外，对于环境也有一定危害。1,2,4-三氯苯的制备以六六六无毒异构体为原料，可采用热分解、碱水分解、石灰乳分解三种方法制得，所得产品中含有少量1,2,3-三氯苯和1,3,5-三氯苯。1,2,4-三氯苯基本信息见表31-1。

表31-1 1,2,4-三氯苯基本信息

中文名称	1,2,4-三氯苯
中文别名	偏三氯苯
英文名称	1,2,4-trichlorobenzene
英文别名	1,2,4-trichlorobenzol；unsym-trichlorobenzene
UN号	2321
CAS号	120-82-1
ICSC号	1049
RTECS号	DC2100000
EC编号	602-087-00-6
分子式	$C_6H_3Cl_3$
分子量	181.45

2 理化性质

1,2,4-三氯苯为无色液体，不溶于水，微溶于乙醇，溶于乙醚。遇明火、高热可燃。与强氧化剂可发生反应。受高热分解产生有毒的腐蚀性气体。燃烧（分解）产物为一氧化碳、二氧化碳、氯化氢。1,2,4-三氯苯理化性质一览表见表31-2。

表31-2 1,2,4-三氯苯理化性质一览表

外观与性状	无色液体或白色结晶，有特殊气味
熔点/℃	17.2
沸点/℃	221

续表

相对密度(水=1)	1.45
相对蒸气密度(空气=1)	6.26
饱和蒸气压(38.4℃)/kPa	0.13
辛醇/水分配系数的对数值	3.98
燃烧热/(kJ/mol)	2798.7
闪点（闭杯）/℃	105
自燃温度/℃	571
爆炸上限（体积分数）/%	6.6
爆炸下限（体积分数）/%	2.5
溶解性	不溶于水，微溶于乙醇，溶于乙醚
化学性质	遇明火能燃烧。在空气中受热分解释出剧毒的光气和氯化氢气体。与氧化剂接触会猛烈反应。燃烧（分解）产物为一氧化碳、二氧化碳、氯化氢
稳定性	稳定

3 毒理学参数

(1) 急性毒性 LD_{50}：756mg/kg（大鼠经口）；1390mg/kg（小鼠静注）。

(2) 代谢 兔吸入 60%本品在 5d 中以结合酚形式由尿排出，少量以巯基酸结合形式排出。

(3) 中毒机理 对动物有毒性。1,2,4-TCB 易通过小鼠血脑屏障，并且脑组织对 1,2,4-TCB 敏感，微弱刺激就能引起异常反应，引起中枢神经抑制和神经衰弱症状等，可能与脑组织中抗氧化酶类及抗氧化物质较少，抗氧化能力较低而导致脂质过氧化反应有关。对植物幼苗的损伤是个复杂的过程，1,2,4-TCB 首先使细胞内渗透调节物质——脯氨酸含量升高，而后使细胞膜的结构和功能受到损伤，膜的通透性增加，细胞蛋白质合成和细胞器结构（如叶绿体）受到损伤，使幼苗生长受到抑制。

(4) 生殖毒性 大于 5mg/L 剂量的 1,2,4-TCB 有明显发育毒性，会导致胚胎致畸，引起胚胎凝集或死亡。

(5) 危险特性 遇明火、高热可燃。与强氧化剂可发生反应。受高热分解产生有毒的腐蚀性气体。

4 对环境的影响

4.1 主要用途

1,2,4-三氯苯用作高熔点物质重结晶用溶剂、电气设备冷却剂、润滑油添加剂、脱脂剂、油溶性染料溶剂、白蚁驱除剂等，也用作制造 2,5-二氯苯酚的原料。工业品为各种异构体（1,2,3-三氯苯、1,2,4-三氯苯、1,2,5-三氯苯）的混合物。

4.2 环境行为

TCB具有高度生物富集性和环境持久性。土壤有机质含量为1%～2%时可强烈吸附TCB，但是如果TCB释放到下层土壤，它也可能被淋洗进入地下水。地表水中的TCB可缓慢挥发进入大气中，在表层土壤中的TCB的挥发作用比在水体中的更低。

空气中的TCB可与羟基自由基通过光化学反应而降解，半衰期约为18.8d（U.S. EPA，1987）。在通气良好的土壤中TCB可被微生物缓慢降解，一个试验测定的速率仅为每20g土壤1.0nmol/d（IPCS，1991）。水中TCB的半衰期范围从河水中的1d到湖泊中的10d再到地下水中的100d。海水通气时TCB的半衰期为11～22d。生物降解不是水体中TCB减少的主要途径。生物对TCB具有富集作用，鱼的富集因子变化为182～3200。水生生物可能会显著积累TCB，但目前还缺乏对其沿食物链生物放大效应的研究（IPCS，1991）。

4.3 人体健康危害

(1) 暴露/侵入途径 吸入、食入和经皮吸收。

(2) 健康危害 本品对眼、上呼吸道、黏膜、皮肤有刺激作用。

慢性接触的工人出现头痛、恶心、上腹和心前区痛，部分工人肝大，有上呼吸道及眼结膜刺激症状。

4.4 接触控制标准

前苏联MAC（mg/m^3）：10。

TLVWN：ACGIH 5ppm，$37mg/m^3$。

1,2,4-三氯苯生产及应用相关环境标准见表31-3。

表31-3 1,2,4-三氯苯生产及应用相关环境标准

标准编号	限制要求	标准值
中国(待颁布)	饮用水源中有害物质的最高容许浓度	0.02mg/L
前苏联	车间空气中有害物质的最高允许浓度	$10mg/m^3$
前苏联(1975)	污水中有机物最大允许浓度	0.2mg/L

5 环境监测方法

5.1 现场应急监测方法

现场应急监测可采用直接进水样气相色谱法、目视法、嗅觉阈值法，1,2,4-三氯苯具有特殊气味，与1,2-二氯苯相似，水中嗅觉阈浓度为0.01mg/L(《突发性环境污染事故应急监测与处理处置技术》，万本太主编)。

5.2 实验室监测方法

1,2,4-三氯苯的实验室监测方法见表31-4。

表 31-4　1,2,4-三氯苯的实验室监测方法

监测方法	来源	类别
气相色谱法	《水质　1,2-二氯苯、1,4-二氯苯、1,2,4-三氯苯的测定　气相色谱法》(GB/T 17131—1997)	水质
丁酮法	《化工企业空气中有害物质测定方法》，化学工业出版社	空气
色谱/质谱法	美国 EPA524.2 方法①	水质

① EPA524.2 (4.1 版) 是为配合实施美国国家饮用水的 EPA 标准而制定的，该方法采用吹脱捕集装置，用 GC/MS 检测低浓度的被分析物质。在实际监测中，优先执行我国国家标准。

6　应急处理处置方法

6.1　泄漏应急处理

(1) 应急行为　隔离泄漏污染区，周围设警告标志，切断火源。

(2) 应急人员防护　戴好防毒面具。穿化学防护服。

(3) 环保措施　不要直接接触泄漏物，正在泄漏的 1,2,4-三氯苯可用玻璃瓶或镀锌金属桶盛装，或筑防护堤。泄漏在水中的 1,2,4-三氯苯，将沉于水底，并聚积在水底低洼处，可用泵抽出，放入玻璃瓶或金属桶内，泄漏的 1,2,4-三氯苯要尽量避开水道和饮用水源；泄漏在土壤或地面上的 1,2,4-三氯苯可用干砂土混合，将污染的土壤全部装入可密封的袋中，或倒到空旷地方掩埋，或作为废弃物进行焚烧；泄漏在空旷地方的 1,2,4-三氯苯可就地掩埋。

(4) 消除方法　用防爆泵转移至槽车或专用收集器内，回收或运至废物处理场所处置。

6.2　个体防护措施

(1) 工程控制　密闭操作，局部排风。提供安全淋浴和洗眼设备。

(2) 呼吸系统防护　空气中浓度超标时，应该佩戴防毒面具。紧急事态抢救或逃生时，佩戴自给式呼吸器。

(3) 眼睛防护　戴安全防护眼镜。

(4) 防护服　穿相应的防护服。

(5) 手防护　必要时戴防化学品手套。

(6) 其他　工作现场禁止吸烟、进食和饮水。工作后彻底清洗。单独存放被毒物污染的衣服，洗后再用。注意个人清洁卫生。

6.3　急救措施

(1) 皮肤接触　脱去污染的衣着，用肥皂水及清水彻底冲洗。

(2) 眼睛接触　立即提起眼睑，用大量流动清水或生理盐水冲洗。

(3) 吸入　迅速脱离现场至空气新鲜处。必要时进行人工呼吸。就医。

(4) 食入　误服者给充分漱口、饮水，尽快洗胃。就医。

(5) 灭火方法　雾状水、泡沫、二氧化碳、砂土、干粉。

6.4 应急医疗

(1) 诊断要点 本品对眼、上呼吸道、黏膜、皮肤有刺激作用。慢性接触的工人出现头痛、恶心、上腹和心前区痛，部分工人肝大，有上呼吸道及眼结膜刺激症状。

短期接触该物质刺激眼睛、皮肤和呼吸道；长期或反复接触该物质的液体状者使皮肤脱脂。该物质可能对肝有影响。

皮肤接触，皮肤干燥，发红，粗糙。

吸入，咳嗽，咽喉痛，灼烧感。

食入，腹部疼痛，咽喉疼痛，呕吐。

(2) 处理原则

① 皮肤接触。脱去污染的衣着，用肥皂水及清水彻底冲洗。

② 眼睛接触。立即提起眼睑，用大量流动清水或生理盐水冲洗。

③ 吸入。迅速脱离现场至空气新鲜处。必要时进行人工呼吸。就医。

④ 食入。误服者给充分漱口、饮水，尽快洗胃。就医。

(3) 预防措施 密闭操作，局部排风。操作人员必须经过专门培训，严格遵守操作规程。建议操作人员佩戴防毒面具，戴安全防护眼镜，穿防毒物渗透工作服，戴橡胶耐油手套。远离火种、热源，工作场所严禁吸烟。使用防爆型的通风系统和设备。防止蒸气泄漏到工作场所空气中。避免与氧化剂接触。搬运时要轻装轻卸，防止包装及容器损坏。配备相应品种和数量的消防器材及泄漏应急处理设备。倒空的容器可能残留有害物。

7 储运注意事项

7.1 储存注意事项

储存于阴凉、通风的库房。远离火种、热源。保持容器密封。应与氧化剂、食用化学品分开存放，切忌混储。配备相应品种和数量的消防器材。储区应备有泄漏应急处理设备和合适的收容材料。

7.2 运输信息

危险货物编号：61658。

UN 编号：2321。

包装标识：14。

包装类别：Ⅲ。

包装方法：液态：小开口钢桶；螺纹口玻璃瓶、铁盖压口玻璃瓶、塑料瓶或金属桶（罐）外普通木箱；螺纹口玻璃瓶、塑料瓶或镀锡薄钢板桶（罐）外满底板花格箱、纤维板箱或胶合板箱。固态：塑料袋或两层牛皮纸袋外全开口或中开口钢桶；螺纹口玻璃瓶、铁盖压口玻璃瓶、塑料瓶或金属桶（罐）外普通木箱；螺纹口玻璃瓶、塑料瓶或镀锡薄钢板桶（罐）外满底板花格箱、纤维板箱或胶合板箱。

运输注意事项：运输前应先检查包装容器是否完整、密封，运输过程中要确保容器不泄漏、不倒塌、不坠落、不损坏。严禁与酸类、氧化剂、食品及食品添加剂混运。运输时运输车辆应配备相应品种和数量的消防器材及泄漏应急处理设备。运输途中应防曝晒、雨淋，防高温。公路运输时要按规定路线行驶。

7.3 废弃

(1) 废弃处置方法 用焚烧法处置。溶于易燃溶剂或与燃料混合后，再焚烧。焚烧炉排出的卤化氢通过洗涤器除去。

(2) 废弃注意事项 处置前应参阅国家和地方有关法规。废物储存参见“储存注意事项”。

8 参考文献

[1] 董华模. 化学物的毒性及其环境保护参数手册 [M]. 北京：人民卫生出版社，1988.

[2] 国家环境保护局有毒化学品管理办公室. 化学品毒性、法规、环境数据手册 [M]. 北京：中国环境科学出版社，1992.

[3] 周国泰. 危险化学品安全技术全书 [M]. 北京：化学工业出版社，1997.

[4] 万本太. 突发性环境污染事故应急监测与处理处置技术 [M]. 北京：中国环境科学出版社，1996.

[5]《化工企业空气中有害物质测定方法》编写组. 化工企业空气中有害物质测定方法 [M]. 北京：化学工业出版社，1983.

[6] 天津市固体废物及有毒化学品管理中心. 危险化学品环境数据手册 [M]. 天津：天津市固体废物及有毒化学品管理中心，2005.

[7] 环境保护部. 国家污染物环境健康风险名录（化学第一分册）[M]. 北京：中国环境科学出版社，2011.

[8] 江苏省环境监测中心. 突发性污染事故中危险品档案库 [DB].

[9] 范来富，李富君，李昕. 1,2,4-三氯苯的研究进展 [J]. 中国职业医学，2000，27 (5)：45-47.

[10] 刘军，陈旭庚，李家斌，等. 1,2,4-三氯苯的研究动态 [J]. 中国工业医学杂志，2002，15 (3)：161-163.

[11] 何耀武，孙铁珩. 1,2,4-三氯苯在土壤中的降解 [J]. 应用生态学报，1996，7 (4)：429-434.

[12] 杜青平，刘伍香，袁保红，等. 1,2,4-三氯苯对斑马鱼生殖和胚胎发育毒性效应 [J]. 中国环境科学，2012，32 (4)：736-741.

[13] 杜青平，贾晓珊，袁保红. 1,2,4-三氯苯对水稻种子萌发及幼苗生长的毒性机理 [J]. 应用生态学报，2006，17 (11)：2185-2188.

[14] 刘军，王路，金焕荣，等. 1,2,4-三氯苯对小鼠血液和脑抗氧化系统的影响 [J]. 中国公共卫生，2006，22 (6)：722-723.

[15] 北京化工研究院环境保护所/计算中心. 国际化学品安全卡（中文版）查询系统 [DB]. 2016.

2,4,6-三氯酚

1 名称、编号、分子式

2,4,6-三氯酚又称2,4,6-三氯苯酚，淡黄色片状晶体，有不愉快的气味。苯定向氯化或从氯苯生产中回收。本品可燃，具有刺激性。其制备方法是将苯酚放入反应器中，通入氯气，通氯气时间约12h，前期反应温度为60～65℃，后期2～3h为70～75℃，通氯气结束后保温1h，通入氯气的量为苯酚物质的量的3倍，中途严格跟踪分析，防止氯气过量，然后通入氮气赶除多余的氯气和氯化氢，反应后的粗品经亚硫酸钠处理，然后蒸馏得产品。2,4,6-三氯酚基本信息见表32-1。

表32-1　2,4,6-三氯酚基本信息

中文名称	2,4,6-三氯酚
中文别名	2,4,6-三氯苯酚
英文名称	2,4,6-trichlorophenol
英文别名	2,4,6-trichloro-2-hydroxybenzene
UN号	2020
CAS号	88-06-2
ICSC号	1122
RTECS号	SN1575000
EC编号	604-012-00-2
分子式	$C_6H_3Cl_3O$
分子量	197.45

2 理化性质

2,4,6-三氯酚较为稳定，不溶于水，易溶于乙醇、乙醚、氯仿、甘油、石油醚、二硫化碳。可用作杀菌剂、防腐剂、脱叶剂，在有机合成、造纸和印染行业中使用广泛。这些行业中使用的2,4,6-三氯酚在意外事故或储运过程中均有可能对环境造成污染。2,4,6-三氯酚理化性质一览表见表32-2。

表 32-2　2,4,6-三氯酚理化性质一览表

外观与性状	无色针状晶体或黄色固体,有特殊气味
熔点/℃	69
沸点/℃	246
相对密度(水=1)	1.4901
饱和蒸气压(76.5℃)/kPa	0.133
辛醇/水分配系数的对数值	3.87
稳定性	稳定

3　毒理学参数

(1) 急性毒性　大鼠经口，820mg/kg；大鼠腹腔，270mg/kg；人经口，最小致死剂量为 500mg/kg。

(2) 亚急性和慢性毒性　皮肤炎，可能致癌（ICSC）。动物出现不安和呼吸加快，然后出现无力、震颤、阵挛性抽搐、气急、昏迷，甚至是死亡，震颤不强烈，但持续较久。

(3) 中毒机理　对眼睛、皮肤、黏膜和上呼吸道有刺激作用。短期接触该物质刺激眼睛、皮肤和呼吸道。食入会有金属味，造成呕吐。反复或长期皮肤接触可能引起皮炎，包括氯痤疮。该物质可能对肝有影响，导致功能损伤，可能是人类致癌物。长期皮肤接触会引起轻微至中度的化学灼伤。

(4) 刺激性　家兔经皮：20mg（24h），中度刺激。家兔经眼：250μg（24h），重度刺激。

(5) 致癌性　小鼠经口最小中毒剂量：29000mg/kg（78 周，间断），致癌阳性。

(6) 致突变性　一些体外试验证明 2,4,6-三氯酚没有致突变性。

(7) 危险特性　遇明火、高热可燃。有腐蚀性。受高热分解，放出有毒的烟气。

4　对环境的影响

4.1　主要用途

2,4,6-三氯苯酚是杀菌剂咪鲜胺和除草剂草枯醚的中间体。主要用于杀菌剂、保鲜剂咪鲜胺的主要原料，用于农药、医药中间体。用作染料中间体、杀菌剂、防腐剂，也用作聚酯纤维的溶剂。

4.2　环境行为

(1) 代谢和降解　大气中 2,4,6-三氯酚可以光分解，其半衰期约 17h。其也可与氢氧自由基反应，半衰期约 2.7d。降雨及雪为重要的去除机制。水中 2,4,6-三氯酚可生物分解，在河水中其平均半衰期为 6.3d。在河水表面光分解可快速发生，其半衰期约 2.1h。挥发至大气中的半衰期约 2d。土壤中 2,4,6-三氯酚可生物分解，然而其分解速度与温度、氧的可利用性及是否存在适当的微生物有关，完全分解最短需 3d。在厌氧状态或无微生物状态下无生物分解发生。当土壤中的有机成分含量高时，2,4,6-三氯酚可吸附于土壤中。在土壤表

面光分解及挥发性为重要的去除机制。

(2) 残留与蓄积 对水生生物有极高毒性。对人类重要的食物链中发生生物蓄积，特别是在鱼类中。人类吸入、摄入或经皮肤吸收后对身体有害。

4.3 人体健康危害

(1) 暴露/侵入途径 吸入、食入。

(2) 健康危害 对眼睛、皮肤、黏膜和上呼吸道有刺激作用。短期接触该物质刺激眼睛、皮肤和呼吸道。食入会有金属味，造成呕吐。反复或长期皮肤接触可能引起皮炎，包括氯痤疮。该物质可能对肝有影响，导致功能损伤，可能是人类致癌物。长期皮肤接触会引起轻微至中度的化学灼伤。

4.4 接触控制标准

2,4,6-三氯酚生产及应用相关环境标准见表 32-3。

表 32-3 2,4,6-三氯酚生产及应用相关环境标准

标准编号	限制要求	标准值
加拿大饮用水水质标准(1996)	饮用水水质标准	0.005mg/L
地表水环境质量标准(GB 3838—2002)	地表水环境质量标准	0.2mg/L
生活饮用水卫生标准(GB 5749—2006)	生活饮用水水质标准	0.2mg/L
城市供水水质标准(CJT 206—2005)	城市供水水质标准	0.01mg/L
污水综合排放标准(GB 8978—1996)	污水综合排放标准	一级:0.6mg/L 二级:0.8mg/L 三级:1.0mg/L
城镇污水处理厂污染物排放标准(GB 18918—2002)	污染物最高允许浓度	0.6mg/L
污水海洋处置工程污染控制标准(GB 18486—2001)	水污染排放限值(苯系物)	2.5mg/L
石油化学工业污染物排放标准(GB 31571—2015)	石油化学工业有机特征污染物排放限值	废水中有机特征污染物排放限值:0.6mg/L 废气中有机特征污染物排放限值(酚类):20mg/m³
大气污染物综合排放标准(GB16297—1996)	大气污染物排放限值	现有污染源:最高允许排放浓度 115mg/m³;无组织排放监控浓度限值 0.10mg/m³ 新污染源:最高允许排放浓度 100mg/m³;无组织排放监控浓度限值 0.08mg/m³
炼焦化学工业污染物排放标准(GB 16171—2012)	企业大气污染物排放浓度限值	现有企业(酚类):100mg/m³ 新建企业:80mg/m³ 特别排放限值:50mg/m³ 现有和新建炼焦炉炉顶及企业边界:0.02mg/m³
展览会用地土壤环境质量评价标准(暂行)(HJ 350—2007)	土壤环境质量评价标准限值	A 级:62mg/kg B 级:270mg/kg
建设用地土壤风险筛选指导值(三次征求意见稿)	土壤风险筛选指导值	住宅类用地:13.3mg/kg 工业类用地:106mg/kg

5 环境监测方法

5.1 现场应急监测方法

现场应急监测可采用便携式气相色谱-光离子检测器法，用专用注射器采集现场气样，注入便携式气相色谱仪，可在现场用外标法进行定性定量测定。

5.2 实验室监测方法

2,4,6-三氯酚的实验室监测方法见表32-4。

表32-4 2,4,6-三氯酚的实验室监测方法

监测方法	来源	类别
气相色谱法	《固体废弃物试验与分析评价手册》,中国环境监测总站等译	固体废物
色谱/质谱法	《水和废水标准检验法》19版译文,江苏省环境监测中心	水和废水
毛细管气相色谱法	《工作场所空气有毒物质测定　烯烃类化合物》(GBZ/T 160.39—2007)	作业场所大气
4-氨基安替比林分光光度法	《居住区大气中酚类化合物卫生检验标准方法 4-氨基安替比林分光光度法》(GB/T 17098—1997)	居住区大气
气相色谱-质谱法	《土壤和沉积物　半挥发性有机物的测定　气相色谱-质谱法》(HJ 834—2017)	土壤和沉积物
气相色谱法	《土壤和沉积物　酚类化合物的测定　气相色谱法》(HJ 703—2014)	土壤和沉积物
液液萃取/气相色谱法	《水质　酚类化合物的测定液液萃取/气相色谱法》(HJ 676—2013)	水质
气相色谱-质谱法	《水质　酚类化合物的测定　气相色谱-质谱法》(HJ 744—2015)	水质
气相色谱法	《气相色谱法测定水中酚类化合物》(SL 463—2009)	水质
液相色谱分析法	《城市供水　酚类化合物的测定　液相色谱分析法》(CJ/T 146-2001)	水质
气相色谱法	《固体废物　酚类化合物的测定　气相色谱法》(HJ 711—2014)	固体废物
顶空/气相色谱-质谱法	《固体废物　挥发性有机物的测定　顶空/气相色谱-质谱法》(HJ 643—2013)	固体废物
4-氨基安替比林分光光度法	《固定污染源排气中酚类化合物的测定　4-氨基安替比林分光光度法》(HJ/T 32—1999)	固定污染源排气

6 应急处理处置方法

6.1 泄漏应急处理

(1) 应急行为　迅速撤离泄漏污染区人员至安全区，并进行隔离，严格限制出入。切断火源。

(2) 应急人员防护　建议应急处理人员戴自给正压式呼吸器，穿防毒服，从上风处进入现场。尽可能切断泄漏源。防止进入下水道、排洪沟等限制性空间。

(3) 环保措施 水体被污染的情况主要有：水体沿岸上游污染源的事故排放；陆地事故（如交通运输过程中的翻车事故）发生后经土壤流入水体，也有槽罐直接翻入路边水体的情况。可按以下方法处理。

① 查明水体沿岸排放废水的污染源，阻止其继续向水体排污。

② 如果是液体2,4,6-三氯酚的槽车发生交通事故，应设法堵住裂缝，或迅速筑一道土堤拦住液流；如果是在平地，应围绕泄漏地区筑隔离堤；如果泄漏发生在斜坡上，则可沿污染物流动路线，在斜坡的下方筑拦液堤。在某些情况下，在液体流动的下方迅速挖一个坑也可以达到阻截泄漏的污染物的同样效果。

③ 在拦液堤或拦液坑内收集到的液体必须尽快移到安全密封的容器内，操作时采取必要的安全保护措施。

④ 已进入水体中的液体或固体2,4,6-三氯酚处理较困难，通常采用适当措施将被污染水体与其他水体隔离，如可在较小的河流上筑坝将其拦住，将被污染的水抽排到其他水体或污水处理厂。

土壤污染的主要情况有：各种高浓度废水（包括液体2,4,6-三氯酚）直接污染土壤；固体2,4,6-三氯酚由于事故倾洒在土壤中。可按以下方法处置：

① 固体2,4,6-三氯酚污染土壤的处理方法较为简单，使用简单工具将其收集至容器中，视情况决定是否要将表层土剥离做焚烧处理。

② 液体2,4,6-三氯酚污染土壤时，应迅速设法制止其流动，采用筑堤、挖坑等措施，以防止污染面扩大或进一步污染水体。

③ 最为广泛应用的方法是使用机械清除被污染土壤并在安全区进行处置，如焚烧。

④ 如环境不允许大量挖掘和清除土壤时，可使用物理、化学和生物方法消除污染。如对地表干封闭处理；地下水位高的地方采用注水法使水位上升，收集从地表溢出的水；让土壤保持休闲或通过翻耕以促进2,4,6-三氯酚蒸发的自然降解法等。

(4) 消除方法 小心扫起，避免扬尘，用洁净的铲子收集于干燥、洁净、有盖的容器中，运至废物处理场所。被污染地面用肥皂或洗涤剂刷洗，经稀释的污水放入废水系统。如大量泄漏，收集回收或无害处理后废弃。

6.2 个体防护措施

(1) 工程控制 严加密闭，提供充分的局部排风和全面通风。

(2) 呼吸系统防护 空气中浓度较高时，佩戴防毒口罩。紧急事态抢救或逃生时，应该佩戴防毒面具。

(3) 眼睛防护 戴安全防护眼镜。

(4) 身体防护 穿防毒物渗透工作服。

(5) 手防护 戴防化学品手套。

(6) 其他 工作现场禁止吸烟、进食和饮水。工作完毕，沐浴更衣。单独存放被毒物污染的衣服，洗后备用。保持良好的卫生习惯。

6.3 急救措施

(1) 皮肤接触 如果液体接触到皮肤，立刻以流动水和肥皂或温和的清洁剂清洗患部；若已渗透衣服，立刻脱去衣服再用水和肥皂或温和的清洁剂清洗；如清洗后刺激感仍然存在，应立即就医。

(2) 眼睛接触 立刻撑开眼皮，以大量水冲洗，立即就医。操作此化学品时不可戴隐形眼镜。

(3) 吸入 若吸入大量气体，应立即将患者移到空气新鲜处；若呼吸停止，进行人工呼吸，不可使用口对口人工呼吸法；如果患者呼吸困难的话最好在医生指示下供给氧气；让患者保持温暖并休息；尽快就医。

(4) 食入 立即就医；如无法立即就医，则利用患者手指刺激其咽喉或灌入催吐糖浆，进行催吐；若患者已丧失意识，勿催吐。

(5) 灭火方法 雾状水、泡沫、二氧化碳、砂土、干粉。

6.4 应急医疗

(1) 诊断要点

① 有无明确化学物质接触史。

② 检测现场有毒气体浓度。

③ 患者临床表现及临床实验室检查。

(2) 处理原则 给予供氧、对症及营养支持治疗。立即用流动的水冲洗被污染的患部15～20min或以上。脱掉受污染的衣物、鞋子。如患者无呼吸时，需施行人工呼吸。若患者吸入泄漏物时，避免用嘴对嘴人工呼吸，应使用适当呼吸医疗器材。若患者呼吸困难，应给予氧气。对患者给予保暖及安静。

(3) 预防措施 作业场所施行密闭操作，加强通风。操作人员必须经过专门培训，严格遵守操作规程。操作人员应佩戴自吸过滤式防毒面具（半面罩），戴安全防护眼镜，穿防毒物渗透工作服，戴橡胶耐油手套。使用防爆型的通风系统和设备。防止蒸气泄漏到工作场所空气中。搬运时要轻装轻卸，防止包装及容器损坏。配备相应品种和数量的消防器材及泄漏应急处理设备。对从事该项作业工人应定期进行体检。

7 储运注意事项

7.1 储存注意事项

储存于阴凉、通风的库房。远离火种、热源。防止阳光直射。包装密封。应与氧化剂、酸酐、酰基氯分开存放，切忌混储。配备相应品种和数量的消防器材。储区应备有合适的材料收容泄漏物。

7.2 运输信息

危险货物编号：61705。

UN 编号：2020。

包装类别：R22，吞咽有害。R40，有限证据表明其致癌作用。R36/38，对眼睛和皮肤有刺激作用。R50/53，对水生生物极毒，可能导致对水生环境的长期不良影响。

包装方法：塑料袋或两层牛皮纸袋外全开口或中开口钢桶；金属桶（罐）或塑料桶外花格箱；螺纹口玻璃瓶、铁盖压口玻璃瓶、塑料瓶或金属桶（罐）外普通木箱；螺纹口玻璃瓶、塑料瓶或镀锡薄钢板桶（罐）外满底板花格箱、纤维板箱或胶合板箱。

运输注意事项：运输前应先检查包装容器是否完整、密封，运输过程中要确保容器不泄漏、不倒塌、不坠落、不损坏。严禁与酸类、氧化剂、食品及食品添加剂混运。运输时运输车辆应配备相应品种和数量的消防器材及泄漏应急处理设备。运输途中应防曝晒、雨淋，防高温。公路运输时要按规定路线行驶，勿在居民区和人口稠密区停留。

7.3 废弃

(1) 废弃处置方法 焚烧法。废料同其他燃料混合后焚烧，燃烧要充分，防止光气生成。焚烧炉排出的卤化氢通过洗涤器除去。

(2) 废弃注意事项 参考相关法规处理，将可燃物与非可燃物分开处理。若与其他可燃料混合时，利用焚化法，但要确定完全燃烧，以避免产生光气。

8 参考文献

[1] 中国环境监测总站.固体废弃物试验分析评价手册[M].北京：中国环境科学出版社，1992.

[2] 江苏省环境监测中心.突发性污染事故中危险品档案库[DB].

[3] 环境保护部.国家污染物环境健康风险名录（化学第一分册）[M].北京：中国环境科学出版社，2011.

[4] 北京化工研究院环境保护所/计算中心.国际化学品安全卡（中文版）查询系统[DB].2016.

[5] 美国公共卫生协会.水和废水标准检验法[M].北京：中国建筑工业出版社，1985.

[6] 董华模.化学物的毒性及其环境保护参数手册[M].北京：人民卫生出版社，1988.

[7] 国家环境保护局有毒化学品管理办公室.化学品毒性、法规、环境数据手册[M].北京：中国环境科学出版社，1992.

[8] 邹桂香，戴友芝.氯酚类有机物的厌氧生物降解[J].杭州化工，2007，37（3）：180.

[9] 周国泰.危险化学品安全技术全书[M].北京：化学工业出版社，1997.

1,1,2,2-四氯乙烷

1 名称、编号、分子式

1,1,2,2-四氯乙烷为无色难燃易流动的液体，甜味，有强烈的类似氯仿气味，可由乙炔在催化剂作用下氯化制得。主要用作生产三氯乙烯、四氯乙烯的原料，也用作树脂、橡胶、脂肪等的不易燃烧溶剂，1,1,2,2-四氯乙烷不会自然形成，其可经由以下途径进入环境中：由乙炔制造三氯乙烯的过程中；作为金属去脂剂、涂料、假漆、除草剂、萃取剂及溶剂使用时；化学反应中间产物。1,1,2,2-四氯乙烷基本信息见表 33-1。

表 33-1　1,1,2,2-四氯乙烷基本信息

中文名称	1,1,2,2-四氯乙烷
中文别名	四氯化乙炔；对称四氯乙烷
英文名称	tetrachloroethane
英文别名	acetylene tetrachloride；1,1-2,2-tetrachloroethane
UN 号	1702
CAS 号	79-34-5
ICSC 号	0332
RTECS 号	KI8575000
EC 编号	602-015-00-3
分子式	$C_2H_2Cl_4$
分子量	167.9

2 理化性质

1,1,2,2-四氯乙烷密度为 1.593g/cm^3(20℃)。折射率为 1.4942。难溶于水，能与醇、醚、石油醚、卤代烃、二硫化碳等大部分有机溶剂混溶，为氯代烃类中溶解能力最强者。1,1,2,2-四氯乙烷理化性质一览表见表 33-2。

表 33-2　1,1,2,2-四氯乙烷理化性质一览表

外观与性状	无色液体,有氯仿样的气味
熔点/℃	−43.8
沸点/℃	146.4

续表

相对密度(水=1)	1.60
相对蒸气密度(空气=1)	5.80
饱和蒸气压(20℃)/kPa	0.674
蒸气/空气混合物相对密度(20℃)(空气=1)	1.03
临界温度/℃	388
爆炸极限	本品不燃,遇金属钠及钾有爆炸危险
辛醇/水分配系数的对数值	2.39
溶解性	难溶于水,能与醇、醚、石油醚、卤代烃、二硫化碳等大部分有机溶剂混溶,为氯代烃类中溶解能力最强者
化学性质	能够发生消去和水解反应
稳定性	稳定

3 毒理学参数

(1) 急性毒性 半数致死剂量(LD_{50}):雄大鼠经口 570mg/kg;雄大鼠腹腔注射 480mg/kg。半数致死浓度(LC_{50}):小鼠吸入 4460mg/m^3,8h。人吸入 1g/m^3×30min,或吸入(2~3g/m^3)×10min,呼吸道黏膜刺激,倦怠,眩晕。

(2) 亚急性和慢性毒性 小鼠吸入 47.9g/m^3×2h/d×5d,死亡,肝脏损害;小鼠吸入 3.0g/m^3×(5~6h/d)×4d,死亡,心肌损害;大鼠吸入 47.9g/m^3×2h/d×5d,兴奋,肝脏损害,后期死亡。

(3) 代谢 吸入 1,1,2,2-四氯乙烷与空气混合气体 3d 后大部分经肺以 CO_2 形式排出,尿中主要代谢产物是二氯醋酸、三氯乙烯、三氯乙醇和草酸。

(4) 中毒机理 1,1,2,2-四氯乙烷具有伤害末梢神经系统、肝脏和中枢神经系统的危害。造成肝脏病变-肝脂肪变性(硬化)坏疽(细胞死亡)、萎缩,血液中白细胞增加。有肝病病况者,易受危害。有试验指出其为致癌物质。具有致突变性,职业暴露可导致人外周血淋巴细胞染色体畸变。

动物中毒首先出现强烈的刺激,有流泪、喷嚏;其后强烈地躁动不安、抽搐、痉挛、麻痹和麻醉。中毒动物恢复缓慢,症状常延至次日。部分动物在几天内由于实质器官损害而死亡。尸检可见肝脂肪性病变和坏死,部分有肾和脑的损害。

(5) 刺激性 家兔经眼:2mg(24h),重度刺激。家兔经皮:500mg(24h),中度刺激。

(6) 致癌性 国际癌症研究机构(IARC)致癌性评论:动物为可疑性反应。大鼠经口 43~108mg/(kg·d)×78 周,出现肝癌及肿瘤结节。

(7) 致突变性 微生物致突变:鼠伤寒沙门菌 200μL/皿。

(8) 危险特性 不燃。遇金属钠及钾有爆炸危险。在接触固体氢氧化钾时加热能逸出易燃气体。遇水促进分解。受高热分解产生有毒的腐蚀性烟气。

4 对环境的影响

4.1 主要用途

1,1,2,2-四氯乙烷主要用于生产三氯乙烯、1,2-二氯乙烯、四氯乙烯、六氯乙烷等产品，也用于制造杀虫剂、除草剂、金属表面处理剂等。1,1,2,2-四氯乙烷虽有很强的溶解能力，但因毒性大，一般不作溶剂使用。乙炔和氯气的加成反应在以三氯化铁为催化剂、1,1,2,2-四氯乙烷为溶剂的条件下进行，在没有溶剂时，气态乙炔和氯气直接反应，会发生爆炸。反应可在常压或减压下进行。减压是使部分1,1,2,2-四氯乙烷沸腾，并冷凝回流以移走热量。

4.2 环境行为

(1) 代谢和降解 1,1,2,2-四氯乙烷可经由多种途径进入空气中。当1,1,2,2-四氯乙烷洒落在土地上时，会因其中等程度的蒸气压而蒸发掉。1,1,2,2-四氯乙烷主要经动物的呼吸道和胃肠道吸收，也可经皮肤吸收，其在各器官中均有分布，以脑、肝、心、肾、脂肪中含量最多，仅有小于4%以原形经肺呼出，45%～61%经肺以 CO_2 形式排出，尿中主要代谢产物是二氯醋酸、三氯乙烷、三氯乙醇和草酸。

(2) 残留与蓄积 该物质对环境可能有危害，在地下水中有蓄积作用。在对人类重要的食物链中，特别是在水生生物中发生蓄积。1,1,2,2-四氯乙烷由于很弱的土壤吸附力而渗透到地下水中。水中1,1,2,2-四氯乙烷主要经由蒸发作用散失，不同水中其半衰期从数天到数周。在对流层中的1,1,2,2-四氯乙烷性质不活泼，半衰期超过800d。1,1,2,2-四氯乙烷在鱼体内没有生物浓缩作用。1,1,2,2-四氯乙烷有机碳分配系数为46（淤泥），所以不被认为可吸附在土壤中。试验表明，1,1,2,2-四氯乙烷从水中蒸发的半衰期为32～56min。

(3) 迁移转化 1,1,2,2-四氯乙烷于避光和隔绝空气的条件下，即使在高温下也很稳定，但暴露于日光和空气中可分解，产生剧毒的光气。在水蒸气存在下，1,1,2,2-四氯乙烷会逐渐分解并产生氢氯酸。当暴露在紫外线下，1,1,2,2-四氯乙烷会分解产生2,2-二氯基乙酰氯（2,2-dichloroacetyl chloride）。它极易与碱金属作用，与弱碱反应时生成三氯乙烯，与强碱共热则生成易爆炸的二氯乙炔。受高热分解产生有毒的腐蚀性气体。

4.3 人体健康危害

(1) 暴露/侵入途径 吸入、食入、经皮吸收。

(2) 健康危害 对中枢神经系统有麻醉作用和抑制作用，可引起肝、肾和心肌损害。短期吸入主要为黏膜刺激症状。急性及亚急性中毒主要为消化道和神经系统症状。可有食欲减退、呕吐、腹痛、黄疸、肝大、腹水。长期吸入可引起无力、头痛、失眠、便秘或腹泻、肝功损害和多发性神经炎。

4.4 接触控制标准

前苏联 MAC(mg/m^3)：5（车间空气）；0.2 [皮]。

美国 TLV-TWA（mg/m^3）：OSHA，5 [皮]；ACGIH 1ppm，6.9 [皮]。

1,1,2,2-四氯乙烷生产及应用相关环境标准见表33-3。

表33-3 1,1,2,2-四氯乙烷生产及应用相关环境标准

标准编号	限制要求	标准值
前苏联污水综合排放标准(1975)	污水综合排放标准	5mg/L
展览会用地土壤环境质量评价标准(暂行)(HJ 350—2007)	土壤环境质量评价标准限值	A级:3.2mg/kg B级:29mg/kg

5 环境监测方法

5.1 现场应急监测方法

现场应急监测可采用水质检测管法，使用真空玻璃检测管，按照使用说明将检测管前端的毛细管在水样中折断，使水样定量吸入管中，水中待测物与测试液快速定量反应，生成有色化合物。有色化合物颜色的深浅与水中的待测物含量成正比，通过电子比色计，直接读出水样中待测物的含量。

5.2 实验室监测方法

1,1,2,2-四氯乙烷的实验室监测方法见表33-4。

表33-4 1,1,2,2-四氯乙烷的实验室监测方法

监测方法	来源	类别
气相色谱法	《城市和工业废水中有机化合物分析》,王克欧等译	水质
色谱/质谱法	美国EPA524.2方法①	水质
顶空/气相色谱法	《水质 挥发性卤代烃的测定 顶空/气相色谱法》(HJ 620—2011)	水质
吸附管采样-热脱附/气相色谱-质谱法	《环境空气 挥发性有机物的测定 吸附管采样-热脱附/气相色谱-质谱法》(HJ 644—2013)	大气
吸罐采样/气相色谱-质谱法	《环境空气 挥发性有机物的测定 吸罐采样/气相色谱-质谱法》(HJ 759—2015)	大气
活性炭吸附-二氧化碳解吸/气相色谱法	《水质 挥发性卤代烃的测定 活性炭吸附-二氧化碳解吸/气相色谱法》(HJ 645—2013)	大气
顶空/气相色谱法	《土壤和沉积物 挥发性有机物的测定 顶空/气相色谱法》(HJ 642—2013)	土壤和沉积物
顶空/气相色谱-质谱法	《土壤和沉积物 挥发性卤代烃的测定 顶空/气相色谱-质谱法》(HJ 736—2015)	土壤和沉积物
吹扫捕集/气相色谱-质谱法	《土壤和沉积物 挥发性卤代烃的测定 吹扫捕集/气相色谱-质谱法》(HJ 735—2015)	土壤和沉积物
热解吸的吹扫捕集法	《土质 气相测谱法测定挥发性芳烃、萘和挥发性卤代烃含量 热解吸的吹扫捕集法》(NF X31-426—2013)	土壤
顶空/气相色谱-质谱法	《固体废物 挥发性有机物的测定 顶空/气相色谱-质谱法》(HJ 643—2013)	固体废物

续表

监测方法	来源	类别
顶空-气相色谱法	《固体废物　挥发性有机物的测定　顶空-气相色谱法》(HJ 760—2015)	固体废物
气相色谱法	《固体废弃物试验与分析评价手册》,中国环境监测总站等译	固体废物
气袋法	《固定污染源废气　挥发性有机物的采样　气袋法》(HJ 732—2014)	固定污染源废气
固相吸附-热脱附/气相色谱-质谱法	《固定污染源废气　挥发性有机物的测定　固相吸附-热脱附/气相色谱-质谱法》(HJ 734—2014)	固定污染源废气

① EPA524.2（4.1版）是为配合实施美国国家饮用水的EPA标准而制定的，该方法采用吹脱捕集装置，用GC/MS检测低浓度的被分析物质。在实际监测中，优先执行我国国家标准。

6　应急处理处置方法

6.1　泄漏应急处理

(1) 应急行为　迅速撤离泄漏污染区人员至安全处，并进行隔离，严格限制出入。建议应急处理人员戴自给正压式呼吸器，穿防毒服。尽可能切断泄漏源。

(2) 应急人员防护　消防人员必须穿戴氧气防毒面具及全身防护服。

(3) 环保措施　小量泄漏：用砂土或其他不燃材料吸附或吸收。大量泄漏：构筑围堤或挖坑收容。

(4) 消除方法　用泡沫覆盖，降低蒸气灾害。喷雾状水或泡沫冷却和稀释蒸气，保护现场人员。用防爆泵转移至槽车或专用收集器内，回收或运至废物处理场所处置。

6.2　个体防护措施

(1) 工程控制　严加密闭，提供充分的局部排风和全面通风。使用抗腐蚀的通风系统，并与其他排气系统分开。

(2) 呼吸系统防护　空气中浓度超标时，应该佩戴直接式防毒面具（半面罩）。紧急事态抢救或撤离时，佩戴空气呼吸器。

(3) 眼睛防护　戴安全防护眼镜。

(4) 身体防护　穿防毒物渗透工作服。

(5) 手防护　戴防化学品手套。

(6) 其他　工作现场禁止吸烟、进食和饮水。工作完毕必须尽快脱掉污染衣物，洗净后才可再穿戴或丢弃，且必须告知洗衣人员污染物的危害性。淋浴更衣。注意个人清洁卫生。处理此物后，必须彻底洗手，维持作业环境清洁。

6.3　急救措施

(1) 皮肤接触　脱去污染的衣物，用肥皂水和清水彻底冲洗皮肤。

(2) 眼睛接触　提起眼睑，用流动清水或生理盐水冲洗，立即就医。

(3) 吸入　迅速脱离现场至空气新鲜处。保持呼吸道通畅。如果呼吸困难，给输氧。若呼吸停止，立即进行人工呼吸，并就医。

(4) 食入 饮足量温水，催吐，立即就医。

(5) 灭火方法 雾状水、泡沫、二氧化碳、砂土。

6.4 应急医疗

(1) 诊断要点

① 眼、上呼吸道刺激反应。主要出现头晕、头痛、乏力、流泪、咳嗽、胸闷、气急等。

② 神经和消化道症状。可有头晕、头痛、乏力、食欲减退、恶心、呕吐等，并可有腹痛、黄疸、肝大、肝区疼痛，甚至昏迷等。

③ 尸检可见肝急性坏死，脑水肿和出血，心脏扩大，肺淤血、水肿，胸膜出血，肾水肿和脂肪变性。

④ 国内报道一例化工厂检修工，因吸入和皮肤接触本品而致急性中毒，很快发生咳嗽、胸闷、头晕、乏力、恶心、食欲减退、腹痛及双肺闻干性啰音等，并有全身皮肤潮红、瘙痒、眼结膜充血等刺激症状。

(2) 处理原则 予以含巯基药物（L-半胱氨酸每日 2 次，每次 200mg 肌内注射）。中毒性肝炎的治疗同急性病毒性肝炎。

(3) 预防措施 为预防职业中毒，应注意以下几点。

① 大力推广《职业病防治法》，加大职业安全的监督检查力度，督促企业自觉遵守国家的法律法规；建立完善的危险化学品管理制度，加强对有毒原材料的管理，生产原材料供应商应明确原材料的成分，对于有毒原材料企业应明确标注；改良设备工艺，建立有效的防护措施。

② 企业应严格遵守《职业病防治法》，对存在职业病危害因素的工作场所，应按规定采取有效的防护措施使之符合职业卫生要求，防止在高气温条件下作业；接触有害、有毒物品时，应加强个人防护，佩戴乳胶手套，避免沾染皮肤、眼睛和衣物，佩戴防毒口罩并及时更换；避免穿着工作服和未洗手情况下饮食、休息；避免长时间连续加班；如出现接触中毒反应立即脱离现场，及时就医。

7 储运注意事项

7.1 储存注意事项

储存于阴凉、通风的库房。远离火种、热源。保持容器密封。应与氧化剂、碱类、活性金属粉末、食用化学品分开存放，切忌混储。储区应备有泄漏应急处理设备和合适的收容材料。

7.2 运输信息

危险货物编号：61556。

UN 编号：1702。

包装类别：Ⅲ。

危险类别：第 6.1 类毒害品。

包装方法：小开口钢瓶；螺纹口玻璃瓶、铁盖压口玻璃瓶、塑料瓶和金属桶（罐）外木板箱。

运输注意事项：运输前应检查包装容器是否完整、密封，运输过程中要确保容器不泄漏、不倒塌、不坠落、不损坏。严禁与酸类、氧化剂、食品及食品添加剂混运。运输时运输车辆应配备泄漏应急处理设备。运输途中应防曝晒、雨淋，防高温。公路运输时应按规定路线行驶。

7.3 废弃

(1) 废弃处置方法 根据国家和地方有关法规的要求处置。用控制焚烧法处置。剩余化学品应留在原装容器中，不得与其他废弃物混合。

(2) 废弃注意事项 处置前应参阅国家和地方有关法规。废物储存参见“储存注意事项”。

8 参考文献

[1] 詹姆斯 E 朗博顿，詹姆斯 J 利希滕伯格. 城市和工业废水中有机化合物分析 [M]. 王克欧等译. 北京：学术期刊出版社，1989.

[2] 江苏省环境监测中心. 突发性污染事故中危险品档案库 [DB].

[3] 环境保护部. 国家污染物环境健康风险名录（化学第一分册） [M]. 北京：中国环境科学出版社，2011.

[4] 北京化工研究院环境保护所/计算中心. 国际化学品安全卡（中文版）查询系统 [DB]. 2016.

[5] 董华模. 化学物的毒性及其环境保护参数手册 [M]. 北京：人民卫生出版社，1988.

[6] 中国环境监测总站. 固体废弃物试验分析评价手册 [M]. 北京：中国环境科学出版社，1992.

[7] 周国泰. 危险化学品安全技术全书 [M]. 北京：化学工业出版社，1997.

溴　苯

1　名称、编号、分子式

溴苯为有机化合物，无色油状液体，具有苯的气味。由苯与溴反应而得，是苯在铁粉存在下被溴取代生成的一种苯卤素衍生物。溴苯基本信息见表 34-1。

表 34-1　溴苯基本信息

中文名称	溴苯
中文别名	一溴代苯；苯基溴；溴化苯；一溴苯
英文名称	bromobenzene
英文别名	monobromobenzene；phenyl bromide
UN 号	2514
CAS 号	108-86-1
ICSC 号	1016
RTECS 号	CY9000000
EC 编号	602-060-00-9
分子式	C_6H_5Br
分子量	157.02

2　理化性质

溴苯常温下为无色流动性液体，有令人愉快的芳香气味，与苯、氯仿和石油烃混溶。对皮肤有刺激性，对神经有麻醉性。其毒性较氯苯强。吸入其蒸气可引起贫血及损害肝脏。易燃，遇高热、明火及强氧化剂易引起燃烧。

在实验室中，溴苯是常用的有机合成原料，是生产压敏和热敏染料的原料；二苯醚系列香料的原料；农药原料，生产杀虫剂溴螨酯；医药原料，生产镇痛解热药和止咳药，还可用作油脂、蜡等的溶剂和糠醛的萃取剂。溴苯理化性质一览表见表 34-2。

表 34-2　溴苯理化性质一览表

外观与性状	无色油状液体，具有苯的气味
熔点/℃	−30.7
沸点/℃	156.2

续表

相对密度(水=1)	1.50
相对蒸气密度(空气=1)	5.41
饱和蒸气压(40℃)/kPa	1.33
燃烧热/(kJ/mol)	3124.6
临界温度/℃	397
临界压力/MPa	4.52
辛醇/水分配系数的对数值	2.99
闪点/℃	51
引燃温度/℃	565
爆炸上限(体积分数)/%	2.8
爆炸下限(体积分数)/%	0.5
溶解性	不溶于水，溶于甲醇、乙醚、丙酮、苯、四氯化碳等多数有机溶剂
化学性质	不聚合。易燃，遇高热、明火及强氧化剂易引起燃烧。燃烧(分解)产物为一氧化碳、二氧化碳、溴化氢
稳定性	稳定

3 毒理学参数

(1) 急性毒性 LD_{50}：2699mg/kg（大鼠经口）。LC_{50}：20411mg/m^3（大鼠吸入）。

(2) 亚急性和慢性毒性 大鼠吸入 20mg/m^3，4.5 个月，可见生长抑制，抑制神经系统功能；肝功能紊乱，血清和肝脏匀浆中巯基数量下降，血清白蛋白浓度降低。

(3) 致突变性 微核试验：小鼠腹腔 120mg/kg，24h。姊妹染色单体交换：仓鼠卵巢 500mg/L。

(4) 生态毒性 对环境可能有危害，建议不要使其进入环境。

(5) 危险特性 易燃，遇明火、高热及强氧化剂易引起燃烧。若遇高热，容器内压增大，有开裂和爆炸的危险。

4 对环境的影响

4.1 主要用途

用作压敏和热敏染料的原料；二苯醚系列香料的原料；农业原料，生产杀虫剂溴螨酯；医药原料，生产镇痛解热药和止咳药。

也作为溶剂、汽车燃料、有机合成原料、制药中间体等；用于合成医药、农药、染料等；还是精细化工的原料。

4.2 环境行为

溴苯主要来源于工农业生产的各个环节的产品或中间产物，或一些含卤素污染物质焚烧处理过程中释放到大气环境中的不完全燃烧产物，最后经雨雪等大气沉降过程进入地表水体。溴苯通过脉冲辐解可以得到溴、溴化氢、各种二溴苯和含溴或不含溴的联苯。在中性溶液中，通过脉冲辐解，溴苯与·OH自由基发生反应生成OH加合物。燃烧（分解）产物为一氧化碳、二氧化碳、溴化氢。

4.3 人体健康危害

(1) 暴露/侵入途径 吸入、食入、经皮吸收。

(2) 健康危害 吸入本品蒸气或雾刺激上呼吸道，引起咳嗽、胸部不适。高浓度吸入有麻醉作用。液体或雾对眼睛有刺激性。较长时间接触对皮肤有刺激性。口服引起恶心、呕吐、腹痛、腹泻、头痛、迟钝等，也会对中枢神经系统产生影响，甚至发生死亡。

4.4 接触控制标准

前苏联MAC（mg/m^3）：3。

5 环境监测方法

5.1 现场应急监测方法

现场应急监测可采用便携式气相色谱-光离子检测器法，用专用注射器采集现场气样，注入便携式气相色谱仪，可在现场用外标法进行定性定量测定。

5.2 实验室监测方法

溴苯的实验室监测方法见表34-3。

表34-3 溴苯的实验室监测方法

监测方法	来源	类别
气相色谱法	《固体废弃物试验与分析评价手册》,中国环境监测总站等译	固体废物
色谱/质谱法	《水和废水标准检验法》20版,美国	水质
色谱/质谱法	美国EPA524.2方法①	空气

① EPA524.2（4.1版）是为配合实施美国国家饮用水的EPA标准而制定的，该方法采用吹脱捕集装置，用GC/MS检测低浓度的被分析物质。在实际监测中，优先执行我国国家标准。

6 应急处理处置方法

6.1 泄漏应急处理

(1) 应急行为 迅速撤离泄漏污染区人员至安全处，并进行隔离，严格限制出入。切断火源。

(2) 应急人员防护 戴自给正压式呼吸器，穿消防防护服。

(3) 环保措施 尽可能切断泄漏源，防止进入下水道、排洪沟等限制性空间。小量泄漏：用砂土或其他不燃性材料吸附或吸收。也可用不燃性分散剂制成的乳液刷洗，洗水稀释后放入废水系统。大量泄漏：构筑围堤或挖坑收容。

(4) 消除方法 用防爆泵转移至槽车或专用收集器内，回收或运至废物处理场所处置。

6.2 个体防护措施

(1) 工程控制 密闭操作，局部排风。提供安全淋浴和洗眼设备。

(2) 呼吸系统防护 空气中浓度超标时，应该佩戴自吸过滤式防毒面具（半面罩）。紧急事态抢救或撤离时，建议佩戴空气呼吸器。

(3) 眼睛防护 戴化学安全防护眼镜。

(4) 身体防护 穿防毒物渗透工作服。

(5) 手防护 戴橡胶耐油手套。

(6) 其他 工作现场严禁吸烟。工作完毕，淋浴更衣。注意个人清洁卫生。

6.3 急救措施

(1) 皮肤接触 脱去被污染的衣着，用肥皂水和清水彻底冲洗皮肤。

(2) 眼睛接触 提起眼睑，用流动清水或生理盐水冲洗。就医。

(3) 吸入 迅速脱离现场至空气新鲜处。保持呼吸道通畅。如呼吸困难，给输氧。如停止呼吸，立即进行人工呼吸。就医。

(4) 食入 饮足量温水，催吐，就医。

(5) 灭火方法 喷水冷却容器，可能的话将容器从火场移至空旷处。灭火剂包括雾状水、泡沫、干粉、二氧化碳、砂土。

6.4 应急医疗

(1) 诊断要点 吸入本品蒸气或雾刺激上呼吸道，引起咳嗽、胸部不适。高浓度吸入有麻醉作用。液体或雾对眼睛有刺激性。较长时间接触对皮肤有刺激性。口服引起恶心、呕吐、腹痛、腹泻、头痛、迟钝等，也会对中枢神经系统产生影响，甚至发生死亡。

(2) 处理原则

① 皮肤接触。脱去被污染的衣着，用肥皂水和清水彻底冲洗皮肤。就医。

② 眼睛接触。提起眼睑，用流动清水或生理盐水冲洗。就医。

③ 吸入。迅速脱离现场至空气新鲜处。保持呼吸道通畅。如呼吸困难，给输氧。如呼吸停止时，立即进行人工呼吸。就医。

④ 食入。饮足量温水，催吐。就医。

(3) 预防措施 密闭操作，局部排风。操作人员必须经过专门培训，严格遵守操作规程。建议操作人员佩戴自吸过滤式防毒面具（半面罩），戴化学安全防护眼镜，穿防毒物渗透工作服，戴橡胶耐油手套。远离火种、热源，工作场所严禁吸烟。使用防爆型的通风系统和设备。防止蒸气泄漏到工作场所空气中。避免与氧化剂接触。充装要控制流速，防止静电积聚。搬运时要轻装轻卸，防止包装及容器损坏。配备相应品种和数量的消防器材及泄漏应急处理设备。倒空的容器可能残留有害物。

7 储运注意事项

7.1 储存注意事项

存于阴凉、通风仓间内。远离火种、热源，防止阳光直射。应与氧化剂分开存放。储存间内的照明、通风等设施应采用防爆型，开关设在仓外。配备相应品种和数量的消防器材。禁止使用易产生火花的机械设备和工具。罐储时要有防火防爆技术措施。充装时要注意流速，注意防止静电积聚。

7.2 运输信息

危险货物编号：33547。

UN 编号：2514。

包装类别：Ⅲ。

包装标识：7。

包装方法：小开口钢桶；螺纹口玻璃瓶、铁盖压口玻璃瓶；塑料瓶或金属桶（罐）外木板箱；塑料瓶、镀锡薄钢板桶外满底板花格箱。

运输注意事项：运输时运输车辆应配备相应品种和数量的消防器材及泄漏应急处理设备。夏季最好早晚运输。运输时所用的槽（罐）车应有接地链，槽内可设孔隔板以减少振荡产生静电。严禁与氧化剂、食用化学品等混装混运。运输途中应防曝晒、雨淋，防高温。中途停留时应远离火种、热源、高温区。装运该物品的车辆排气管必须配备阻火装置，禁止使用易产生火花的机械设备和工具装卸。公路运输时要按规定路线行驶，勿在居民区和人口稠密区停留。铁路运输时要禁止溜放。严禁用木船、水泥船散装运输。

7.3 废弃

(1) 废弃处置方法 用焚烧法处置。焚烧炉排出的卤化氢要通过酸洗涤器除去。

(2) 废弃注意事项 处置前应参阅国家和地方有关法规。废物储存参见“储存注意事项”。

8 参考文献

[1] 董华模. 化学物的毒性及其环境保护参数手册 [M]. 北京：人民卫生出版社，1988.

[2] 周国泰. 危险化学品安全技术全书 [M]. 北京：化学工业出版社，1997.

[3] 中国环境监测总站. 固体废弃物试验分析评价手册 [M]. 北京：中国环境科学出版社，1992.

[4] 天津市固体废物及有毒化学品管理中心. 危险化学品环境数据手册 [M]. 天津：天津市固体废物及有毒化学品管理中心，2005.

[5] 江苏省环境监测中心. 突发性污染事故中危险品档案库 [DB].

[6] 秦艳. 紫外光光解 HNO_2 （NO_2^-）诱导的溴苯降解机理研究 [D]. 上海：复旦大学，2009.

[7] 刘一兵，祁志富. 溴苯制备实验的改进 [J]. 化学教学，1999,(6)：15-16.

[8] 北京化工研究院环境保护所/计算中心. 国际化学品安全卡（中文版）查询系统 [DB]. 2016.

烯丙醇

1 名称、编号、分子式

烯丙醇是有刺激性气味的无色液体，是生产甘油、医药、农药、香料和化妆品的中间体。可由环氧丙烷异构化、丙烯醛还原法、由丙烯制烯丙醇三种方法制得。烯丙醇基本信息见表 35-1。

表 35-1 烯丙醇基本信息

中文名称	烯丙醇
中文别名	蒜醇;乙烯基甲醇;丙烯醇;2-丙烯-1-醇;3-羟基丙烯
英文名称	allyl alcohol
英文别名	vinyl carbinol;propenyl alcohol;2-propen-1-ol;3-hydroxypropene
UN 号	1098
CAS 号	107-18-6
ICSC 号	0095
RTECS 号	BA5075000
EC 编号	603-015-00-6
分子式	$C_3H_6O/CH_2=CHCH_2OH$
分子量	58.1

2 理化性质

烯丙醇为具有刺激性芥子气味的无色液体。与水、乙醚、乙醇、氯仿和石油醚混溶。烯丙醇蒸气与空气可形成爆炸性混合物，遇明火、高热极易燃烧爆炸。容易自聚，聚合反应随着温度的上升而急骤加剧。烯丙醇理化性质一览表见表 35-2。

表 35-2 烯丙醇理化性质一览表

外观与性状	无色液体,有刺激性气味
熔点/℃	－50
沸点/℃	96.9
相对密度(水＝1)	0.85

续表

相对蒸气密度(空气=1)	2.00
饱和蒸气压(10.5℃)/kPa	1.33
临界温度/℃	271.9
辛醇/水分配系数的对数值	0.17
燃烧热/(kJ/mol)	1849.2
闪点/℃	21
自燃温度/℃	375
爆炸上限（体积分数）/%	18.0
爆炸下限（体积分数）/%	2.5
溶解性	溶于水、醇、醚
化学性质	烯丙醇蒸气与空气可形成爆炸性混合物，遇明火、高热极易燃烧爆炸。与氧化剂接触猛烈反应。遇氯磺酸、硝酸、硫酸、氢氧化钠、亚磷酸二烯丙酯，可形成不稳定产物。在火场中，受热的容器有爆炸危险。容易自聚，聚合反应随着温度的上升而急骤加剧。其蒸气比空气密度大，能在较低处扩散到相当远的地方，遇火源会着火回燃
稳定性	稳定
禁配物	硫酸、硝酸、氢氧化钠、氯磺酸

3 毒理学参数

(1) 急性毒性 LD_{50}：99mg/kg（大鼠经口）；96mg/kg（小鼠经口）。

(2) 亚急性和慢性毒性 大鼠经口 42～70mg/(kg·d)×90d，体重减轻，肝肾重量增加；兔经口 2.5mg/(kg·d) 置饮水中 8 个月，肝肾组织出血及细胞变性坏死。

(3) 刺激性 人经眼：25ppm，重度刺激。家兔经皮开放性刺激试验：10mg/24h，引起刺激。

(4) 生殖毒性 水中浓度 19.5mg/L 时，活性污泥对氨氮的硝化作用抑制 75%。

(5) 危险特性 易燃，其蒸气与空气可形成爆炸性混合物。遇明火、高热有引起燃烧爆炸的危险。与氧化剂接触会发生强烈的反应。在火场中，受热的容器有爆炸危险。

4 对环境的影响

4.1 主要用途

用于合成环氧氯丙烷、甘油 1,4-丁二醇以及烯丙基酮、3-溴丙烯等。是生产增塑剂和工程塑料等的重要有机合成原料，其碳酸盐可以用作光学树脂 CR-39、TAC 交联剂 DAP。其醚可以用作烯丙基聚醚、新型的水泥减水剂、橡胶助剂。还用作测定汞的试剂，在显微镜分析中用作固定剂，也用于树脂、塑料合成等。

4.2 环境行为

当释放至土壤中，预期会溶入地下水中不易蒸发掉，会被生物分解掉。当释放至水中，预期会被生物分解，不易蒸发掉。当释放至大气中，预期会进行光解作用。当释放至大气中，其半衰期范围小于1d。

4.3 人体健康危害

(1) 暴露/侵入途径 吸入、食入、经皮吸收。

(2) 健康危害 对眼、皮肤、咽喉、黏膜有强烈的刺激性，能强烈催泪，浓度很高时可致失明，并有较强的全身毒性。当其附着在皮肤上时，能引起皮炎发红而产生烫伤，经皮肤迅速吸收而引起肝脏障碍、肾炎、血尿等，是毒性最强的醇。

4.4 接触控制标准

TLVTN：OSHA 2ppm，4.8mg/m^3［皮］；ACGIH 2ppm，4.8mg/m^3［皮］。

TLVWN：ACGIH 4ppm，9.5mg/m^3［皮］。

烯丙醇生产及应用相关环境标准见表35-3。

表35-3 烯丙醇生产及应用相关环境标准

标准编号	限值要求	标准值
中国(TJ 36—1979)	车间空气中有害物质的最高容许浓度	2mg/m^3[皮]
前苏联(1978)	地面水容许浓度	0.1mg/L

5 环境监测方法

5.1 现场应急监测方法

现场应急监测可采用便携式气相色谱-光离子检测器法，用专用注射器采集现场气样，注入便携式气相色谱仪，可在现场用外标法进行定性定量测定。

5.2 实验室监测方法

烯丙醇的实验室监测方法见表35-4。

表35-4 烯丙醇的实验室监测方法

监测方法	来源	类别
对二甲氨基苯甲醛比色法	《空气中有害物质的测定方法》(第二版)，杭士平主编	空气
NIOSH法	样品经活性炭吸附后，用二硫化碳洗脱，再用气相色谱法分析	空气

6 应急处理处置方法

6.1 泄漏应急处理

(1) 应急行为 隔离泄漏污染区，限制出入。切断火源。

(2) 应急人员防护 戴防毒面具，穿消防防护服。

(3) 环保措施 用大量水冲洗，洗水稀释后放入废水系统，少量的泄漏物可用砂土等吸收材料吸收覆盖，对污染的地面进行通风。

(4) 消除方法 小量泄漏：用砂土、蛭石或其他惰性材料吸收。也可以用大量水冲洗，洗水稀释后放入废水系统。大量泄漏：构筑围堤或挖坑收容。用泵转移至槽车或专用收集器内，回收或运至废物处理场所处置。

6.2 个体防护措施

(1) 工程控制 生产过程密闭，加强通风。提供安全淋浴和洗眼设备。

(2) 呼吸系统防护 空气中浓度超标时，必须佩戴自吸过滤式防毒面具（全面罩）。紧急事态抢救或撤离时，应该佩戴空气呼吸器。

(3) 眼睛防护 呼吸系统防护中已做防护。

(4) 身体防护 穿胶布防毒衣。

(5) 手防护 戴橡胶手套。

(6) 其他防护 工作现场禁止吸烟、进食和饮水。工作完毕，淋浴更衣。单独存放被毒物污染的衣服，洗后备用。

6.3 急救措施

(1) 皮肤接触 立刻脱去被污染的衣着，用大量流动清水冲洗至少15min。就医。

(2) 眼睛接触 立刻提起眼睑，用大量流动清水或生理盐水彻底冲洗至少15min。就医。

(3) 吸入 迅速脱离现场至空气新鲜处。保持呼吸道通畅。如呼吸困难，给输氧。如停止呼吸，立即进行人工呼吸。就医。

(4) 食入 用水漱口，饮牛奶或蛋清。就医。

(5) 灭火方法 消防人员必须佩戴过滤式防毒面具（全面罩）或隔离式呼吸器、穿全身防火防毒服，在上风向灭火。尽可能将容器从火场移至空旷处。喷水保持火场容器冷却，直至灭火结束。处在火场中的容器若已变色或从安全泄压装置中产生声音，必须马上撤离。灭火剂包括雾状水、泡沫、干粉、二氧化碳、砂土。

6.4 应急医疗

(1) 诊断要点 对眼、鼻黏膜有强烈刺激作用，并有较强的全身毒性，导致肝、肾损害和内脏出血。

(2) 处理原则 药物涂布治疗（初步处理），用药为葡萄糖酸钙。

(3) 预防措施 密闭操作，加强通风。操作人员必须经过专门培训，严格遵守操作规程。建议操作人员佩戴自吸过滤式防毒面具（全面罩），穿胶布防毒衣，戴橡胶手套。远离火种、热源，工作场所严禁吸烟。使用防爆型的通风系统和设备。防止蒸气泄漏到工作场所空气中。避免与氧化剂、酸类、碱金属接触。灌装时应控制流速，且有接地装置，防止静电积聚。配备相应品种和数量的消防器材及泄漏应急处理设备。倒空的容器可能残留有害物。

7 储运注意事项

7.1 储存注意事项

储存于阴凉、通风仓间内。仓内温度不宜超过30℃。远离火种、热源，防止阳光直射。

应与氧化剂分开存放。储存间内的降温、通风等设施应采用防爆型，开关设在仓外。

7.2 运输信息

危险货物编号：61076。

UN 编号：1098。

包装类别：Ⅱ。

包装方法：玻璃瓶外木箱或钙塑板箱加固内衬不燃垫料或铁桶装。

运输注意事项：铁路运输时应严格按照铁道部《危险货物运输规则》中的危险货物配装表进行配装。运输时运输车辆应配备相应品种和数量的消防器材及泄漏应急处理设备。夏季最好早晚运输。运输时所用的槽（罐）车应有接地链，槽内可设孔隔板以减少振荡产生静电。严禁与氧化剂、酸类、碱金属、食用化学品等混装混运。运输途中应防曝晒、雨淋，防高温。中途停留时应远离火种、热源、高温区。装运该物品的车辆排气管必须配备阻火装置，禁止使用易产生火花的机械设备和工具装卸。公路运输时要按规定路线行驶，勿在居民区和人口稠密区停留。铁路运输时要禁止溜放。严禁用木船、水泥船散装运输。

7.3 废弃

(1) 废弃处置方法 用焚烧法处置。溶于易燃溶剂后，再焚烧。

(2) 废弃注意事项 处置前应参阅国家和地方有关法规。

8 参考文献

［1］ 董华模. 化学物的毒性及其环境保护参数手册［M］. 北京：人民卫生出版社，1988.

［2］ 国家环境保护局有毒化学品管理办公室. 化学品毒性、法规、环境数据手册［M］. 北京：中国环境科学出版社，1992.

［3］ 周国泰. 危险化学品安全技术全书［M］. 北京：化学工业出版社，1997.

［4］ 杭士平. 空气中有害物质的测定方法［M］. 北京：人民卫生出版社，1986.

［5］ 天津市固体废物及有毒化学品管理中心. 危险化学品环境数据手册［M］. 天津：天津市固体废物及有毒化学品管理中心，2005.

［6］ 江苏省环境监测中心. 突发性污染事故中危险品档案库［DB］.

［7］ 李玉芳. 烯丙醇的生产方法及其下游产品开发［J］. 当代化工研究，2003，(7)：18-19.

［8］ 孟翠敏. 烯丙醇的合成与应用［J］. 中国氯碱，2007，(6)：18-20.

［9］ 潘慈珍. 丙烯醇的开发与应用［J］. 氯碱工业，1997，(1)：36-39.

［10］ 于光彩，訾向东，宋玲莉，等. 丙烯醇致中毒性脑病一例［J］. 职业卫生与应急救援，2015，33(3)：219-220.

［11］ 北京化工研究院环境保护所/计算中心. 国际化学品安全卡（中文版）查询系统［DB］. 2016.

对硝基酚

1 名称、编号、分子式

对硝基酚又称对硝基苯酚，其由对硝基氯苯经水解、酸化而得。将浓度为137～140g/L的氢氧化钠溶液2320～2370L加入水解锅中，再加入600kg熔融的对硝基氯苯。加热至152℃，锅内压力为0.4MPa，然后停止加热，水解反应放热使温度和压力自然上升至165℃、约0.6MPa。保持3h后取样检查反应终点，反应结束后将水解物冷却至120℃。将600L水和50L浓硫酸加到结晶锅中，加入上述水解物，并冷却到50℃左右，加入浓硫酸使刚果红试纸呈紫色，继续冷却至30℃，抽滤，离心甩水，得含量90%以上的对硝基酚约500kg，收率为92%。另一种制备法是将对硝基氯苯与氢氧化钾在氨水中于75℃加热3h，反应后用盐酸酸化，即得对硝基酚。对硝基酚基本信息见表36-1。

表36-1 对硝基酚基本信息

中文名称	对硝基酚
中文别名	*p*-硝基酚；4-硝基酚；4-硝基苯酚，对硝基苯酚
英文名称	*p*-nitrophenol
英文别名	4-hydroxynitrobenzene；4-nitrophenol
UN号	1663
CAS号	100-02-7
ICSC号	0066
RTECS号	SM2275000
EC编号	609-015-00-2
分子式	$C_6H_5NO_3$
分子量	139.11

2 理化性质

对硝基酚纯品为浅黄色结晶。无味。常温下微溶于水（1.6%，25℃），不易随水蒸气挥发。易溶于乙醇、氯仿及乙醚。溶于酸液时，淡黄色逐渐褪去，pH值为3～4，几乎无色。溶于碱液时，颜色加深。能升华。对硝基酚理化性质一览表见表36-2。

表 36-2 对硝基酚理化性质一览表

外观与性状	无色至淡黄色结晶粉末，有苦杏仁气味
密度/(g/cm^3)	1.5
相对密度(水=1)	1.49
饱和蒸气压(16℃)/kPa	0.92
熔点/℃	113～114
沸点/℃	279（分解）
辛醇/水分配系数的对数值	1.91
水/有机质分配系数的对数值	2.18～2.42
自燃温度/℃	490
燃烧热/(kJ/mol)	2879.2
闪点/℃	169
溶解性	蒸馏水中 12.4g/L（20℃），易溶于甲苯、乙醇和乙醚，并易溶于苛性碱和碱金属的碳酸盐溶液中而呈黄色
稳定性	稳定，与 KOH 反应会发生爆炸

3 毒理学参数

(1) 急性毒性 LD_{50}：大鼠经口 250mg/kg；小鼠口腔 282mg/kg；大鼠口腔 202mg/kg；大鼠皮肤 1024mg/kg；兔子皮肤 1500mg/kg。LD_{50}：大鼠吸入 4700mg/m^3×4h。

(2) 肝脏毒性 292mg/m^3 和 2119mg/m^3 对硝基酚粉尘暴露 2 周后，大鼠血液中 SGOT 水平升高，但是没有出现组织病理症状。

(3) 生殖毒性 饲喂大鼠 50～250mg/kg 对硝基酚 120d，没有改变子代性状，生殖力也没有受到影响。

(4) 刺激性 家兔经皮：20mg（24h），中度刺激。家兔经眼：250μg（24h），重度刺激。

(5) 致癌性 Swiss-Webster 小鼠皮肤涂抹 160mg/kg 对硝基酚 78 周，没有看到致癌作用。

(6) 遗传毒性 DNA 损伤：大肠杆菌 50mol/L。DNA 合成抑制：成人纤维细胞 1mmol/L。

(7) 呼吸系统 在浓度为 2.119g/m^3 的对硝基酚粉尘中暴露 2 周后，大鼠的肺重量下降，暴露剂量 70mg/(kg·d) 的大鼠出现喘息、呼吸困难、肺充血等症状，但肺部都没有发现病理特征，表明呼吸系统不是对硝基酚急性毒性的靶器官。

(8) 循环系统 112mg/m^3 的对硝基酚粉尘暴露 2 周后，大鼠出现了高铁血红蛋白血症。

(9) 神经系统 在浓度为 2.119g/m^3 的对硝基酚粉尘中暴露 2 周后，没有发现大鼠的神经系统病变。

(10) 致突变性 DNA 损伤：大肠杆菌 50μmol/L。DNA 抑制：成人纤维细胞 1mmol/L。

(11) 危险特性 遇高热、明火或与氧化剂接触，有引起燃烧的危险。受热分解放出有毒的氧化氮烟气。

4 对环境的影响

4.1 主要用途

对硝基酚用作染料中间体、医药及农药的原料，也用作酸碱指示剂和分析试剂、皮革防腐剂。是一种重要的有机合成原料，可作为有机磷杀虫剂、对硫磷、甲基对硫磷的中间体，也可用于合成氟铃脲的中间体，2,6-二氯-4-硝基酚和杀铃脲的中间体4-三氟甲氧基硝基苯。还可用于制造非那西丁、扑热息痛、农药1605、显影剂米妥尔、硫化草绿GN、硫化还原黑CL、硫化还原黑CLB、硫化还原蓝RNX、硫化红棕B3R。也可用作滴定分析标准溶液。

4.2 环境行为

(1) 代谢和降解 对硝基酚在空气中主要通过直接的光降解和与自由基作用而清除，它能吸收紫外线。将对硝基酚涂布在硅胶上，通入空气并用紫外线照射，17h后有39%的对硝基酚被降解为CO_2。虽然缺乏直接的气相光降解试验，但是根据液相中光降解的结果可以判断直接光降解是大气中对硝基酚的主要降解途径。对硝基酚与大气中的自由基反应缓慢，不是主要的清除反应。

在水体中对硝基酚主要被光化学反应生成的羟基自由基氧化降解，在NO_3^-或NO_2^-存在时反应进行得相当迅速，在中性和酸性条件下生成对苯二酚中间体和HNO_2，以及少量的苯醌和4-硝基邻苯二酚。水体中对硝基酚光降解的量子效率为$3.3\times10^{-6}\sim8.3\times10^{-6}$，它在表层水体中光降解的半衰期为5.7d (pH=5)、6.7d (pH=6) 和13.7d (pH=7)。生物降解的研究结果相差很大，在自然水体中好气条件下微生物经过一段时间的驯化后，可能迅速降解对硝基酚。有研究看到一条河中生物降解的半衰期为3.5d，另外有报道5个池塘和河流中平均半衰期为3.2d，还有小于1d的报道，这与参与降解的微生物的数量有关。厌氧条件下污泥中的对硝基酚的生物降解极其缓慢，高浓度对硝基酚抑制产甲烷菌的活性，但在好气条件下降解迅速。

表层土壤中的对硝基酚也可以被光降解清除，此外土壤中的Mn氧化物可氧化分解对硝基酚，但是反应速率很慢，在浓度为10^{-2}mol/L、pH=4.4时反应速率为10^{-9}mol/(L·min)。因此生物降解是土壤中对硝基酚降解的主要途径，表层土壤好气条件下对硝基酚的生物降解半衰期可能小于1d，维持适当的矿质养分水平可以缩短半衰期。

(2) 迁移转化 对硝基酚的Henry常数为1.62Pa·m^3/mol (25℃)，因此环境中的对硝基酚只有极少量存在于大气中。根据吉田的模型计算，对硝基酚在环境不同介质中的分配是：空气0.0006%，水94.6%，土壤0.95%，底泥4.44%，生物体0.00009%。大气中的对硝基酚主要存在于气相中，颗粒吸附态的比例低，因而主要通过湿沉降进入水体和土壤，在雨水中也检测到了对硝基酚。

对硝基酚在空气中的寿命长，而且主要存在于气相中，因此可以从污染源远距离迁移到低污染的地方。根据其Henry常数，水体中的对硝基酚挥发进入大气的比例很低，当pH

值低于6时对硝基酚离子化，进一步降低了它的挥发作用。

对硝基酚可以被土壤或底泥中的有机质吸附，也可以与其中的金属氧化物以化学键结合，因此它的土壤吸附量与铁氧化物、黏粒及粉粒的含量正相关。由于分配系数低，因此被土壤吸附的量或从水体进入底泥中的比例也较低，只有当底泥中有机质、铁氧化物、蒙脱石或其他黏土矿物含量较高时，被底泥吸附的量才比较大。重金属降低了对硝基酚在底泥中的吸附，表面活性剂氯化十六烷基吡啶（CPC）则有促进作用，两者共存时存在拮抗效应。还原态的对硝基酚一旦被底泥吸附，就很少再解吸进入水体。

采用^{14}C标记模拟的结果显示，只有1.6%的对硝基酚从土壤表面挥发进入了大气，35.7%被植物吸收。生物吸收的对硝基酚可能被代谢分解排出，实际测定的生物富集因子变化较大，在绿藻（*Chlorella fusca*）中为30，鲤科（*Pimephales oromelas*）中为180，圆腹雅罗鱼（*Leuciscus idus melanotus*）暴露3d后为57。生物体内对硝基酚代谢排出的半衰期为150h。因此对硝基酚在食物链中有富集作用。

4.3 人体健康危害

(1) 暴露/侵入途径 吸入、食入。

(2) 健康危害 本品对皮肤有强烈刺激作用。能经皮肤和呼吸道吸收。动物试验可引起高铁血红蛋白血症，体温升高，肝肾损害。

4.4 接触控制标准

对硝基酚生产及应用相关环境标准见表36-3。

表36-3 对硝基酚生产及应用相关环境标准

标准编号	限制要求	标准值
前苏联(1978)	生活饮用水和娱乐用水水体中有害物质的最大允许浓度	0.02mg/L
前苏联	污水中有害物质最高允许浓度	0.4mg/L
大气污染物综合排放标准(GB 16297—1996)	最高允许排放浓度	115mg/m^3
前苏联	空气中嗅觉阈浓度	2.3mg/m^3(觉察阈)
污水海洋处置工程污染控制标准(GB 18486—2001)	水污染排放限值(硝基苯类)	4.0mg/L

5 环境监测方法

5.1 现场应急监测方法

现场应急监测可采用快速检测管法、便携式气相色谱法（《突发性环境污染事故应急监测与处理处置技术》，万本太主编）、直接进水样气相色谱法。

5.2 实验室监测方法

对硝基酚的实验室监测方法见表36-4。

表 36-4　对硝基酚的实验室监测方法

监测方法	来源	类别
气相色谱法	《固体废弃物试验与分析评价手册》,中国环境监测总站等译	固体废物
色谱/质谱法	《水和废水标准检验法》19 版译文,江苏省环境监测中心	水和废水
气相色谱法	《城市和工业废水中有机化合物分析》,王克欧等译	废水
气相色谱法	《土壤和沉积物　酚类化合物的测定　气相色谱法》(HJ 703—2014)	土壤和沉积物
液液萃取/气相色谱法	《水质　酚类化合物的测定　液液萃取/气相色谱法》(HJ 676—2013)	水质
气相色谱-质谱法	《水质　硝基苯类化合物的测定　气相色谱-质谱法》(HJ 716—2014)	水质

6　应急处理处置方法

6.1　泄漏应急处理

(1) 应急行为　迅速撤离泄漏污染区人员至安全区，并进行隔离，严格限制出入。切断火源。

(2) 应急人员防护　建议应急处理人员戴自给正压式呼吸器，穿防毒服，从上风处进入现场。尽可能切断泄漏源。防止进入下水道、排洪沟等限制性空间。要直接接触泄漏物，用砂土、干燥石灰或苏打灰混合，用清洁的铲子收集于干燥、洁净、有盖的容器中，运至废物处理场所。也可以用大量水冲洗，经稀释的洗水放入废水系统。如大量泄漏，收集回收或无害处理后废弃。

(3) 环保措施　水体被污染的情况主要有：水体沿岸上游污染源的事故排放；陆地事故(如交通运输过程中的翻车事故）发生后经土壤流入水体，也有槽罐直接翻入路边水体的情况。可按以下方法处理。

① 查明水体沿岸排放废水的污染源，阻止其继续向水体排污。

② 如果是液体 4-硝基（苯）酚的槽车发生交通事故，应设法堵住裂缝，或迅速筑一道土堤拦住液流；如果是在平地，应围绕泄漏地区筑隔离堤；如果泄漏发生在斜坡上，则可沿污染物流动路线，在斜坡的下方筑拦液堤。在某些情况下，在液体流动的下方迅速挖一个坑也可以达到阻截泄漏的污染物的同样效果。

③ 在拦液堤或拦液坑内收集到的液体必须尽快移到安全密封的容器内，操作时采取必要的安全保护措施。

④ 已进入水体中的液体或固体 4-硝基（苯）酚处理较困难，通常采用适当措施将被污染水体与其他水体隔离，如可在较小的河流上筑坝将其拦住，将被污染的水抽排到其他水体或污水处理厂。

土壤污染的主要情况有：各种高浓度废水［包括液体 4-硝基（苯）酚］直接污染土壤；固体 4-硝基（苯）酚由于事故倾洒在土壤中。可按以下方法处置。

① 固体 4-硝基（苯）酚污染土壤的处理方法较为简单，使用简单工具将其收集至容器中，视情况决定是否要将表层土剥离做焚烧处理。

② 液体 4-硝基（苯）酚污染土壤时，应迅速设法制止其流动，采用筑堤、挖坑等措施，以防止污染面扩大或进一步污染水体。

③ 最为广泛应用的方法是使用机械清除被污染土壤并在安全区进行处置，如焚烧。

④ 如环境不允许大量挖掘和清除土壤时，可使用物理、化学和生物方法消除污染。如对地表干封闭处理；地下水位高的地方采用注水法使水位上升，收集从地表溢出的水；让土壤保持休闲或通过翻耕以促进对硝基酚蒸发的自然降解法等。

(4) 消除方法 小心扫起，避免扬尘，用洁净的铲子收集于干燥、洁净、有盖的容器中，运至废物处理场所。被污染地面用肥皂或洗涤剂刷洗，经稀释的污水放入废水系统。如大量泄漏，收集回收或无害处理后废弃。

6.2 个体防护措施

(1) 工程控制 严加密闭，提供充分的局部排风和全面通风。

(2) 呼吸系统防护 空气中浓度较高时，佩戴防毒口罩。紧急事态抢救或逃生时，应该佩戴防毒面具。

(3) 眼睛防护 戴安全防护眼镜。

(4) 身体防护 穿紧袖工作服、长筒胶鞋。

(5) 手防护 戴橡胶手套。

(6) 其他 工作现场禁止吸烟、进食和饮水。工作完毕，沐浴更衣。单独存放被毒物污染的衣服，洗后备用。保持良好的卫生习惯。

6.3 急救措施

(1) 皮肤接触 如果液体接触到皮肤，立刻以流动水和肥皂或温和的清洁剂清洗患部；若已渗透衣服，立刻脱去衣服再用水和肥皂或温和的清洁剂清洗；如清洗后刺激感仍存在，应立即就医。

(2) 眼睛接触 立刻撑开眼皮，以大量水冲洗，立即就医。操作此化学品时不可戴隐形眼镜。

(3) 吸入 若吸入大量气体，应立即将患者移到空气新鲜处；若呼吸停止，进行人工呼吸，不可使用口对口人工呼吸法；如果患者呼吸困难的话最好在医生指示下供给氧气；让患者保持温暖并休息；尽快就医。

(4) 食入 立即就医；如无法立即就医，则利用患者手指刺激其咽喉或灌入催吐糖浆，进行催吐；若患者已丧失意识，勿催吐。

(5) 灭火方法 雾状水、泡沫、二氧化碳、砂土、干粉。

6.4 应急医疗

(1) 诊断要点 根据短期内接触高浓度苯的氨基、硝基化合物的职业史，出现以高铁血红蛋白血症为主的临床表现，结合现场卫生学调查结果，综合分析，排除其他原因所引起的类似疾病，方可诊断。

接触苯的氨基、硝基化合物后有轻度头晕、头痛、乏力、胸闷，高铁血红蛋白低于10%，短期内可完全恢复。

① 轻度中毒。口唇、耳郭、舌及指（趾）甲发绀，可伴有头晕、头痛、乏力、胸闷，高铁血红蛋白在10%～30%以下，一般在24h内恢复正常。

② 中度中毒。皮肤、黏膜明显发绀，可出现心悸、气短，食欲不振，恶心、呕吐等症状，高铁血红蛋白为30%～50%，或高铁血红蛋白低于30%且伴有以下任何一项者：轻度

溶血性贫血，赫恩兹小体可轻度升高；化学性膀胱炎；轻度肝脏损伤；轻度肾脏损伤。

③ 重度中毒。皮肤黏膜重度发绀，高铁血红蛋白高于50%，并可出现意识障碍，或高铁血红蛋白低于50%且伴有以下任何一项者：赫恩兹小体可明显升高，并继发溶血性贫血；严重中毒性肝病；严重中毒性肾病。

(2) 处理原则

① 迅速脱离现场，清除皮肤污染，立即吸氧，密切观察。

② 高铁血红蛋白血症用高渗葡萄糖、维生素C、小剂量美蓝（亚甲基蓝）治疗。

③ 溶血性贫血，主要为对症和支持治疗，重点在于保护肾脏功能，碱化尿液，应用适量肾上腺糖皮质激素。严重者应输血治疗，必要时采用换血疗法或血液净化疗法。

④ 化学性膀胱炎，主要为碱化尿液，应用适量肾上腺糖皮质激素，防治继发感染。并可给予解痉剂及支持治疗。

⑤ 肝、肾功能损害，处理原则见《职业性中毒性肝病诊断标准》（GBZ 59—2010）和《职业性急性中毒性肾病的诊断》（GBZ 79—2013）。

(3) 预防措施 对对硝基酚作业工人进行上岗前和定期健康检查，及时发现就业禁忌证和早期发现对硝基酚中毒病人及时处理。作业场所施行密闭操作，加强通风。操作人员必须经过专门培训，严格遵守操作规程。操作人员应佩戴自吸过滤式防毒面具（半面罩），戴安全防护眼镜，穿防毒物渗透工作服，戴橡胶耐油手套。使用防爆型的通风系统和设备。防止蒸气泄漏到工作场所空气中。搬运时要轻装轻卸，防止包装及容器损坏。配备相应品种和数量的消防器材及泄漏应急处理设备。对从事该项作业工人应定期进行体检。

7 储运注意事项

7.1 储存注意事项

储存于阴凉、通风的库房。远离火种、热源。防止阳光直射。包装密封。应与氧化剂、酸酐、酰基氯分开存放，切忌混储。配备相应品种和数量的消防器材。储区应备有合适的材料收容泄漏物。

7.2 运输信息

危险货物编号：61712。

包装类别：Ⅲ。

包装方法：塑料袋或两层牛皮纸袋外全开口或中开口钢桶；两层塑料袋或一层塑料袋外麻袋、塑料编织袋、乳胶布袋；塑料袋外复合塑料编织袋（聚丙烯三合一袋、聚乙烯三合一袋、聚丙烯二合一袋、聚乙烯二合一袋）；塑料袋或两层牛皮纸袋外普通木箱；金属桶（罐）或塑料桶外花格箱；螺纹口玻璃瓶、铁盖压口玻璃瓶、塑料瓶或金属桶（罐）外普通木箱；螺纹口玻璃瓶、塑料瓶或镀锡薄钢板桶（罐）外满底板花格箱、纤维板箱或胶合板箱。

运输注意事项：铁路运输时应严格按照铁道部《危险货物运输规则》中的危险货物配装表进行配装。运输前应先检查包装容器是否完整、密封，运输过程中要确保容器不泄漏、不倒塌、不坠落、不损坏。严禁与酸类、氧化剂、食品及食品添加剂混运。运输时运输车辆应配备相应品种和数量的消防器材及泄漏应急处理设备。运输途中应防曝晒、雨淋，防高温。

7.3 废弃

(1) 废弃处置方法 控制焚烧法。要保证充分燃烧，焚烧大量的废料时，焚烧炉排出的氮氧化物要通过洗涤器除去。从废水中回收硝基酚。

(2) 废弃注意事项 参考相关法规处理，把倒空的容器归还厂商或在规定场所掩埋。

8 参考文献

[1] 中国环境监测总站.固体废弃物试验分析评价手册 [M].北京：中国环境科学出版社，1992.

[2] 江苏省环境监测中心.突发性污染事故中危险品档案库 [DB].

[3] 环境保护部.国家污染物环境健康风险名录（化学第一分册） [M].北京：中国环境科学出版社，2011.

[4] 北京化工研究院环境保护所/计算中心.国际化学品安全卡（中文版）查询系统 [DB].2016.

[5] 詹姆斯 E 朗博顿，詹姆斯 J 利希滕伯格.城市和工业废水中有机化合物分析 [M].王克欧等译.北京：学术期刊出版社，1989.

[6] Zhang Xi，Yang Y S，Lu Ying，Wen Y J，Li P P，Zhang Ge. Bioaugmented soil aquifer treatment for *p*-nitrophenol removal in wastewater unique for cold regions [J]. Elsevierjournal，2018，144：616-627.

[7] Yuxi Zhang，Hao Fang，Yanqiao Zhang，Ming Wen，Dandan Wu，Qingsheng Wu. Active cobalt induced high catalytic performances of cobalt ferrite nanobrushes for the reduction of *p*-nitrophenol [J]. Journal of Colloid and Interface Science，2018，535：499-504.

N-亚硝基二甲胺

1 名称、编号、分子式

N-亚硝基二甲胺（NDMA）又称二甲基亚硝基胺，在环境中广泛存在。生产和使用NDMA的车间空气中，如轮胎厂可达0.12～1.5μg/m^3，皮革厂可达1.2～47μg/m^3，火箭燃料厂为36μg/m^3。在鱼、肉等动物食品中可达0.1～300μg/kg。在烟草、蔬菜、谷类中均可检出。其制备方法是将245g盐酸二甲胺和盐酸搅拌并加热至70～75℃，再加入将235g亚硝酸钠溶入150mL水中形成的浆状液，同时添加盐酸使反应物恰呈酸性。加毕，加热2h，然后蒸馏至近干，加水再蒸干，将馏出物放到一个容器中，并加入300g碳酸钾使之饱和，取上层减压分馏，得近200g*N*-亚硝基二甲胺，收率近90%。*N*-亚硝基二甲胺基本信息见表37-1。

表37-1 *N*-亚硝基二甲胺基本信息

中文名称	*N*-亚硝基二甲胺
中文别名	*N*-二甲基亚硝胺；*N*-甲基-*N*-亚硝基甲胺；亚硝基替二甲胺
英文名称	*N*-nitrosodimethylamine
英文别名	dimethylnitrosamine
UN号	2810
CAS号	62-75-9
ICSC号	0525
RTECS号	IQ0525000
EC编号	612-077-00-3
分子式	$C_2H_6N_2O$
分子量	74.08

2 理化性质

N-亚硝基二甲胺为黄色液体，可溶于水、乙醇、乙醚、二氯甲烷。可用于制造二甲基肼。由二甲胺与亚硝酸盐在酸性条件下反应而生成。*N*-亚硝基二甲胺理化性质一览表见表37-2。

表 37-2 *N*-亚硝基二甲胺理化性质一览表

外观与性状	浅黄色油状液体
熔点/℃	−25
沸点/℃	154
闪点/℃	61
相对密度(水=1)	1.0059
相对蒸气密度(空气=1)	2.56
饱和蒸气压(37℃)/kPa	0.360
溶解性	易溶于水、二氯甲烷、醇、醚等有机溶剂
稳定性	稳定
辛醇/水分配系数的对数值	−0.57

3 毒理学参数

(1) 急性毒性 LD_{50}：43mg/kg(大鼠，腹腔灌入)；20mg/kg(小鼠)。LC_{50}：大鼠吸入 240mg/m^3×4h，死亡；小鼠吸入 176mg/m^3×4h，死亡。在其他实验室生物试验中，当 NDMA 的计量为 30～60mg/kg 时，可对肝（肝中毒）、肾（肿瘤）以及睾丸（输精上皮组织坏死）产生影响。

短期接触该物质，刺激眼睛、皮肤和呼吸道，NDMA 对人体有强烈的肝毒性，可导致黄疸。影响可能推迟显现（黄疸症状几小时以后才变得明显）。长期或反复接触该物质可能对肝有影响，导致肝功能损伤和硬变，同时可有内脏出血及坏死、胆管增生、纤维化等症状。还有肾、肺、睾丸、胃等部位的损伤。

短期高剂量也可能导致中毒死亡。曾经发生过几起因吸入大量 NDMA 而中毒死亡的案例。一例是生产 NDMA 的男性药剂师，在未知浓度的 NDMA 烟雾中暴露 2 周，之后又在清洗喷溅的容器时暴露于未知浓度的烟雾，6d 后发病，表现为腹胀、大量黄色腹水、肝脾肿大，6 周后死亡。另有一例汽车厂的男性工人，尸检显示为肝硬化。该物质被 IARC 列为 2A 类人类致癌物。

(2) 慢性毒性 大鼠试验表明，对公鼠和母鼠每天喂含有 NDMA 的饮用水，公鼠每天喂食 NDMA 含量为 0.001～0.697mg/kg，母鼠为 0.002～1.224mg/kg，大鼠的存活时间随着 NDMA 剂量的增加而减少，暴露于最高剂量（1.224mg/kg）下最高可活 3.5 年。在低剂量 NDMA 的作用下，患肝脏肿瘤的大鼠的数量与剂量率成正比，且没有临界值。对克原氏螯虾喂食 NDMA(100～200mg/kg)×6 个月，克原氏螯虾触角腺体退化，肝脏腺增生；对虹鳟鱼喂食 NDMA(200～800mg/kg)×78 周，虹鳟鱼出现肝细胞恶性肿瘤。

(3) 代谢 *N*-亚硝基二甲胺进入机体有两种代谢途径。一种是经微粒体羟化酶活化，使一侧烷基 α 位碳羟化，生成不稳定的 α-羟基亚硝胺。该化合物水解为甲醛、N2 和有烷化作用的致癌物甲基正离子（CH_3^+）。甲基正离子与靶细胞的 DNA、RNA 及蛋白质等反应，使它们烷化。*N*-亚硝基化合物的最终活性形式是含有低电子密度原子的物质，可以与含有高电子密度原子的 DNA、RNA 或蛋白质通过电性结合。试验证明，DNA、RNA 的每一种碱基都可能与终致癌物结合，甚至磷酸二酯骨架也可受其影响。碱基中，鸟嘌呤最易受进攻，腺嘌呤次之，其余较少。同一碱基的不同位置也可以被同一种致癌物所作用。另一种代谢途径是去亚硝基化。

(4) 致畸性 体外细胞遗传损伤，中国仓鼠细胞染色体畸变阳性；体内细胞遗传损伤，啮齿动物骨髓细胞染色体畸变阳性。亚硝基化合物可通过试验动物胎盘而使子代受损伤。一般在妊娠初期可使胎儿中毒死亡，在中期给毒可使胎儿发生畸形，在妊娠后期给毒可使子代发生肿瘤。

(5) 刺激性 家兔经眼：100mg（30s）轻微刺激。

(6) 亚急性和慢性毒性 兔经口 20ppm×10 周，而后 30ppm×4 周，进而 50ppm×8 周，出现肝损害，11 周和 12 周发生死亡。

(7) 致癌性 *N*-亚硝基二甲胺是致癌性物质。可诱发肺癌和肝癌。在短期大剂量暴露或长期低剂量暴露时，可在没有诱导肝癌的情况下产生肝损伤。

(8) 致突变性 Ames 试验鼠伤寒沙门菌阳性。基因突变，哺乳动物小鼠淋巴肉瘤细胞阳性；果蝇隐性伴性致死阳性。

(9) 遗传毒性 对哺乳动物，包括人类的细胞具有遗传毒性。

(10) 危险特性 遇明火、高热易燃。与强氧化剂可发生反应。受热分解放出有毒的氧化氮烟气。

4 对环境的影响

4.1 主要用途

N-亚硝基二甲胺曾经用作火箭的燃料，后来由于污染严重而在美国停止使用。目前主要用于医药及食品分析等方面的科学研究。

4.2 环境行为

(1) 来源及暴露途径 NDMA 广泛存在于工业产品中，如燃料、润滑油、烟草、除草剂、杀虫剂、橡胶制品、饮料以及一些由氨基吡啉构成的药物。另外，在食物的加工、储存以及运输等过程中也会产生 NDMA。除了食物本身存在 NDMA 外，当食物中存在二级胺时，人类摄入后在体内会生成 NDMA。由此可见，各类工厂均是 NDMA 的潜在释放源。例如在制造和使用二甲胺的地点可能偶尔会向大气排放 NDMA。而在制革厂、农药生产厂、橡胶和轮胎生产厂，会形成和排放 NDMA。在用作火箭燃料生产时，在工厂附近的大气中检测到了高达 11.6$\mu g/m^3$ 的浓度，附近居民区空气中的浓度为 1.07$\mu g/m^3$。在没有点源污染的地方，检测出的浓度为 0.02～0.8$\mu g/m^3$；新车内部空气中的 NDMA 浓度为 0.02～0.83$\mu g/m^3$；20 世纪 80 年代在费城的自来水中检出的浓度为 0.003～0.006$\mu g/L$，在实验室去离子水中也测出了 0.03～0.34$\mu g/L$ 的含量；土壤中测定出来的浓度多为 1～8$\mu g/kg$（以干重计），这可能主要来自对大气 NDMA 的吸附、大气中的二甲胺进入土壤后反应生成、农药施用带入；农药和杀虫剂中检出的 NDMA 浓度为 0.16～1970$\mu g/L$。

由于 *N*-亚硝基二甲胺的前体物广泛存在于自然和人造产品中，因此各类人群都可能暴露于其形成的 NDMA 之中。暴露途径包括从水、空气、食物或消费品种摄入，抑或是从痕量的胺和酰胺在人和动物体内经过亚硝化作用生成。暴露后，NDMA 一旦被人体吸收，它的代谢产物就可以在人体中广泛分布，并且可以通过母乳传递给下一代。

(2) 迁移转化及降解 大气中的NDMA绝大部分存在于气相中，颗粒物上极少分布。在阳光下NDMA迅速分解，光解的半衰期为5～30min。

地表水中的NDMA也可在阳光作用下光解。由于其亨利常数低，因此在水体中的挥发不是主要的过程。地表的NDMA主要通过光解和挥发而减少。野外条件下地表NDMA挥发的半衰期为1～2h。在表层以下的土壤以及阳光到达不了的深水处，NDMA主要在微生物的作用下缓慢降解。通气状态下微生物降解的半衰期为50～55d，稍快于厌氧状态。

根据NDMA的辛醇/水分配系数估计，其被水生生物富集、悬浮颗粒物或底泥固定作用微弱，在土壤里也不易被土壤颗粒固定，具有向下迁移进入地下水的可能性。

4.3 人体健康危害

(1) 暴露/侵入途径 吸入、食入、经皮吸收。

(2) 健康危害 对眼睛、皮肤的刺激作用。摄入、吸入或经皮肤吸收可能致死，接触可引起肝、肾损害。

4.4 接触控制标准

N-亚硝基二甲胺生产及应用相关环境标准见表37-3。

表37-3 *N*-亚硝基二甲胺生产及应用相关环境标准

标准编号	限制要求	标准值
美国(FDA)	*N*-亚硝基二甲胺限量指标	麦芽:10μg/L 啤酒:5μg/L
食品安全国家标准　食品中污染物限量(GB 2762—2017)	食品中*N*-亚硝基二甲胺限量指标	肉及肉制品:3.0μg/kg 水产动物及其制品:4.0μg/kg

5 环境监测方法

5.1 现场应急监测方法

现场应急监测可采用气相色谱-热能分析法（食品）。

5.2 实验室监测方法

N-亚硝基二甲胺的实验室监测方法见表37-4。

表37-4 *N*-亚硝基二甲胺的实验室监测方法

监测方法	来源	类别
色谱/质谱法	《固体废弃物试验与分析评价手册》,中国环境监测总站等译	固体废物
气相色谱法	许后效.石油化工废水及污灌蔬菜中*N*-亚硝基化合物的测定.化工环保,1985,(1):40-42	水质及食品
气相色谱法	《水质　亚硝胺类化合物的测定　气相色谱法》(HJ 809—2016)	水质

续表

监测方法	来源	类别
气相色谱-质谱法	《土壤和沉积物　半挥发性有机物的测定　气相色谱-质谱法》(HJ 834—2017)	土壤和沉积物
气相色谱-质谱法、气相色谱-热能分析仪法	《食品安全国家标准　食品中*N*-亚硝胺类化合物的测定》(GB 5009.26—2016)	食品

6　应急处理处置方法

6.1　泄漏应急处理

(1) 应急行为　迅速撤离泄漏污染区人员至安全区，并进行隔离，严格限制出入。切断火源。

(2) 应急人员防护　建议应急处理人员戴自给正压式呼吸器，穿化学防护服，戴好防毒面具。穿一般消防防护服。从上风处进入现场。尽可能切断泄漏源。防止进入下水道、排洪沟等限制性空间。

(3) 环保措施　不要直接接触泄漏物。在确保安全情况下堵漏。喷雾状水，减少蒸发。用砂土、干燥石灰或苏打灰混合，然后收集运至废物处理场所处置。也可以用大量水冲洗，经稀释的洗水放入废水系统。如大量泄漏，利用围堤收容，然后收集、转移、回收或无害处理后废弃。

(4) 消除方法　用泡沫覆盖，降低蒸气灾害。喷雾状水或泡沫冷却和稀释蒸气，保护现场人员。用防爆泵转移至槽车或专用收集器内，回收或运至废物处理场所处置。

6.2　个体防护措施

(1) 工程控制　严加密闭，提供充分的局部排风和全面通风。使用抗腐蚀的通风系统，并与其他排气系统分开。

(2) 呼吸系统防护　可能接触其蒸气时，佩戴防毒面具。紧急事态抢救或逃生时，建议佩戴自给式呼吸器。

(3) 眼睛防护　戴化学安全防护眼镜。

(4) 身体防护　穿相应的防护服。

(5) 手防护　戴防化学品手套。

(6) 其他　工作现场禁止吸烟、进食和饮水。工作完毕，沐浴更衣。单独存放被毒物污染的衣服，洗后备用。保持良好的卫生习惯。

6.3　急救措施

(1) 皮肤接触　如果液体接触到皮肤，立刻以流动水和肥皂或温和的清洁剂清洗患部；若已渗透衣服，立刻脱去衣服再用水和肥皂或温和的清洁剂清洗；如清洗后刺激感仍然存在，应立即就医。

(2) 眼睛接触　立刻撑开眼皮，以大量水冲洗，立即就医。操作此化学品时不可戴隐形眼镜。

(3) 吸入 若吸入大量气体，应立即将患者移到空气新鲜处；若呼吸停止，进行人工呼吸，不可使用口对口人工呼吸法；如果患者呼吸困难的话最好在医生指示下供给氧气；让患者保持温暖并休息；尽快就医。

(4) 食入 立即就医；如无法立即就医，则利用患者手指刺激其咽喉或灌入催吐糖浆，进行催吐；若患者已丧失意识，勿催吐。

(5) 灭火方法 雾状水、泡沫、二氧化碳、砂土、干粉。

6.4 应急医疗

(1) 诊断要点 根据确切的*N*-亚硝基二甲胺职业接触史、急性呼吸系统损害的典型临床表现、胸部X射线表现，结合血气分析等其他检查结果，参考现场劳动卫生学调查资料，综合分析，并排除其他病因所致类似疾病，方可诊断。

(2) 处理原则

① 现场处理。立即脱离现场移至上风向地带，脱去被污染的衣服，并立即用大量流动清水彻底冲洗污染的衣服或皮肤，眼冲洗时间至少10min。刺激反应者需卧床休息，一般密切观察48h，并给予必要的检查及处理。

② 病程早期严格限制补液量，控制输液速度，维持尿量大于30mL/h。必要时加用利尿剂，以改善换气功能。纠正酸、碱中毒和电解质紊乱。

③ 对症、支持疗法。防止肝脏受损，早期给用“保肝”药物；缺氧者要及时有效地吸氧。

④ 特殊疗法。严重持续时间长的病例可用透析疗法。严重缺氧也可采用高压氧治疗。

⑤ 积极防治并发症。

⑥ 眼、皮肤灼伤治疗，参照《职业性化学性眼灼伤的诊断》(GBZ 54—2017) 和《职业性化学性皮肤灼伤诊断标准》(GBZ 51—2009)。

⑦ 其他处理。轻、中度中毒治疗后经短期休息，健康恢复后可安排原工作；重度中毒应调离原工作，并根据健康恢复情况决定休息或安排工作；如有后遗症者，可参照《劳动能力鉴定　职工工伤与职业病致残等级》(GB/T 16180—2014) 的有关条款处理。

预防及减少亚硝基化合物危害的措施有以下几个。

① 制定食品中硝酸盐、亚硝酸盐使用量及残留量标准。我国规定只能在肉类罐头及肉类制品中使用。硝酸钠最大使用量为0.5g/kg，亚硝酸钠为0.15g/kg。残留量以亚硝酸钠计，肉类罐头不得超过0.05g/kg，肉制品为0.03g/kg。

② 硝酸盐本身毒性不大，但我国施用大量氮肥，使土壤中的氮肥含量高，因此农产品(包括蔬菜) 中的硝酸盐含量高，硝酸盐在还原菌的作用下转化为亚硝酸盐，亚硝酸盐对人体的危害较大，因此将蔬菜低温储存，降低亚硝酸盐的含量。

③ 啤酒所用麦芽烘烤时，豆类食品干燥时，尽量用间接加热以减少亚硝胺形成。

④ 多食用维生素C、维生素E以及新鲜水果等，以阻断体内亚硝基化合物形成。少食用腌菜、酸菜。

⑤ 胡椒、辣椒等香料与盐等分开包装，以减少加工肉类亚硝基化合物的量。

⑥ 曝晒粮食及饮水，使已形成的亚硝基化合物光解破坏，并减少细菌及霉类，以避免它们促进亚硝基化合物合成的作用。

⑦ 农作物使用钼肥可增产，并可减少作物中硝酸盐聚集。

⑧ 注意口腔卫生，减少唾液中亚硝酸盐等。

(3) 预防措施

① 改革工艺流程及设备，尽量用低毒或无毒代替有毒的新工艺方法。生产过程操作实行密闭、自动化。采用隔离间进行仪表控制操作、机械手代替人工操作等以避免工人直接接触毒物。

② 建立检修制度，遵守操作规程。尽力杜绝或减少跑、冒、滴、漏现象。在有毒作业及设备检修过程中，做好个人防护。

③ 合理使用防护设备，遵守卫生条例。作业工人均应穿合适的工作服、内衣、橡胶防护手套及长筒胶鞋。检修时还应戴送风式防毒面具。溅上液体化合物时，要立即更换并用温水洗净皮肤污染处或全身。不在车间内吸烟、进食；工作服、手套应勤洗勤更换等。

④ 加强通风排毒，降低车间空气中有害物质浓度。

7 储运注意事项

7.1 储存注意事项

储存于阴凉、通风的库房。远离火种、热源。保持容器密封。应与氧化剂、铝、食用化学品分开存放，切忌混储。配备相应品种和数量的消防器材。储区应备有泄漏应急处理设备和合适的收容材料。

7.2 运输信息

危险货物编号：61735。

包装等级：Ⅱ。

包装方法：小开口钢桶；螺纹口玻璃瓶、铁盖压口玻璃瓶、塑料瓶或金属桶（罐）外普通木箱；螺纹口玻璃瓶、塑料瓶或镀锡薄钢板桶（罐）外满底板花格箱、纤维板箱或胶合板箱。

运输注意事项：运输前应先检查包装容器是否完整、密封，运输过程中要确保容器不泄漏、不倒塌、不坠落、不损坏。严禁与酸类、氧化剂、食品及食品添加剂混运。运输时运输车辆应配备相应品种和数量的消防器材及泄漏应急处理设备。防曝晒、雨淋，防高温。公路运输时要按规定路线行驶。

7.3 废弃

(1) 废弃处置方法 根据国家和地方有关法规的要求处置。

(2) 废弃注意事项 处置前应参阅国家和地方有关法规。废物储存参见“储存注意事项”。

8 参考文献

[1] 中国环境监测总站. 固体废弃物试验分析评价手册 [M]. 北京：中国环境科学出版社，1992.
[2] 江苏省环境监测中心. 突发性污染事故中危险品档案库 [DB].
[3] 环境保护部. 国家污染物环境健康风险名录（化学第一分册）[M]. 北京：中国环境科学出版

社，2011.

［4］ 北京化工研究院环境保护所/计算中心.国际化学品安全卡（中文版）查询系统［DB］.2016.

［5］ 许后效，邵又雅.石油化工废水及污灌蔬菜中 *N*-亚硝基化合物的测定［J］.化工环保，1985，(1)：40-42.

［6］ 古楠，刘永东，钟儒刚.*N*-亚硝基二甲胺（NDMA）的环境过程和毒理效应［J］.生态毒理学报，2013，8（3）：338-343.

［7］ 胡望钧.常见有毒化学品环境事故应急处置技术与监测方法［M］.北京：中国环境科学出版社，1993.

［8］ 俞志明.新编危险物品安全手册［M］.北京：化学工业出版社，2001.

N-亚硝基二正丙胺

1 名称、编号、分子式

N-亚硝基二正丙胺又称 *N*-二丙基亚硝胺、二正丙基亚硝胺，不是重要的工业或商业化工产品，只用于实验室规模上的科学研究。可经由消化道、呼吸道和皮肤吸收等途径暴露，也可通过胎盘使子代暴露。通过二正丙胺合成 *N*-亚硝基二正丙胺，收率约 20%，或者通过三正丙胺和四硝基甲烷合成 *N*-亚硝基二正丙胺。*N*-亚硝基二正丙胺基本信息见表 38-1。

表 38-1 *N*-亚硝基二正丙胺基本信息

中文名称	*N*-亚硝基二正丙胺
中文别名	*N*-二丙基亚硝胺；二正丙基亚硝胺
英文名称	*N*-nitrosodi-*n*-propylamine
英文别名	*N*-nitrosodi-*n*-propyl-1-propanamine；*N*-nitrosodipropylamine；*N*，*N*-dipropylnitrosamine；*N*-nitroso-*N*-di-*n*-propylamine；NDPA；DPNA；DPN
CAS 号	621-64-7
RTECS 号	JL9700000
分子式	$C_6H_{14}N_2O$
分子量	130.19

2 理化性质

水中溶解度为 9.894mg/L（23～25℃）；溶于乙醇和乙醚。在环境中大量存在亚硝基化剂和胺类，例如有机合成，染料、橡胶制造和食品着色防腐中的亚硝酸钠和胺类，化肥中的硝酸铵，废气中排出的氮氧化物等，这些亚硝胺的前体物质均可在环境中、动物和人体内、食品中合成。大量的试验证明某些食品中存在一定量的亚硝胺，其中有的是食品中天然形成，有的是生产过程需要添加的，在面粉、奶酪、烟熏肉、鱼及其他食品中均可检出。合成切削油也可能含有亚硝胺类物质。此外，在废弃物处置的过程中，胺类前体物也可能亚硝基化生成 NDPA 并进入环境中。*N*-亚硝基二正丙胺理化性质一览表见表 38-2。

表 38-2 *N*-亚硝基二正丙胺理化性质一览表

外观与性状	金黄色液体
沸点/℃	206
闪点/℃	98
相对密度(水=1)	0.9163
饱和蒸气压(20℃)/kPa	11.4×10^{-3}
辛醇/水分配系数的对数值	1.36
溶解性	水中溶解度为9.894mg/L(23～25℃);溶于乙醇和乙醚
稳定性	稳定

3 毒理学参数

(1) 急性毒性 LD_{50}：480mg/kg（大鼠经口）；487mg/kg（大鼠皮下）；689mg/kg（小鼠皮下）。

(2) 致癌性 对人为可疑性反应，动物为阳性反应。试验证明，NDPA的代谢产物可使DNA、RNA即蛋白质烷基化。核酸的每一种碱基都可能与最终致癌物结合，甚至磷酸二酯骨架也可受其影响。碱基中，鸟嘌呤最易受进攻，腺嘌呤次之，其余较少。同一碱基的不同位置也可以被同一种致癌物所作用。已确证，NDPA可以与DNA、RNA及蛋白质等结合，而且也证实了*N*-亚硝基化合物与生物大分子结合可以致突变和致癌。动物试验表明，摄入一定量的本品会致肝炎（癌）、食管癌和鼻腔癌。

(3) 生殖毒性 可诱导大鼠肝脏细胞DNA断裂。NDPA具有肝毒性，还可导致内出血。NDPA可透过胎盘，使仓鼠幼仔发育不良。

(4) 代谢 离体和活体试验证明，NDPA在体内的代谢可通过α、β、γ位碳的羟化进行，其中以α位碳的羟化为主，生成丙醛、1-丙醇和2-丙醇。NDPA的代谢物碳正离子（$CH_3CH_2CH_2^+$）还能使核酸和蛋白质烷基化，生成正丙酯和异丙酯，这也是NDPA致癌的重要机制。

β位碳的羟化产物是*N*-亚硝基-2-羟基-丙基丙胺，大部分随粪尿排出体外，小部分继续氧化为*N*-亚硝基-2-氧代丙基丙胺。饲喂NDPA的大鼠和仓鼠出现肝脏细胞核酸甲基化，甲基化剂可能是*N*-亚硝基-2-氧代-正丙胺生成的*N*-亚硝基仲丁胺和重氮甲烷。

γ位碳的羟化产物是*N*-丙基-*N*-(2-羧乙基)亚硝胺。口服300mg/kg NDPA的大鼠尿中*N*-丙基-*N*-(2-羧乙基)亚硝胺只相当于NDPA饲喂量的5%。

NDPA的代谢产物*N*-亚硝基-二(2-羟基-*n*-丙基)胺、*N*-亚硝基-2-氧代-正丙胺、*N*-亚硝基-二(2-氧代-*n*-丙基)胺、*N*-亚硝基-二(2-乙酰氧基-*n*-丙基)胺都是致癌物。

(5) 危险特性 遇明火、高热可燃。受热分解，放出有毒的烟气。

4 对环境的影响

4.1 主要用途

不是重要的工业或商业化工产品，主要用于医药和食品分析研究。

4.2 环境行为

(1) 来源及暴露途径 *N*-亚硝基二正丙胺是一种由工厂所产生的微量化学物质。少量的 *N*-亚硝基二正丙胺会在工业制造过程中产生，主要来自除草剂或橡胶制品的生产过程。因此，人体可经由食用经亚硝酸盐防腐剂处理的食物，以及通过饮用某些酒精饮料暴露于低浓度的 *N*-亚硝基二正丙胺；香烟烟雾中也存在低浓度的 *N*-亚硝基二正丙胺；任职于橡胶工业的工人可能会暴露于 *N*-亚硝基二正丙胺；使用受污染的除草剂也可能会暴露于较低浓度的 *N*-亚硝基二正丙胺。

(2) 代谢降解 根据 NDPA 的辛醇/水分配系数，估计其生物富集性约为 6，K_{OC} 约为 129，因此水体中的 NDPA 不会有显著的生物富集作用，也不会被悬浮颗粒物大量吸附。其亨利常数也表明水面挥发作用也并不重要。在自然水体中生物降解的可能性很低，即使在通气的水体中进行得也很缓慢。NDPA 在水体中的去除可能主要依赖于表层水中的直接光解作用，有研究测定其低浓度（0.65mg/L）时在表层水体中的半衰期为 2.5h。光解产物主要是正丙基胺，有时也可见二正丙基胺。

如果含 NDPA 的农药撒施在温暖潮湿的表层土壤，那么 NDPA 就会很快挥发进入大气，挥发半衰期为 2～6h。但是如果 NDPA 进入下层土壤，那么挥发去除的作用就很微弱了。下层土壤中的 NDPA 主要通过微生物的缓慢降解作用而减少，有研究测定在通气良好的条件下生物降解的半衰期为 14～40d，厌氧条件下更长，为 47～80d。在土壤中的移动性强，可以到达浅层地下水。

(3) 迁移转化 NDPA 的蒸气压较高，因此在大气中只存在于气相中，被颗粒物吸附很少。NDPA 在大气里可以迅速地被直接光解或与光照生成的羟基自由基作用而降解。据测定，直接光解时 NDPA 的半衰期为 5～7h，另外估计与羟基自由基作用分解时的半衰期在 16h 左右。

4.3 人体健康危害

(1) 暴露/侵入途径 吸入、食入、经皮吸收。

(2) 健康危害 NDPA 对人的毒性研究资料缺乏。从动物试验推知，其具有潜在的人体致癌危险性。并可能有肝脏毒性和引发内出血危险。

4.4 接触控制标准

N-亚硝基二正丙胺生产及应用相关环境标准见表 38-3。

表 38-3 *N*-亚硝基二正丙胺生产及应用相关环境标准

标准编号	限制要求	标准值
美国(1982)	用作水果、蔬菜或其他田间作物杀虫剂时的浓度限值	0.05ppm
美国环境保护署	河川及溪流中的 *N*-亚硝基二正丙胺含量限值	0.005ppb
展览会用地土壤环境质量评价标准(暂行)(HJ 350—2007)	土壤环境质量评价标准限值	A 级：0.33mg/kg B 级：0.66mg/kg

5 环境监测方法

5.1 现场应急监测方法

现场应急监测可采用便携式气相色谱-光离子检测器法，用专用注射器采集现场气样，注入便携式气相色谱仪，可在现场用外标法进行定性定量测定。

5.2 实验室监测方法

N-亚硝基二正丙胺的实验室监测方法见表38-4。

表38-4 *N*-亚硝基二正丙胺的实验室监测方法

监测方法	来源	类别
气相色谱法	《城市和工业废水中有机化合物分析》，詹姆斯E朗博顿等	水质
色谱/质谱法	《水和有害废物的监测分析方法》，周文敏等编译	水质
吹扫捕集-GC-MS测定法	《化工废水中*N*-亚硝基二正丙胺的吹扫捕集-GC-MS测定法》，钟鸣文等	水质
气相色谱法	《水质 亚硝胺类化合物的测定 气相色谱法》(HJ 809—2016)	水质
气相色谱-质谱法	《土壤和沉积物 半挥发性有机物的测定 气相色谱-质谱法》(HJ 834—2017)	土壤和沉积物
气相色谱法	《石油化工废水及污灌蔬菜中*N*-亚硝基化合物的测定 气相色谱法》，许后效等	石油化工废水及污灌蔬菜

6 应急处理处置方法

6.1 泄漏应急处理

(1) 应急行为 迅速撤离泄漏污染区人员至安全区，并进行隔离，严格限制出入。切断火源。

(2) 应急人员防护 建议应急处理人员戴自给正压式呼吸器，穿防毒服，从上风处进入现场。尽可能切断泄漏源。防止进入下水道、排洪沟等限制性空间。

(3) 环保措施 小量泄漏：用砂土、蛭石或其他惰性材料吸收。大量泄漏：构筑围堤或挖坑收容。用泡沫覆盖，降低蒸气灾害。用泵转移至槽车或专用收集器内，回收或运至废物处理场所处置。

(4) 消除方法 用泡沫覆盖，降低蒸气灾害。喷雾状水或泡沫冷却和稀释蒸气，保护现场人员。用防爆泵转移至槽车或专用收集器内，回收或运至废物处理场所处置。

6.2 个体防护措施

(1) 工程控制 严加密闭，提供充分的局部排风和全面通风。

(2) 呼吸系统防护 空气中浓度超标时，应选择佩戴自吸过滤式防毒面具（半面罩）。

(3) 眼睛防护 戴安全防护眼镜。

(4) 身体防护 穿透气型防毒服。

(5) 手防护 戴防化学品手套。

(6) 其他 工作现场禁止吸烟、进食和饮水。工作完毕，沐浴更衣。单独存放被毒物污染的衣服，洗后备用。保持良好的卫生习惯。

6.3 急救措施

(1) 皮肤接触 脱去被污染的衣着，用肥皂水和清水彻底冲洗皮肤。就医。

(2) 眼睛接触 提起眼睑，用流动清水或生理盐水冲洗，就医。

(3) 吸入 迅速脱离现场至空气新鲜处。保持呼吸道通畅。如呼吸困难，给输氧。如呼吸停止，立即进行人工呼吸。就医。

(4) 食入 饮足量温水，催吐，就医。

(5) 灭火方法 消防人员必须佩戴防毒面具、穿全身消防服。灭火剂包括泡沫、干粉、二氧化碳、砂土。

6.4 应急医疗

(1) 诊断要点 根据确切的*N*-亚硝基二正丙胺职业接触史、典型临床表现、胸部X射线表现，结合血气分析等其他检查结果，参考现场劳动卫生学调查资料，综合分析，并排除其他病因所致类似疾病，方可诊断。

(2) 处理原则 吸入中毒的治疗：急性吸入中毒主要采取一般急救措施和对症处理。迅速将患者移离现场，脱去被污染衣物，呼吸新鲜空气，根据病情需要给氧或人工呼吸，可注射中枢神经兴奋剂。眼和皮肤接触，立刻用流动清水或生理盐水冲洗。

(3) 预防措施

① 现场处理。立即脱离现场移至上风向地带，脱去被污染的衣服，并立即用大量流动清水彻底冲洗污染的衣服或皮肤，眼冲洗时间至少10min。刺激反应者需卧床休息，一般严密观察48h，并给予必要的检查及处理。

② 病程早期严格限制补液量，控制输液速度，维持尿量大于30mL/h。必要时加用利尿剂，以改善换气功能。纠正酸、碱中毒和电解质紊乱。

③ 对症、支持疗法。防止肝脏受损，早期给用“保肝”药物；缺氧者及时有效地吸氧。

④ 特殊疗法。严重持续时间长的病例可用透析疗法。严重缺氧也可采用高压氧治疗。

⑤ 积极防治并发症。

⑥ 其他处理。轻、中度中毒治疗后经短期休息，健康恢复后可安排原工作；重度中毒应调离原工作，并根据健康恢复情况决定休息或安排工作。

7 储运注意事项

7.1 储存注意事项

储存于阴凉、通风的库房。远离火种、热源。保持容器密封。应与氧化剂、铝、食用化学品分开存放，切忌混储。配备相应品种和数量的消防器材。储区应备有泄漏应急处理设备和合适的收容材料。

7.2 运输信息

危险货物编号：61565。

UN编号：1605。

包装类别：Ⅱ。

包装方法：小开口钢桶；螺纹口玻璃瓶、铁盖压口玻璃瓶、塑料瓶或金属桶（罐）外普通木箱；螺纹口玻璃瓶、塑料瓶或镀锡薄钢板桶（罐）外满底板花格箱、纤维板箱或胶合板箱。

运输注意事项：运输前应先检查包装容器是否完整、密封，运输过程中要确保容器不泄漏、不倒塌、不坠落、不损坏。严禁与酸类、氧化剂、食品及食品添加剂混运。运输时运输车辆应配备相应品种和数量的消防器材及泄漏应急处理设备。防曝晒、雨淋，防高温。公路运输时要按规定路线行驶。

7.3 废弃

(1) 废弃处置方法 根据国家和地方有关法规的要求处置。

(2) 废弃注意事项 处置前应参阅国家和地方有关法规。废物储存参见“储存注意事项”。

8 参考文献

[1] 詹姆斯 E 朗博顿，詹姆斯 J 利希滕伯格. 城市和工业废水中有机化合物分析 [M]. 王克欧等译. 北京：学术期刊出版社，1989.

[2] 江苏省环境监测中心. 突发性污染事故中危险品档案库 [DB].

[3] 环境保护部. 国家污染物环境健康风险名录（化学第一分册） [M]. 北京：中国环境科学出版社，2011.

[4] 北京化工研究院环境保护所/计算中心. 国际化学品安全卡（中文版）查询系统 [DB]. 2016.

[5] 周文敏. 水和有害废物的监测分析方法 [M]. 北京：中国环境科学出版社，1990.

[6] 钟鸣文，盛华栋，金明娟，等. 化工废水中 *N*-亚硝基二正丙胺的吹扫捕集-GC-MS 测定法 [J]. 环境与健康杂志，2003，20 (3)：179-180.

[7] 许后效，邵又雅. 石油化工废水及污灌蔬菜中 *N*-亚硝基化合物的测定 [J]. 化工环保，1985，(1)：40-42.

一氧化碳

1 名称、编号、分子式

一氧化碳可在人体中与血红蛋白结合，导致携氧能力变差，过量会导致死亡。一氧化碳对全身的组织细胞均有毒性作用，尤其对大脑皮质的影响最为严重。在冶金、化学、石墨电极制造废气以及家用煤气或煤炉、汽车尾气中均有 CO 存在。工业上通常采取二氧化碳与碳反应的原理制取，在实验室中可将浓硫酸滴入甲酸裂解以制取一氧化碳。一氧化碳基本信息见表 39-1。

表 39-1 一氧化碳基本信息

中文名称	一氧化碳
中文别名	煤气
英文名称	carbon monoxide
英文别名	carbon oxide;carbonic oxide(cylinder)
UN 号	1016
CAS 号	630-08-0
ICSC 号	0023
RTECS 号	FG3500000
EC 编号	006-001-00-2
分子式	CO
分子量	28.0

2 理化性质

在通常状况下，一氧化碳是无色、无味、无刺激性的气体。微溶于水。易溶于氨水。在空气中燃烧呈蓝色火焰。遇高热、明火易燃烧爆炸。具有毒性和极弱的氧化性。一氧化碳理化性质一览表见表 39-2。

表 39-2 一氧化碳理化性质一览表

外观与性状	无色无味的气体
熔点/℃	−207
沸点/℃	−191.5

续表

相对密度(液体)(水＝1)	0.793
相对蒸气密度(空气＝1)	0.967
饱和蒸气压(－200℃)/kPa	319
临界温度/℃	－140.2
临界压力/MPa	3.50
燃烧热/(kJ/mol)	283.0
闪点/℃	＜－50
自燃温度/℃	608.89
爆炸上限（体积分数）/%	74.2
爆炸下限（体积分数）/%	12.5
最大爆炸压力/MPa	0.720
溶解性	微溶于水，易溶于氨水，溶于乙醇、苯等多数有机溶剂
化学性质	可燃性、还原性、毒性、极弱的氧化性
稳定性	稳定

3 毒理学参数

(1) 急性毒性 LC_{50}：小鼠 2300～5700mg/m^3，豚鼠 1000～3300mg/m^3，兔 4600～17200mg/m^3，猫 4600～45800mg/m^3，狗 34400～45800mg/m^3。

(2) 亚急性和慢性毒性 大鼠吸入 0.047～0.053mg/L，4～8h/d，30d，出现生长缓慢，血红蛋白及红细胞数增高，肝脏的琥珀酸脱氢酶及细胞色素氧化酶的活性受到破坏。猴吸入 0.11mg/L，经 3～6 个月引起心肌损伤。

(3) 代谢 一氧化碳随空气吸入后，通过肺泡进入血液循环，与血液中的血红蛋白（Hb）和血液外的其他某些含铁蛋白质（如肌红蛋白、二价铁的细胞色素等）形成可逆性的结合。其中 90%以上一氧化碳与 Hb 结合成碳氧血红蛋白（HbCO），约 7%的一氧化碳与肌红蛋白结合成碳氧肌红蛋白，仅少量与细胞色素结合。试验表明一氧化碳在体内不蓄积，动物吸入 200ppm 一氧化碳持续 1 个月，停毒后 24h 一氧化碳已完全排出，其中 98.5%是以原形经肺排出，仅 1%在体内氧化成二氧化碳。一氧化碳吸收与排出，取决于空气中一氧化碳的分压和血液中 HbCO 的饱和度（即 Hb 总量中被一氧化碳结合的百分比）。次要的因素为接触时间和肺通气量，后者与劳动强度直接有关。

(4) 中毒机理 是一氧化碳与血红蛋白（Hb）可逆性结合引起缺氧所致，一般认为一氧化碳与 Hb 的亲和力比氧与 Hb 的亲和力大 230～270 倍，故把血液内氧合血红蛋白（HbO_2）中的氧排挤出来，形成 HbCO，又由于 HbCO 的离解比 HbO_2 慢 3600 倍，故 HbCO 较之 HbO_2 更为稳定。HbCO 不仅本身无携带氧的功能，它的存在还影响 HbO_2 的离解，于是组织受到双重的缺氧作用。最终导致组织缺氧和二氧化碳潴留，产生中毒症状。

(5) 生殖毒性 大鼠吸入最低中毒浓度（TCL_0）：150ppm（24h，孕 1～22d），引起心血管（循环）系统异常。小鼠吸入最低中毒浓度（TCL_0）：125ppm（24h，孕 7～18d），致胚胎毒性。

(6) 其他有害作用 该物质对环境有危害，应特别注意对地表水、土壤、大气和饮用水的污染。

(7) 危险特性 是一种易燃易爆气体。与空气混合能形成爆炸性混合物，遇明火、高热能引起燃烧爆炸。

4 对环境的影响

4.1 主要用途

主要用作燃料、还原剂和有机合成的原料等。在化学工业中，一氧化碳作为合成气和煤气的主要组分，是合成一系列基本有机化工产品和中间体的重要原料，用于制备光气、硫氧化碳、芳香族醛、甲酸、苯六酚、氯化铝、甲醇等；在炼钢炉中用于还原铁的氧化物，配成混合气生产特种钢；一氧化碳与过渡金属反应生成羰络金属，分解可得高纯金属；用于氢化甲酰化作用；在石化领域用于聚合反应终止剂、标准气配制剂等，如制备合烃（合成汽油）、合醇（羧酸、乙醇、醛、酮及碳氢化合物的混合物）、锌白颜料、氧化铝成膜、标准气、校正气、在线仪表标准气等。

此外，一氧化碳常用于鱼、肉、果蔬及袋装大米的保鲜，特别是生鱼片的保鲜。一氧化碳可以使肉制品色泽红润，而被作为颜色固定剂。

4.2 环境行为

通常条件下一氧化碳产生后主要进入空气的气相中，由于它在空气中很稳定，不易与其他物质产生化学反应，转变为 CO_2 的过程非常缓慢，故可在大气中停留 2～3 年之久。因此可以随气流远距离迁移扩散，这也是局部空气一氧化碳中浓度变化的主要机制。空气中一氧化碳的扩散和迁移受风速控制。一氧化碳在水中的溶解度很低，通过湿沉降从空气中清除的作用不大。对环境有危害，对水体、土壤和大气可造成污染。燃烧（分解）产物为二氧化碳。

4.3 人体健康危害

(1) 暴露/侵入途径 吸入。

(2) 健康危害 一氧化碳在血中与血红蛋白结合而造成组织缺氧。急性中毒表现为：轻度中毒者出现头痛、头晕、耳鸣、心悸、恶心、呕吐、无力，血液碳氧血红蛋白浓度可高于 10%；中度中毒者除上述症状外，还有皮肤黏膜呈樱红色、脉快、烦躁、步态不稳、浅至中度昏迷，血液碳氧血红蛋白浓度可高于 30%；重度患者深度昏迷、瞳孔缩小、肌张力增强、频繁抽搐、大小便失禁、休克、肺水肿、严重心肌损害等，血液碳氧血红蛋白浓度可高于 50%。部分昏迷患者苏醒后，经 2～60d 的症状缓解期后，又可能出现迟发性脑病，以意识精神障碍、锥体系或锥体外系损害为主。慢性影响能否造成慢性中毒及对心血管影响无定论。

4.4 接触控制标准

中国 MAC（mg/m^3）：30。

前苏联 MAC（mg/m^3）：20。

TLVTN：OSHA 50ppm，57mg/m^3；ACGIH 25ppm，29mg/m^3。

一氧化碳生产及应用相关环境标准见表 39-3。

表 39-3　一氧化碳生产及应用相关环境标准

<table>
<tr><th>标准编号</th><th>限制要求</th><th colspan="4">标准值</th></tr>
<tr><td>工业企业设计卫生标准
(TJ 36—1979)</td><td>车间空气中有害物质的
最高容许浓度</td><td colspan="4">30mg/m^3</td></tr>
<tr><td>工业企业设计卫生标准
(TJ 36—1979)</td><td>居住区大气中有害物质的
最高容许浓度</td><td colspan="4">3.00mg/m^3(一次值)
1.00mg/m^3(日均值)</td></tr>
<tr><td rowspan="3">环境空气质量标准
(GB 3092—1996)</td><td rowspan="3">环境空气质量标准</td><td></td><td>一级</td><td>二级</td><td>三级</td></tr>
<tr><td>日平均</td><td>4.00mg/m^3</td><td>4.00mg/m^3</td><td>4.00mg/m^3</td></tr>
<tr><td>小时平均</td><td>10.00mg/m^3</td><td>10.00mg/m^3</td><td>20.00mg/m^3</td></tr>
<tr><td>生活垃圾焚烧污染控制标准
(GWKB 3—2000)</td><td>焚烧炉大气污染物排放限值</td><td colspan="4">150mg/m^3(小时均值)</td></tr>
</table>

5　环境监测方法

5.1　现场应急监测方法

(1) 便携式 CO 气体检测仪　固体热传导式、定电位电解式、一氧化碳库仑检测仪、红外线一氧化碳检测仪。

(2) 常用快速化学分析方法　五氧化二碘比长式检测管法、硫酸钯-钼酸铵比色式检测管法（《突发性环境污染事故应急监测与处理处置技术》，万本太主编）、气体速测管（北京劳保所产品、德国德尔格公司产品）。

5.2　实验室监测方法

一氧化碳的实验室监测方法见表 39-4。

表 39-4　一氧化碳的实验室监测方法

<table>
<tr><th>监测方法</th><th>来源</th><th>类别</th></tr>
<tr><td>非分散红外法</td><td>《空气质量　一氧化碳测定法　非分散红外法》(GB 9801—1988)</td><td>空气</td></tr>
<tr><td>非色散红外吸收法</td><td>《固定污染源排气中一氧化碳的测定　非色散红外吸收法》(HJ/T 44—1999)</td><td>固定污染源排气</td></tr>
<tr><td>气相色谱法</td><td>《作业场所空气中一氧化碳的气相色谱测定方法》(WS/T 173—1999)</td><td>作业场所空气</td></tr>
<tr><td>气相色谱法</td><td rowspan="2">《空气中有害物质的测定方法》(第二版)，杭士平主编</td><td>空气</td></tr>
<tr><td>硫酸钯-钼酸铵检气管比色法</td><td>空气</td></tr>
</table>

6　应急处理处置方法

6.1　泄漏应急处理

(1) 应急行为　迅速撤离泄漏污染区人员至上风处，并立即隔离 150m，严格限制出入。切断火源。尽可能切断泄漏源。

(2) 应急人员防护 应急处理人员戴自给正压式呼吸器，穿消防防护服。

(3) 环保措施 尽可能切断泄漏源。构筑围堤或挖坑收容产生的大量废水。如有可能，将漏出气用排风机送至空旷地方或装设适当喷头烧掉。也可以用管路导至炉中、凹地焚之。漏气容器要妥善处理，修复、检验后再用。

(4) 消除方法 合理通风，加速扩散。喷雾状水稀释、溶解。构筑围堤或挖坑收容产生的大量废水。如有可能，将漏出气用排风机送至空旷地方或装设适当喷头烧掉。也可以用管路导至炉中、凹地焚之。漏气容器要妥善处理，修复、检验后再用。

6.2 个体防护措施

(1) 呼吸系统防护 空气中浓度超标时，佩戴自吸过滤式防毒面具（半面罩）。紧急事态抢救或撤离时，建议佩戴空气呼吸器、一氧化碳过滤式自救器。

(2) 眼睛防护 一般不需要特别防护，高浓度接触时可戴安全防护眼镜。

(3) 身体防护 穿防静电工作服。

(4) 手防护 戴一般作业防护手套。

(5) 环保措施 工作现场严禁吸烟。实行就业前和定期的体检。避免高浓度吸入。进入罐、限制性空间或其他高浓度区作业，必须有人监护。

6.3 急救措施

(1) 吸入 迅速脱离现场至空气新鲜处。保持呼吸道通畅。如呼吸困难，给输氧。呼吸心跳停止时，立即进行人工呼吸和胸外心脏按压术。就医。

(2) 灭火方法 切断气源。若不能立即切断气源，则不允许熄灭正在燃烧的气体。喷水冷却容器，可能的话将容器从火场移至空旷处。灭火剂包括雾状水、泡沫、二氧化碳、干粉。

6.4 应急医疗

(1) 诊断要点

① 中枢神经系统损害。轻度中毒表现为头痛、头昏、四肢无力、恶心呕吐、轻度意识障碍等；中度中毒表现为浅至中度昏迷；重度中毒表现为意识障碍达深昏迷或去大脑皮质状态，如CO浓度极高时，可使人迅速昏迷，甚至“电击样”死亡。

② 其他损害。除中枢神经系统病变之外，急性CO中毒尚可合并多器官功能障碍，如肺水肿、呼吸衰竭、上消化道出血、休克、周围神经病变（多为单神经损害）、皮肤水疱或红肿、身体挤压综合征（包括筋膜间隙综合征和横纹肌溶解综合征），极少部分患者可合并脑梗死或心肌梗死。

③ 迟发性脑病。部分急性CO中毒昏迷患者苏醒后，经2～60d的“假逾期”，又出现一系列神经精神症状，称为迟发性脑病。精神及意识障碍表现为智能减退、幻觉、妄想、兴奋躁动或去大脑皮质状态；锥体外系障碍表现为震颤、肌张力增高、主动运动减少等帕金森综合征表现；锥体系损害表现为偏瘫、小便失禁、病理征阳性；大脑皮质局灶性功能障碍则表现为失语、失明、失写及继发性癫痫发作等。

④ 实验室检查。血液碳氧血红蛋白高于10%，但该项检查必须在脱离接触8h之内进

行，8h以后碳氧血红蛋白已分解，无检测必要。头部CT检查，急性期显示脑水肿改变，两周后显现典型的定位操作影像，即大脑皮质下白质广泛脱髓鞘改变、基底核区苍白球梗死、软化灶。颅脑MRI可示脑细胞肿胀、髓鞘脱失、梗死及软化灶等。脑电图检查呈中、高度异常。大脑诱发电位异常。

(2) 处理原则

① 现场处理。迅速将患者脱离现场，移至空气新鲜处；吸氧；对发生猝死者立即进行心肺脑复苏。

② 高压氧疗法。对于促进神志恢复、预防及治疗迟发性脑病都具有较好疗效。

③ 脑水肿治疗。应限制液体入量，密切观察意识、瞳孔、血压及呼吸等生命指标的变化。宜及早应用高渗晶状体脱水剂、快速利尿剂及肾上腺糖皮质激素，酌情给予人工冬眠疗法及抗痉镇静治疗等。

④ 自血光量子疗法。如无高压氧气设备，可将患者血液抽出后经紫外线照射、充氧后回输体内，能迅速改善组织缺氧状态。一般隔日一次，10～15次一疗程。

⑤ 脑细胞复能剂。胞二磷胆碱、脑活素、脑神经生长素及能量合剂等。

⑥ 改善微循环及溶栓剂。金钠多（银杏叶提取物）、克塞灵（国产降纤酶）、尿激酶、蝮蛇抗栓酶等。

⑦ 对症治疗。对合并有筋膜间隙综合征者要及早切开减压；横纹肌溶解综合征合并急性肾衰竭宜及早进行血液透析；对其他器官功能障碍要给予对症治疗；注意防治感染，纠正酸碱平衡失调及电解质紊乱等。

(3) 预防措施 在生产场所中，应加强自然通风，防止输送管道和阀门漏气。有条件时，可用CO自动报警器。矿井放炮后，应严格遵守操作规程，必须通风20min后方可进入工作。进入CO浓度较高的环境内，必须戴供氧式防毒面具进行操作。冬季取暖季节，应宣传普及预防知识，防止生活性CO中毒事故的发生。对急性CO中毒治愈的患者，出院时应提醒家属继续注意观察患者2个月，如出现迟发性脑病有关症状，应及时复查和处理。

7 储运注意事项

7.1 储存注意事项

储存于阴凉、通风的库房。远离火种、热源。库温不宜超过30℃。应与氧化剂、碱类、食用化学品分开存放，切忌混储。采用防爆型照明、通风设施。禁止使用易产生火花的机械设备和工具。储区应备有泄漏应急处理设备。

7.2 运输信息

危险货物编号：21005。

UN编号：1016。

包装类别：Ⅱ。

包装方法：钢制气瓶。

运输注意事项：采用钢瓶运输时必须戴好钢瓶上的安全帽。钢瓶一般平放，并应将瓶口朝同一方向，不可交叉；高度不得超过车辆的防护栏板，并用三角木垫卡牢，防止滚动。运输时运输车辆应配备相应品种和数量的消防器材。装运该物品的车辆排气管必须配备阻火装置，禁止使用易产生火花的机械设备和工具装卸。严禁与氧化剂、碱类、食用化学品等混装混运。夏季应早晚运输，防止日光曝晒。中途停留时应远离火种、热源。公路运输时要按规定路线行驶，禁止在居民区和人口稠密区停留。铁路运输时要禁止溜放。

7.3 废弃

(1) 废弃处置方法 允许气体安全地扩散到大气中。用控制焚烧法处置。

(2) 废弃注意事项 处置前应参阅国家和地方有关法规。废物储存参见“储存注意事项”。

8 参考文献

[1] 国家环境保护局有毒化学品管理办公室. 化学品毒性、法规、环境数据手册 [M]. 北京：中国环境科学出版社，1992.

[2] 周国泰. 危险化学品安全技术全书 [M]. 北京：化学工业出版社，1997.

[3] 杭士平. 空气中有害物质的测定方法 [M]. 北京：人民卫生出版社，1986.

[4] 万本太. 突发性环境污染事故应急监测与处理处置技术 [M]. 北京：中国环境科学出版社，1996.

[5] 卢伟. 工作场所有害因素危害特性实用手册 [M]. 北京：化学工业出版社，2008.

[6] 江苏省环境监测中心. 突发性污染事故中危险品档案库 [DB].

[7] 李自力，张立平，李培杰，等. 急性一氧化碳中毒病理机制研究进展 [J]. 中华急诊医学杂志，2005，14 (3)：263-264.

[8] 刘颖菊，杨俊卿，周歧新，等. 急性一氧化碳中毒致脑细胞凋亡及相关基因表达 [J]. 工业卫生与职业病，2000，26 (5)：257-260.

[9] 潘晓雯. 一氧化碳中毒与缺氧 [J]. 中国实用内科杂志，2001，21 (3)：135-137.

[10] 高春锦，葛环，赵立明，等. 一氧化碳中毒临床治疗指南（三）[J]. 中华航海医学与高气压医学杂志，2013，20 (1)：315-317.

[11] 张军根，章天乔. 急性一氧化碳中毒院前急救分析 [J]. 中华急诊医学杂志，2001，10 (4)：280-281.

[12] 北京化工研究院环境保护所/计算中心. 国际化学品安全卡（中文版）查询系统 [DB]. 2016.

正己烷

1　名称、编号、分子式

正己烷（hexanes）又称己烷，它是石油中天然存在的一种碳氢化合物，也是石油醚和石脑油的主要成分之一。正己烷通常以饱和脂肪烃的形式存在于石油中，可以从石油分馏和天然气中分离而得。正己烷为有机溶剂，常用于橡胶、制药、香水、制鞋、皮革、纺织、家具、涂料等生产过程。近年来正己烷作为稀释剂用于黏合剂生产，或作为有机清洁剂使用。正己烷基本信息见表40-1。

表40-1　正己烷基本信息

中文名称	正己烷
中文别名	己烷;正己酰基氢化物;己基氢化物
英文名称	hexanes
英文别名	*n*-hexane,*n*-caproyl hydride;hexyl hydride
UN号	1208
CAS号	110-54-3
ICSC号	0279
RTECS号	MN9275000
EC编号	601-037-00-0
分子式	C_6H_{14}
分子量	86.2

2　理化性质

正己烷属饱和脂肪烃类，是低毒、外观为无色、具汽油味、有挥发性的液体。它几乎不溶于水，易溶于氯仿、乙醚、乙醇。正己烷为有机溶剂。其蒸气比空气密度大，可能沿地面流动，可能造成远处着火。正己烷理化性质一览表见表40-2。

表40-2　正己烷理化性质一览表

外观与性状	无色液体,有微弱的特殊气味
熔点/℃	−95
沸点(常压)/℃	68.95

续表

相对密度(水=1)	0.66
相对蒸气密度(空气=1)	2.97
燃烧热/(kJ/mol)	4159.1
临界温度/℃	234.8
临界压力/MPa	3.09
闪点/℃	−25.5
溶解性	难溶于水,可溶于乙醇,易溶于乙醚、氯仿、酮类等有机溶剂
化学性质	与强氧化剂发生反应,有着火和爆炸危险。侵蚀某些塑料、橡胶和涂层

3 毒理学参数

(1) 急性毒性 LD_{50}：28710mg/kg（大鼠经口）。LC_{50}：271g/m^3（大鼠吸入）。LCL_0：120g/m^3（小鼠吸入）。人吸入12.5g/m^3，轻度中毒、头痛、恶心、眼和呼吸刺激症状。正己烷浓度为2816mg/m^3时，有眼及上呼吸道刺激症状，4298～7040mg/m^3时有恶心、头痛、眼及咽部刺激，17600mg/m^3时会引起头晕及轻度麻醉。

(2) 亚急性和慢性毒性 大鼠每天吸入2.76g/m^3，143d，夜间活动减少，网状内皮系统轻度异常反应，末梢神经有髓鞘退行性变，轴突轻度变化，腓肠肌肌纤维轻度萎缩。慢性正己烷中毒会造成人体肝脏受损，会引起一定程度的眼部病变、视觉障碍和神经系统受损。

(3) 代谢 正己烷可以经呼吸道、消化道和皮肤进入机体，职业中毒则主要经呼吸道进入引起。进入体内的正己烷主要分布于脂肪含量相对较高的组织器官，如肝脏、血液、肾脏、神经系统等。认为正己烷是在肝脏中经微粒体混合功能酶（CYP2E1、CYP2B1和ADH等酶）的作用下，代谢活化为2,5-己二酮（2,5-HD）、2-己醇、2-己酮、2,5-己二醇等产物，其中最重要的是2,5-己二酮，它被认为是正己烷引发中毒作用的最终毒物。

(4) 中毒机理 目前有关正己烷中毒机理的研究提出了几种假说，但都是部分地解释了正己烷中毒的机制，尚不完善。值得肯定的是在正己烷的中毒过程中，正己烷的毒性作用主要是由其代谢物2,5-己二酮引起的。有学者认为，2,5-己二酮能够与神经丝蛋白中的赖氨酸形成共价结合，生成2,5-二甲基吡咯加合物，从而能够引起神经丝的积聚，进而导致神经纤维的变性和神经元轴突运输的障碍。同时有学者发现，2,5-己二酮可与神经纤维内的糖酵解酶互相结合导致细胞的功能障碍，继而诱发神经变性。

(5) 生殖毒性 高剂量的正己烷接触可影响小鼠卵母细胞第一极体释放率，并能抑制其卵母细胞核成熟。将大鼠卵巢颗粒细胞分别置于含浓度为0mmol/L、20mmol/L、40mmol/L和60mmol/L的2,5-HD溶液中培养，结果发现，各染毒组卵巢颗粒细胞活力均受到抑制，卵巢颗粒细胞凋亡率随着染毒浓度的增加而升高。

(6) 危险特性 极易燃，其蒸气与空气可形成爆炸性混合物。遇明火、高热极易燃烧爆炸。与氧化剂接触发生强烈反应，甚至引起燃烧。在火场中，受热的容器有爆炸危险。其蒸气比空气密度大，能在较低处扩散到相当远的地方，遇明火会引着回燃。

4 对环境的影响

4.1 主要用途

正己烷属饱和脂肪烃类，具有较高的疏水性，几乎不溶于水，因此常作为溶剂在工业中广泛应用，如石油加工业的催化重整、食品制造业的粗油浸出、塑料制造业的丙烯溶剂回收、日用化学品制造业的花香溶剂萃取等。正己烷还广泛作为印刷、五金、电子等行业中的除污清洁剂，皮革鞋业中的黏合剂等。另外，在化工产品中如粉胶、清漆、白电油、开胶水、开油水等都含有正己烷，上述生产使用过程中均可接触。

4.2 环境行为

(1) 代谢和降解 由于正己烷的挥发性，它主要以气体的形式存在于大气中，它是挥发性有机物（VOCs）的重要组成部分。正己烷在环境中的代谢主要以挥发和吸附作用为主。光分解、水分解和生物分解作用较不明显。在土壤和水体中有氧的情况下，正己烷可被微生物分解。

(2) 残留与蓄积 正己烷具有高脂溶性和蓄积作用，其在人体脂肪组织中的半衰期为64h，从脂肪组织中完全排除需要10d。大鼠暴露于浓度为1760mg/m^3、3520mg/m^3、10560mg/m^{3}和35200mg/m^3，6h后，血中正己烷半衰期为1～2h；人接触正己烷浓度为360mg/m^3，安静状态4h后，血中正己烷半衰期为94min。正己烷主要以蒸气的形式存在于作业环境，空气中其半衰期约为2d。有研究表明，植物、动物体内不会蓄积正己烷。

(3) 迁移转化 正己烷的主要工业来源为制药、塑料制造、石油化工、涂料生产、印染加工以及服装制造等，汽车尾气的大量排放也是一部分正己烷的来源。正己烷挥发性极强，主要以气体形式存在于大气中。大部分倒入水中的正己烷会漂浮于水面上，而后挥发到空气中。大部分正己烷若洒到地面上，在被土壤吸收之前就会挥发到空气中。

4.3 人体健康危害

(1) 暴露/侵入途径 吸入、食入、经皮吸收。

(2) 健康危害 本品有麻醉和刺激作用。长期接触可致周围神经炎。急性中毒表现为：吸入高浓度本品出现头痛、头晕、恶心、共济失调等，重者引起神志丧失甚至死亡。对眼和上呼吸道有刺激性。慢性中毒表现为：长期接触出现头痛、头晕、乏力、胃纳减退；其后四肢远端逐渐发展成感觉异常，麻木，触、痛、震动和位置等感觉减退，尤以下肢为甚，上肢较少受累。进一步发展为下肢无力，肌肉疼痛，肌肉萎缩及运动障碍。神经-肌电图检查示感觉神经及运动神经传导速度减慢。

4.4 接触控制标准

PC-TWA（mg/m^3）：100［皮］。
PC-STEL（mg/m^3）：180［皮］。
前苏联MAC（mg/m^3）：300。
美国TLV-TWA：OSHA 500ppm，1760mg/m^3；ACGIH 50ppm，176mg/m^3。

正己烷生产及应用相关环境标准见表40-3。

表40-3 正己烷生产及应用相关环境标准

标准编号	限制要求	标准值
前苏联(1978)	环境空气中最高容许浓度	$60mg/m^3$(一次值)
中国(GB 16297—1996)	大气综合排放标准	$5mg/m^3$(非甲烷总烃类,周界外浓度最高点)

5 环境监测方法

5.1 现场应急监测方法

现场应急监测可采用气体检测管法、气体速测管（北京劳保所产品、德国德尔格公司产品）。

5.2 实验室监测方法

正己烷的实验室监测方法见表40-4。

表40-4 正己烷的实验室监测方法

监测方法	来源	类别
气相色谱法	《食品中添加剂的分析方法》,马家骧译	固体
气相色谱法	《空气中有害物质的测定方法》(第二版),杭士平编	空气

6 应急处理处置方法

6.1 泄漏应急处理

(1) 应急行为 迅速撤离泄漏污染区人员至上风处，并立即进行隔离，严格限制出入。切断火源。

(2) 应急人员防护 戴自给正压式呼吸器，穿消防防护服。

(3) 环保措施 尽可能切断泄漏源，防止进入下水道、排洪沟等限制性空间。小量泄漏：用砂土、蛭石或其他惰性材料吸附或吸收。也可用不燃性分散剂制成的乳液刷洗，洗液稀释后放入废水系统。大量泄漏：构筑围堤或挖坑收容。

(4) 消除方法 用防爆泵转移至槽车或专用收集器内，回收或运至废物处理场所处置。

6.2 个体防护措施

(1) 工程控制 生产过程密闭，全面通风。提供安全淋浴和洗眼设备。

(2) 呼吸系统防护 空气中浓度超标时，佩戴自吸过滤式防毒面具（半面罩）。

(3) 眼睛防护 必要时，戴化学安全防护眼镜。

(4) 身体防护 穿防静电工作服。

(5) 手防护 戴橡胶耐油手套。

(6) 其他防护 工作现场严禁吸烟。避免长期反复接触。

6.3 急救措施

(1) 皮肤接触 脱去污染的衣着，用肥皂水和清水彻底冲洗皮肤。

(2) 眼睛接触 提起眼睑，用流动清水或生理盐水冲洗。就医。

(3) 吸入 迅速脱离现场至空气新鲜处。保持呼吸道通畅。如呼吸困难，给输氧。如呼吸停止，立即进行人工呼吸。就医。

(4) 食入 饮足量温水，催吐。就医。

6.4 应急医疗

(1) 诊断要点

① 急性吸入高浓度可出现眼和上呼吸道刺激症状和麻醉症状。急性经口中毒可出现恶心、呕吐等胃肠道刺激症状、以及上呼吸道刺激症状、麻醉症状及呼吸障碍。

② 慢性中毒可出现多发性周围神经病，神经电生理测定结果可与神经病严重度相关。

③ 皮肤接触可出现烧灼感、红斑、水肿和起疱。

(2) 处理原则

① 正己烷急性中毒目前尚无特效解毒剂，中毒时应迅速将患者救离现场，根据病情按中毒性脑病对症治疗观察。

② 正己烷慢性中毒采用 NGF 神经营养因子治疗，其疗效较好，无明显副作用。当前关于各类周围神经病的治疗，一般采用补充维生素 B 族、改善微循环、扩张周围血管、增加能量制剂。此外，药物联合治疗也越来越多，如钙拮抗剂与 NGF、自由基清洗剂与甲钴胺等。

(3) 预防措施 禁止明火，禁止火花，禁止吸烟。密闭系统，通风，防爆型电气设备和照明。不要使用压缩空气灌装、卸料或转运。使用无火花的工具。通风，或佩戴呼吸防护装置、防护手套、护目镜、面罩或眼睛防护结合呼吸防护。工作时不得进食、饮水或吸烟。

7 储运注意事项

7.1 储存注意事项

储存于阴凉、通风的库房。远离火种、热源。库温不宜超过 30℃。保持容器密封。应与氧化剂分开存放，切忌混储。采用防爆型照明、通风设施。禁止使用易产生火花的机械设备和工具。储区应备有泄漏应急处理设备和合适的收容材料。

7.2 运输信息

危险货物编号：31005。

UN 编号：1208。

包装类别：Ⅰ。

包装方法：小开口钢桶；螺纹口玻璃瓶、铁盖压口玻璃瓶、塑料瓶或金属桶（罐）外木板箱。

运输注意事项：运输时运输车辆应配备相应品种和数量的消防器材及泄漏应急处理设

备。夏季最好早晚运输。运输时所用的槽（罐）车应有接地链，槽内可设孔隔板以减少振荡产生静电。严禁与氧化剂、食用化学品等混装混运。运输途中应防曝晒、雨淋，防高温。中途停留时应远离火种、热源、高温区。装运该物品的车辆排气管必须配备阻火装置，禁止使用易产生火花的机械设备和工具装卸。公路运输时要按规定路线行驶，勿在居民区和人口稠密区停留。铁路运输时要禁止溜放。严禁用木船、水泥船散装运输。

7.3 废弃

（1）废弃处置方法 用控制焚烧法处置。

（2）废弃注意事项 处置前应参阅国家和地方有关法规。

8 参考文献

［1］ 环境保护部. 国家污染物环境健康风险名录（化学第一分册）［M］. 北京：中国环境科学出版社，2009：369-373.

［2］ 天津市固体废物及有毒化学品管理中心. 危险化学品环境数据手册［M］. 天津：天津市固体废物及有毒化学品管理中心，2005：195-197.

［3］ 庞芬. 正己烷雌（女）性性腺生殖毒性与生殖内分泌干扰作用研究［D］. 福州：福建医科大学，2009.

［4］ 李碧云，倪秀贤，蔡日东，谢谦怀，李志鹏，陈健，余日安. 正己烷雌性生殖毒性及其内分泌干扰作用研究进展［J］. 中国职业医学，2016，2：230-233.

［5］ 黄先青，李来玉. 正己烷的毒理学研究概况［J］. 职业与健康，2003，1：10-13.

［6］ 毕业. 大蒜油对正己烷代谢的影响及机制［D］. 济南：山东大学，2012.

［7］ 俞志明. 新编危险物品安全手册［M］. 北京：化学工业出版社，2001.

［8］ 黄汉林，黄建勋，何家禧，黄先青. 慢性正己烷中毒的防治研究［C］. 福州：中国职业安全健康协会2013年学术年会论文集，2013：7.

［9］ 张健杰，司徒洁，邓立华，邱少宏，陈志军，王金林，李辉. 群体职业性正己烷中毒调查分析［J］. 职业卫生与应急救援，2013，4：195-196.

［10］ 贺艳云，徐仲均. 黑麦草强化生物过滤法处理正己烷废气［J］. 化工环保，2015，3：231-235.

［11］ 贺艳云. 植物-微生物协同净化正己烷废气研究［D］. 北京：北京化工大学，2015.

［12］ 闫丽丽，王洁，傅绪珍，李思惠，万伟国. 职业性慢性正己烷中毒临床特征及救治［J］. 职业卫生与应急救援，2011，2：95-97，99.

［13］ 刘慧芳，陈秉炯. 正己烷中毒与救治［J］. 临床药物治疗杂志，2005，4：60-61.

［14］ 国家进出口商检局. 农药残留量气相色谱法［M］. 北京：中国对外经济贸易出版社，1986.

［15］ 日本厚生省环境卫生局食品化学课. 食品中添加剂的分析方法［M］. 马家骧等译. 北京：中国铁道出版社，1988.